高等职业院校互联网+新形态创新系列教材·计算机系列

Web 前端框架技术

白文荣　路　颖　张跟兄　主　编

清华大学出版社
北京

内 容 简 介

本书是一本全面深入的实战教程，系统地讲解了 Web 前端开发框架技术。本书采用任务驱动的教学方法，引导读者分析和实践实际案例，逐步掌握所需知识和技能，最终完成整个任务。

本书内容分为三个部分，分别对应三个主要的 Web 前端框架：Bootstrap、Vue 和 React。在 Bootstrap 部分，详细介绍 Bootstrap 的设计原则、CSS 技术、布局组件以及常用插件，并通过一个综合性的影视娱乐项目案例，帮助读者快速掌握 Bootstrap 在前端项目开发中的应用。Vue 部分则按照由浅入深的顺序，讲解 Vue 的下载安装、模板语法、常用指令、计算属性、侦听器、组件开发、Vue CLI、Vue 路由以及状态管理等核心知识点，并通过一个开放大学项目的综合案例，让读者完整体验使用 Bootstrap+Vue 进行前端项目开发的全过程。React 部分则涵盖了 React 的开发概念、JSX 语法、组件结构、生命周期以及表单应用等关键内容，并通过构建一个虚拟社区网站项目，让读者感受使用 React 框架开发前端项目的高效性。

本书将理论与实践相结合，内容丰富、案例详实，既适合作为 Web 前端开发初学者和移动网站设计与开发人员的自学工具书，也适合作为高职院校和培训机构计算机相关专业的教学参考用书。

图书在版编目(CIP)数据

Web 前端框架技术 / 白文荣, 路颖, 张跟兄主编. --北京 ：清华大学出版社, 2025. 2.
(高等职业院校互联网+新形态创新系列教材). -- ISBN 978-7-302-68120-5

Ⅰ . TP393.092.2

中国国家版本馆 CIP 数据核字第 2025XF3261 号

责任编辑：孙晓红
装帧设计：杨玉兰
责任校对：孙艺雯
责任印制：沈 露

出版发行：清华大学出版社
    网　　　址：https://www.tup.com.cn, https://www.wqxuetang.com
    地　　　址：北京清华大学学研大厦 A 座　　　邮　　编：100084
    社 总 机：010-83470000　　　　　　　　邮　　购：010-62786544
    投稿与读者服务：010-62776969, c-service@tup.tsinghua.edu.cn
    质量反馈：010-62772015, zhiliang@tup.tsinghua.edu.cn
    课件下载：https://www.tup.com.cn, 010-62791865
印 装 者：三河市天利华印刷装订有限公司
经　　销：全国新华书店
开　　本：185mm×260mm　　　印　张：22　　　字　数：533 千字
版　　次：2025 年 3 月第 1 版　　　　　　印　次：2025 年 3 月第 1 次印刷
定　　价：59.80 元

产品编号：099149-01

前　　言

随着无线端流量的发展，前端开发在市场中的需求和占比越来越大，越来越多的企业更加注重移动端小程序的开发，各大企业正在向"以前端技术为核心"的开发方式倾斜。因此前端框架技术也如雨后春笋一般，蓬勃发展且层出不穷，目前被广泛应用且排名靠前的前端框架技术有 Vue、React 和 Bootstrap 三种。

本书对标"1+X"Web 前端开发职业技能等级证书考核标准，以常用的前端开发框架技术 Bootstrap、Vue、React 为核心，在章节设计上循序渐进，将知识点全部融入任务案例，每种框架技术都对应一个企业真实项目案例，帮助读者更好地理解前端开发框架技术。

本书特色

(1) 引入企业级真实项目案例。通过学习项目案例来掌握技能是最好的学习方式，本书以"工作任务-职业能力"形式为组织模式，通过对企业级真实项目的实战练习，帮助读者充分了解企业项目的开发流程和岗位能力要求，因此本书也可作为一本项目指导书。

(2) 知识点与任务需求对接。书中通过对项目进行任务拆分，将复杂的项目和功能进行"块化"处理，同时将知识点与任务需求对接，使读者能够充分地理解所学知识，并应用到实际项目当中，为将来就业打下坚实的技术基础。

(3) 书中内容对标"1+X"Web 前端开发职业技能等级证书考核标准，涵盖了证书考核标准中要求的所有知识点、技能点。

(4) 将课程思政融入任务案例，在课程实施阶段润物细无声地引导和培养学生。

本书内容

本书共三篇，包括三个前端框架技术：Bootstrap(第 1~5 章)、Vue(第 6~13 章)和 React (第 14~16 章)。

第 1 章介绍 Bootstrap 设计基本原理，针对响应式 Web 设计进行详细讲解。

第 2 章介绍 Bootstrap CSS 技术，包括 Bootstrap 排版、Bootstrap 表格、Bootstrap 表单、Bootstrap 按钮、Bootstrap 图片等内容。

第 3 章介绍 Bootstrap 布局组件，包括下拉菜单、输入框组、导航栏、分页、列表组等内容。

第 4 章介绍 Bootstrap 插件，包括模态框、弹出框、轮播、折叠等内容。

第 5 章介绍影视娱乐项目实战。

第 6 章介绍 Vue 相关知识，包括 Vue 的概念、Vue 的特性、Vue 的版本，并引导读者完成第一个 Vue 程序。

第 7 章介绍 Vue 模板语法，包括 Vue 实例与生命周期、Vue 模板语法、内容渲染指令、属性绑定指令。

第 8 章介绍 Vue 指令，包括样式绑定指令、事件绑定指令、双向绑定指令、条件渲染指令和列表渲染指令等内容。

第 9 章介绍 Vue 计算属性与侦听器，包括计算属性的定义、计算属性的缓存、getter 方法和 setter 方法、侦听属性等内容。

第 10 章介绍组件基础，包括组件定义、组件注册、通过 prop 向子组件传递数据、监听子组件事件、插槽和动态组件等内容。

第 11 章介绍 Vue CLI，包括脚手架介绍、脚手架环境搭建、安装脚手架、创建项目和项目结构分析等内容。

第 12 章介绍 Vue 路由和状态管理，包括路由的基本使用、嵌套路由、命名路由、Vuex 的概念、Vuex 的基本使用等内容。

第 13 章介绍开放大学项目实战。

第 14 章是初识 React，包括 React 的概念、React 的特点和安装使用、React 脚手架的使用、JSX 语法、JSX 中使用 JavaScript 表达式、JSX 的条件渲染、JSX 的列表渲染、JSX 的样式处理等内容。

第 15 章介绍 React 组件，包括 React 组件的定义和特点、React 组件的两种创建方式、React 事件处理、组件中的 props 和 state、React 组件的生命周期以及如何在 React 中使用表单等内容。

第 16 章介绍虚拟社区网站项目实战。

本书适用于已经具备了 HTML 5、CSS 3、JavaScript 的基础知识，想要快速掌握 Web 前端开发框架的读者，书中包括基础内容和实战项目，方便初次接触 Web 前端框架的读者快速入门学习。

参编人员

本书第 1 篇由白文荣编写，第 2 篇由路颖编写，第 3 篇由张跟兄编写。感谢东软教育科技集团有限公司的工程师提供的实训案例和技术支持。

意见反馈

由于编者水平和能力有限，书中难免存在疏漏之处，敬请业界各位同仁和广大读者批评指正，也希望各位能将实践过程中的经验和心得与我们交流。

编 者

目　　录

第 1 篇　Bootstrap

第 2 篇 Vue

第3篇 React

第14章 初识 React...........................275

第 1 篇

Bootstrap

 微课视频

扫一扫，获取本篇相关微课视频。

Bootstrap 概述

页面布局

Bootstrap 栅格常用类

Bootstrap 排版

Bootstrap 列表

表单

面包屑导航

模态框

第1章

Bootstrap 设计基本原理

本章将在 HTML5 和 CSS3 的知识基础上，讲解一种新型的网页设计理念——响应式 Web 设计。响应式网站可以针对不同的终端显示出符合要求的页面，实现一次开发，多处使用。之所以称之为新理念，是因为响应式不仅是一种跨终端的网页开发技术，它还颠覆了之前的网页设计思想。Bootstrap 是一款非常优秀的 Web 前端框架，其灵活性和可扩展性加速了响应式页面开发的进程。本章将针对 Bootstrap 响应式 Web 设计进行详细讲解。

【学习目标】

- 了解视口的概念
- 掌握 CSS 3 媒体查询的使用
- 了解栅格系统
- 掌握弹性盒布局

【素质教育目标】

- 培养学生精益求精的工匠精神
- 培养学生的创新意识

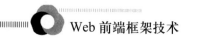

任务 1.1　视　　口

📒 任务描述

在 Bootstrap 中实现视口设置，不管网页原始的分辨率有多大，将其恰当地显示在手机浏览器上，这样就能保证用户在手机和电脑上浏览网页时有几乎一样的体验。视口实现效果如图 1-1 所示。

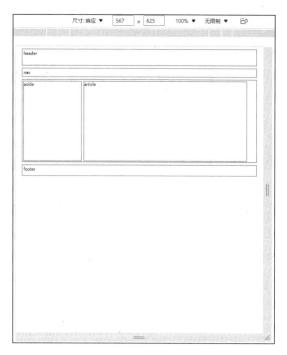

图 1-1　移动端网页视口的运行效果

✏️ 任务分析

手机的屏幕尺寸多种多样，不同手机屏幕的分辨率、宽高比例都有可能不同，同一张图片在不同手机上的显示效果会存在差异。因此，需要对不同的手机屏幕进行适配，使相同的内容在不同屏幕上的显示效果一致。Bootstrap 中通过比例控制视口的实现步骤如下。

(1) 编写一个网页，包含导航条、内容区和页脚区等。

(2) 改变窗口宽度的固定像素为比例控制模式。

(3) 打开电脑端和移动端浏览器查看视口效果。

🧠 知识准备

1.1.1　Bootstrap 概述

随着人类在生活、工作、娱乐中对信息技术的需求日益增长，移动设备的应用也越来越广泛，因此移动设备优先，自适应于台式机、平板电脑和手机的响应式设计技术 Bootstrap 也受到了网站开发人员的青睐。Bootstrap 是一个移动设备优先、所有主流浏览器都支持的用于快速开发 Web 应用程序和网站的前端框架。所谓框架，顾名思义就是一套架构，它有一套比较完整的解决方案，而且控制权在框架本身。Bootstrap 是一款用于网页开发的框架，它拥有样式库、组件和插件，用户需要按照框架所规定的规范进行开发。

Bootstrap 是由 Twitter 推出的前端开源工具包，它基于 HTML、CSS、JavaScript 等前端开发技术，2011 年 8 月在 GitHub 上发布，一经推出就颇受欢迎。Bootstrap 中预定义了一套 CSS 样式和与样式对应的 jQuery 代码，应用时用户只需提供固定的 HTML 结构，添加 Bootstrap 中提供的样式类名称，就可以实现指定的效果。

Bootstrap 包中提供的内容包括基本结构、CSS、布局组件、JavaScript 插件等，具体如下。

(1) 基本结构：Bootstrap 提供了一个带有网格系统、链接样式、背景的基本结构。

(2) CSS：Bootstrap 包含十几个可重用的组件，用于创建图像、下拉菜单、导航、警告框、弹出框等。

(3) JavaScript 插件：Bootstrap 包含十几个自定义的 jQuery 插件，它可以直接包含所有的插件，也可以逐个包含这些插件。

另外，开发人员还可以定制 Bootstrap 的组件、LESS 变量和 jQuery 插件来得到一套自定义的版本。

Bootstrap 之所以受到广大前端开发人员的欢迎，是因为使用 Bootstrap 可以构建出非常美观的前端界面，而且占用资源非常少。另外，Bootstrap 还具有以下几个优势。

(1) 移动设备优先：自 Bootstrap 3 开始，移动设备优先的样式贯穿于整个库。

(2) 浏览器支持：主流浏览器都支持 Bootstrap，包括 IE、Firefox、Chrome、Safari 等。

(3) 容易上手：要学习 Bootstrap，只需读者具备 HTML 和 CSS 的基础知识即可。

(4) 响应式设计：Bootstrap 的响应式 CSS 能够自适应台式机、平板电脑和手机的屏幕大小。

(5) 良好的代码规范：为开发人员创建接口提供了一个简洁、统一的解决方案，减少了测试的工作量；使开发人员能在前人的基础上工作。

(6) 组件：Bootstrap 包含了功能强大的内置组件。

(7) 定制：Bootstrap 还提供了基于 Web 的定制。

1.1.2　响应式设计概念

Bootstrap 是基于移动端的发展而诞生的，它利用响应式 Web 开发技术，实现了页面同时兼容 PC 端和移动端。目前市场上主流的移动端 Web 开发方案有两种，一种是单独制作移动端页面，另一种是制作响应式页面同时兼容 PC 端和移动端。Bootstrap 则属于第二种方案。

单独制作移动端页面并不改变原有的 PC 端页面，而是针对移动端单独开发出一套特定的版本，在网站的域名中使用二级域名 "m" (含义为 mobile)来表示移动端网站。有些网站还会智能地根据当前访问的设备来跳转到对应的页面。如果是移动设备，则跳转到移动端页面；如果是 PC 端设备，则跳转到 PC 端页面。单独制作移动端页面的优点在于，可以充分考虑平台的优势和局限性，从而创建出用户体验良好的网页，并且网页在移动设备上加

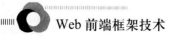

载得更快。但是单独制作移动端页面会产生多个 URL，因此重定向移动端页面需要花费一些时间。同时，需要对搜索引擎进行一些处理，会使维护成本增加。而且，单独制作移动端页面可能需要针对不同的屏幕尺寸分别制作多个页面，对开发人员来说，工作量比较大。

响应式设计是指同一页面在不同屏幕尺寸下可实现不同的布局，从而使一个页面兼容不同的终端。终端主要包括 PC 端和移动端，它们的分辨率和屏幕大小都不同。在开发网站时，只需加入响应式设计就可以兼容这些终端，而不必单独制作移动端页面。响应式设计主要是为解决移动互联网浏览的问题，通过响应式设计能使网站在手机和平板电脑上有更好的浏览体验。在开发响应式页面的过程中，当调整浏览器窗口时，将会通过判断浏览器窗口的宽度来改变页面样式，页面结构会根据浏览器窗口的大小重新展示，以适应不同的移动终端设备。所以，响应式设计具有跨平台、便于搜索引擎收录、节约成本的优势。

Bootstrap 遵循移动设备优先的原则，在开源之后迅速受到开发人员的追捧，推动了响应式技术的发展。本章将介绍 Bootstrap 响应式设计中的视口、媒体查询、栅格系统和弹性盒布局等重要概念、格式、属性及应用情形。

1.1.3　视口

在 Bootstrap 网页开发中有视口这个概念，它在响应式设计中是一个非常重要的概念。视口简单来说就是浏览器显示页面内容的屏幕区域。在移动端浏览器中有 3 种视口，分别是布局视口(layout viewport)、视觉视口(visual viewport)和理想视口(ideal viewport)，具体如下。

(1) 布局视口：指网页的宽度，一般移动端浏览器都设置了布局视口的默认宽度。根据设备的不同，布局视口的默认宽度有可能是 980px 或 1024px 等，这个宽度并不适合在手机屏幕中展示。移动端浏览器之所以采用这样的默认设置，是为了解决早期 PC 端页面在手机上显示的问题。

(2) 视觉视口：指用户正在看到的网站的区域，这个区域的宽度等同于移动设备的浏览器窗口的宽度。

(3) 理想视口：指对设备来讲最理想的视口尺寸。采用理想视口的方式，可以使网页在移动端浏览器上获得最理想的浏览宽度。

需要注意的是，当在手机上缩放网页时，操作的是视觉视口，而布局视口仍然保持原来的宽度。

目前大多数手机浏览器，其布局视口宽度都是 980px，为了实现理想视口，布局视口宽度可以通过 meta 属性标签设置。标签格式如下：

```
<meta
    name="viewport"
    content="width=device-width,
    initial-scale=0.5,
    user-scalable=yes,
    maximum-scale=2.0"
/>
```

其中，width 是布局视口的宽度，width=device-width 是使布局视口的宽度为设备的宽度，initial-scale 是初始化缩放比例，user-scalable 用来设置是否允许用户自行缩放，maximum-scale

是最大缩放比例。缩放比例取值范围为 0～10.0，若是设置了不允许用户缩放，就没必要设置最小缩放比例和最大缩放比例，视口概念的解释如图 1-2 所示。

设备屏幕的宽度是414px，在浏览器中，414px宽度的屏幕能够展示1200px宽度的内容。那么414px就是视口的宽度，而1200px就是布局视口的宽度。

图 1-2　视口概念的解释

任务实现

在 PC 端进行网页制作时，经常使用固定像素的网页布局，为了适应小屏幕的设备，在移动设备和跨平台(响应式)网页开发过程中，应使视口自适应网页大小变化。通过设置视口，不管网页的原始分辨率有多大，都能在手机浏览器上正确显示，这样就能保证网页在手机浏览器中也能给用户带来良好的浏览和阅读体验。通过设置比例控制视口的代码如下：

```
<!DOCTYPE html>
<html>
<head>
 <meta charset="utf-8">
 <title>固定布局转换为百分比布局</title>
 <!-- 固定布局-->
 <style>
  /* body > * {
   width: 980px; height: auto; margin: 0 auto; margin-top: 10px;
   border: 1px solid #000; padding: 5px;
  }
  header { height: 50px; }
  section { height: 300px; }
  footer { height: 30px; }
  section > * { height: 100%; border: 1px solid #000; float: left; }
  aside { width: 250px; }
  article { width: 700px; margin-left: 10px; } */
 </style>
 <!-- 百分比布局-->
 <style>
  body > * {
   width: 95%; height: auto; margin: 0 auto; margin-top: 10px;
   border: 1px solid #000; padding: 5px;
  }
```

```
  header { height: 50px; }
  section { height: 300px; }
  footer { height: 30px; }
  section > * { height: 100%; border: 1px solid #000; float: left; }
  aside { width: 25%; }
  article { width: 70%; margin-left: 1%; }
 </style>
</head>
<body>
 <header>header</header>
 <nav>nav</nav>
 <section>
   <aside>aside</aside>
   <article>article</article>
 </section>
 <footer>footer</footer>
</body>
</html>
```

任务 1.2 媒 体 查 询

任务描述

　　响应式布局可以实现一套代码在不同屏幕宽度下呈现出不同的布局效果，实现这种效果的核心技术就是媒体查询。本任务将学习如何在 Bootstrap 中实现媒体查询效果，运行结果如图 1-3 所示。

图 1-3　媒体查询应用效果

任务分析

　　在 Bootstrap 中实现媒体查询的步骤如下。

　　(1) 打开 Bootstrap 编辑器，新建一个网页文件。

　　(2) 设置当屏幕宽度小于 575px、大于 576px 小于 768px、大于 768px 小于 992px、大于 992px 小于 1200px、大于 1200px 等情况时的视口宽度。

　　(3) 通过浏览器打开编辑好的网页文件，改变视口宽度，查看不同的显示效果。

知识准备

1.2.1　Bootstrap 编辑器

市面上网页设计编辑器种类繁多，本书推荐使用兼容 Web 前端框架技术较好的编辑器 Visual Studio Code。该编辑器集成了所有现代编辑器应具备的特性，包括语法高亮(syntax highlighting)、可定制的热键绑定(customizable keyboard bindings)、括号匹配(bracket matching)以及代码片段收集(snippets)。该编辑器最大的优势是兼容并支持 Windows、Linux 和 Mac 等操作系统，它也是一款免费、开源的代码编辑器，一经推出便受到广大开发者的欢迎。对于前端开发人员来说，一个强大的编辑器可以使开发变得简单、便捷、高效。其特点如下。

(1) 轻巧极速，占用系统资源较少。

(2) 具备语法高亮显示、智能代码补全、自定义快捷键和代码匹配等功能。

(3) 跨平台。不同的开发人员为了工作需要，会选择不同的平台来进行项目开发，这在一定程度上限制了编辑器的使用范围。Visual Studio Code 编辑器不仅是跨平台的(支持 Mac、Windows 和 Linux)，而且使用起来也非常简单。

(4) 主题界面的设计比较人性化。例如，可以快速查找文件并直接进行开发，可以分屏显示代码，可以自定义主题颜色(默认为黑色)，也可以快速查看最近打开的项目文件和查看项目文件结构。

(5) 提供丰富的插件。Visual Studio Code 提供了插件扩展功能，用户可自行下载和安装插件，安装配置成功后，启动编辑器，就可以使用此插件提供的功能。

下面讲解 Visual Studio Code 编辑器的下载和安装过程。

打开浏览器，登录 Visual Studio Code 官方网站。在网站的首页可以看到下载软件按钮，如图 1-4 所示。

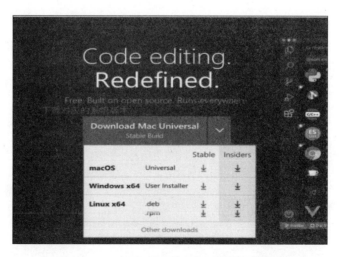

图 1-4　Visual Studio Code 编辑器的下载界面

单击 Windows x64 后的下载按钮，会下载对应的安装包。如果需要下载其他系统的安装包，可以选取其他版本进行下载。将 Visual Studio Code 编辑器安装包下载完成后，双击安装包启动安装程序，然后按照提示进行操作，直到安装完成。在 Visual Studio Code 编辑器的"欢迎使用"界面中，单击"打开文件夹..."按钮，就可以选择某个文件夹作为项目的根目录。打开文件夹后，创建一个简单的网页，进入代码编辑环境，其左侧有一个资源管理器，右侧为代码编辑区域，代码编辑区域的下半部分是一个带有"问题""输出""调试控制台""终端"选项卡和各种按钮的面板。在"终端"选项卡中可以很方便地执行各种命令。

1.2.2　媒体查询概述

CSS 的 Media Query 媒体查询也称为媒介查询，可以根据窗口宽度、屏幕比例和设备方向等差异改变页面的显示方式。媒体查询由媒体类型和条件表达式组成，常用的媒体查询属性如下。

(1) 设备宽高：device-width、device-height。

(2) 渲染窗口的宽和高：width、height。

(3) 设备的手持方向：orientation。

(4) 设备的分辨率：resolution。

使用媒体查询的方法有两种，即内联式和外联式。下面利用媒体查询实现当文档宽度大于 640px 时，则对 CSS 样式进行修改。

(1) 内联式是直接在 CSS 中使用，其代码如下：

```
@media screen and (min-width:640px){CSS 属性: CSS 属性}。
```

(2) 外联式是作为单独的 CSS 文件从外部引入的，其代码如下：

```
<link href="style.css" media="screen and (min-width:640px)" rel="stylesheet">
```

任务实现

使用媒体查询能够在不改变页面内容的情况下，为输出设备制定特定的显示效果。也就是说，通过媒体查询可以实现一套代码在不同屏幕宽度下呈现出不同的布局效果。媒体查询应用的代码如下：

```
<!DOCTYPE html>
<html>
<head>
 <meta name="viewport" content="width=device-width">
 <!-- 当屏幕宽度小于575px、大于等于576px小于768px、大于等于768px小于992px、大于等于992px
小于1200px、大于等于1200px等情况时的视口宽度 -->
 <style>
   @media screen and (max-width: 575px) {
     .container {
      width: 100%;
     }
   }
   @media screen and (min-width: 576px) {
     .container {
      width: 540px;
```

```
      }
    }
    @media screen and (min-width: 768px) {
      .container {
        width: 720px;
      }
    }
    @media screen and (min-width: 992px) {
      .container {
        width: 960px;
      }
    }
     @media screen and (min-width: 1200px) {
       .container {
         width: 1140px;
       }
     }
    .container {
      height: 50px;
      background: #ddd;
      margin: 0 auto;
    }
  </style>
</head>
<body>
  <div class="container">布局容器</div>
</body>
</html>
```

⚠注意

　　任意改变视口宽度并查看运行结果，可以观察到布局容器的变化情况，但网页内容是不变的。

任务 1.3　栅 格 系 统

📧 任务描述

　　在任务 1.2 中学习了媒体查询的使用方法，通过 CSS 媒体查询进行响应式 Web 开发时，需要编写媒体查询相关的代码，使用起来比较麻烦。为了更好地进行响应式 Web 开发，Bootstrap 框架提供了精益求精的栅格系统，极大地提高了开发效率。本任务将学习如何利用栅格系统实现导航栏效果，运行结果如图 1-5 所示。

首页	部门	成果	服务

图 1-5　网页端导航栏的运行效果

✏ 任务分析

　　Bootstrap 提供了一套响应式、移动设备优先的流式栅格系统，该栅格系统主要通过媒体查询来实现，可以快速完成响应式 Web 开发。利用栅格系统实现导航栏效果的步骤如下。

(1) 打开 Bootstrap 代码编辑器，新建一个网页文件。

(2) 基于 12 列宽度，计算导航栏的平均宽度。

(3) 设置栅格系统效果。

(4) 通过浏览器打开编辑好的网页文件，改变视口宽度，查看不同的显示效果。

知识准备

1.3.1 栅格系统概述

Bootstrap 提供了一套响应式、移动设备优先的流式栅格系统，又叫网格系统，随着屏幕或视口尺寸的变化，系统会将页面布局自动分为 12 列。栅格系统最早应用于印刷媒体上，一个印刷版面上划分了若干个格子，非常便于排版。后来，栅格系统又被应用于网页布局中。使用响应式栅格系统进行页面布局时，可以让一个网页在不同大小的屏幕上，呈现出不同的结构。例如，在小屏幕设备上，某些模块将按照不同的方式排列或者被隐藏。在平面设计中，网格是一种由一系列用于组织内容的相交的直线(垂直的、水平的)组成的结构。栅格系统广泛应用于平面设计、网页设计和广告设计等领域。在网页设计中，网格是一种可以快速创建一致的布局和有效地使用 HTML 和 CSS 的方法。简单地说，网页设计中的网格用于组织内容，让网站便于浏览，并降低用户端的负载。Bootstrap 是移动设备优先的，这意味着 Bootstrap 的代码设计从小屏幕设备(比如移动设备、平板电脑)开始，然后扩展到大屏幕设备(比如笔记本电脑、台式电脑)的组件和网格系统。

栅格系统通过一系列包含内容的行和列来创建页面布局。下面是 Bootstrap 网格的基本结构：

```
<div class="container">
     <div class="row">
     <div class="col-*-*"></div>
     <div class="col-*-*"></div>
     </div>
</div>
```

其中 container 称为容器，承载着栅格系统的设置功能。

1.3.2 容器

Bootstrap 栅格系统用于将页面布局划分为等宽的列。随着屏幕或视口尺寸的变化，系统会将页面布局自动分为 1~12 列，栅格系统用于通过一系列的行(row)与列(column)的组合来创建页面布局。开发者可以将内容放入这些创建好的布局中，然后通过列数的定义来模块化页面布局，从而达到响应式页面布局的效果。Bootstrap 有 3 种不同的容器，分别是在每个响应断点处设置了一个最大宽度(max-width)的.container 容器、在每个响应断点处设置布局容器的宽度为 100%的.container-fluid 容器，以及在每个响应断点处设置布局容器的宽度为 100%、直到到达指定的断点为止的.container-{breakpoint}容器。这 3 种容器的比较如图 1-6 所示。

类名	超小设备 <576px	平板 ≥576px	桌面显示器 ≥768px	大桌面显示器≥992px	超大桌面显示器≥1200px
.container	100%	540px	720px	960px	1140px
.container-sm	100%	540px	720px	960px	1140px
.container-md	100%	100%	720px	960px	1140px
.container-lg	100%	100%	100%	960px	1140px
.container-xl	100%	100%	100%	100%	1140px
.container-fluid	100%	100%	100%	100%	100%

图 1-6　容器的比较

⚠注意

在栅格布局中会使用到偏移列，偏移列通过 .offset-*-* 类来设置。第一个星号(*)可以是 sm、md、lg、xl，表示屏幕设备类型，第二个星号(*)可以是 1～11 的数字。为了在大屏幕显示器上使用偏移，请使用 .offset-md-* 类。这些类会把列的左外边距 margin 增加 * 列，其中 * 的范围是从 1～11。例如，.offset-md-4 是把.col-md-4 往右移了四列。

任务实现

栅格系统即网格系统，它是一种清晰、工整的设计方式，用固定的格子进行网页布局。利用栅格系统实现导航栏效果的代码如下：

```
<!DOCTYPE html>
<html>
<head>
  <meta name="viewport" content="width=device-width, initial-scale=1.0">
  <title>导航栏示例</title>
  <link rel="stylesheet" href="bootstrap/css/bootstrap.min.css">
<!-- 容器 container 背景颜色、外边距、内边距和字号等样式的设计 -->
<style>
  * {
      margin: 0;
      padding: 0;
  }
  li {
      list-style: none;
  }
  .row {
      margin-bottom: 0;
  }
  .container {
      background-color: #eee;
  }
  .col-sm-12 {
      text-align: center;
      padding: 10px;
      font-size: 30px;
  }
```

```
    li:hover {
        background-color: #fff;
    }
  </style>
</head>
<body>
<!-- 将容器 container 每 3 列作为一个单元，将页面等分为 4 个单元 -->
  <div class="container">
    <ul class="row">
      <li class="col-md-3 col-sm-12">首页</li>
      <li class="col-md-3 col-sm-12">部门</li>
      <li class="col-md-3 col-sm-12">成果</li>
      <li class="col-md-3 col-sm-12">服务</li>
    </ul>
  </div>
</body>
</html>
```

任务 1.4 弹性盒布局

🔲 任务描述

响应式网页设计创新了很多传统设计技术，本任务将学习如何使用弹性盒布局轻松地创建响应式网页布局。弹性盒布局为网页盒状(块)模型增加了灵活性，运行结果如图 1-7 所示。

图 1-7 弹性盒布局的运行效果

✏️ 任务分析

弹性盒布局改进了传统的块模型，既不使用浮动，也不会合并弹性盒容器与其内容之间的外边距。它是一种非常灵活的布局方法，就像几个小盒子放在一个大盒子里，这些小盒子相对独立，容易设置。弹性盒由容器、子项和轴构成，默认情况下，子项的排布方向与主轴的方向是一致的。弹性盒布局的实现步骤如下。

(1) 打开代码编辑器，新建一个网页文件。

(2) 确定网页的排布方向。

(3) 设置.box 类实现弹性盒布局效果。

(4) 通过浏览器打开编辑好的网页文件，改变视口宽度，查看不同的显示效果。

🏛️ 知识准备

1.4.1 流式布局

在移动端 Web 开发中，可以通过流式布局、弹性盒布局来制作移动端页面。此外，还可以将上述布局与媒体查询结合起来创建响应式页面，以实现一个同时兼容 PC 端和移动端的页面。

流式布局也称为百分比自适应布局，它是一种等比例缩放的布局方式，也是移动端 Web 开发中比较常见的布局方式。在 CSS 代码中需要使用百分比来设置盒子的宽高，例如将盒子的宽度设置成百分比，网页就会根据浏览器的宽度和屏幕的大小来自动调整显示效果。流式布局的实现方法是，将 CSS 固定像素宽度换算为百分比宽度，其换算公式如下：

$$目标元素宽度 / 父盒子宽度 = 百分比宽度$$

1.4.2　弹性盒布局

弹性盒布局是 CSS 3 中的一种新布局模式，其结构如图 1-8 所示，它可以轻松地创建响应式网站布局。弹性盒布局为盒模块增加了灵活性，可以让用户告别浮动(float)，完美地实现垂直居中，目前弹性盒布局得到了几乎所有主流浏览器的支持。

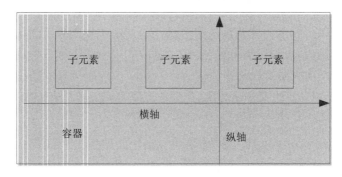

图 1-8　弹性盒结构

弹性盒由弹性容器(flex container)和弹性子元素(flex item)组成。通过设置元素的 display 属性值为 flex 或 inline-flex，将其定义为弹性容器。弹性容器内包含了一个或多个弹性子元素。display 属性的默认值为 inline，这意味着此元素会被显示为一个内联元素，在元素的前后没有换行符；如果设置 display 的值为 flex，则表示指定该元素为弹性盒容器；如果设置 display 的值为 none，则表示此元素不会被显示。当使用 flex-flow 属性时，其值是 flex-direction 属性值和 flex-wrap 属性值的组合。

flex-direction 用于调整主轴的方向，可以将其调整为横向或者纵向。默认情况下为横向，此时横轴为主轴，纵轴为侧轴；如果调整为纵向，则纵轴为主轴，横轴为侧轴，其取值如图 1-9 所示。

取值	描述
row	弹性盒子元素按横轴方向顺序排列（默认值）
row-reverse	弹性盒子元素按横轴方向逆序排列
column	弹性盒子元素按纵轴方向顺序排列
column-reverse	弹性盒子元素按纵轴方向逆序排列

图 1-9　flex-direction 属性的取值

flex-wrap 可以让弹性盒元素在必要的时候换行，其取值如图 1-10 所示。

取值	描述
nowrap	容器为单行，该情况下flex子项可能会溢出容器。该值是默认属性值，不换行
wrap	容器为多行，flex子项溢出的部分会被放置到新行（换行），第一行显示在上方
wrap-reverse	反转wrap排列（换行），第一行显示在下方

图 1-10 flex-wrap 属性的取值

可以使用弹性盒布局设置属性值查看显示效果。

任务实现

弹性盒模型可以用简单的方式满足很多常见的复杂布局需求，其优势在于开发人员只是声明布局应该具有的特点，而不需要给出具体的实现方式。弹性盒模型几乎在主流浏览器中都得到了支持，其应用的代码如下：

```
<!DOCTYPE html>
<html>
<head>
 <meta charset="UTF-8">
 <title>弹性盒属性</title>
 <!-- 设置弹性盒的效果和排列顺序 -->
 <style>
  .box {
   display: flex;
   border: 1px solid #999;
   height: 60px;
   padding: 4px;
   background: #ddd;
   flex-flow: column-reverse wrap;
   justify-content: space-between;
   align-items: center;
  }
  .box>div {
   margin: 2px;
   padding: 2px;
   border: 1px solid #999;
   background: #fff;
  }
  .a {
   order: 2;
  }
  .b {
   order: 3;
  }
```

```
  .c {
    order: 1;
  }
  .a {
    flex-grow: 1;  /* 也可以写成 flex: 1; */
  }
</style>
</head>
<body>
 <div class="box">
  <div class="a">A</div>
  <div class="b">B</div>
  <div class="c">C</div>
 </div>
</body>
</html>
```

本 章 小 结

本章介绍了 Bootstrap 响应式网页设计的关键技术，包括视口、媒体查询、栅格系统和弹性盒布局，并且详细讲解了视口、媒体查询、栅格系统和弹性盒布局的特性和应用技巧，通过可运行的网页案例演示，帮助读者深刻了解 Bootstrap 响应式网页设计的基本原理。

自 测 题

一、单选题

1. 下列选项中，用来设置盒子模型 border-box 计算方式的属性是(　　)。

　　A. box-sizing　　　　B. box　　　　　　C. border-sizing　　　D. box-size

2. 下列选项中，属于弹性盒布局 flex-wrap 属性值的是(　　)。

　　A. Blink　　　　　　B. WebKit　　　　　C. wrap　　　　　　　D. Gecko

3. 下列选项中，用来设置视口初始缩放比的是(　　)。

　　A. initial-scale　　　　　　　　　　　B. maximum-scale

　　C. minimum-scale　　　　　　　　　　D. user-scalable

二、判断题

1. 布局视口对设备来讲是最理想的视口。　　　　　　　　　　　　　(　　)

2. 在开发的时候用到的 1px 一定等于 1 个物理像素。　　　　　　　　(　　)

3. 在同一台设备上，图片的像素点和屏幕的像素点是一一对应的，图片分辨率越高，图片就越模糊；图片分辨率越低，图片就越清晰。　　　　　　　　　　　(　　)

三、实训题

编写一个简单的响应式栅格系统。

需求说明:

(1) 编写一个简单的响应式栅格系统,如图 1-11 所示。

参考 CSS 样式代码如下:

```
<style>
 .row { width: 100%; }
 .row :after {   /* 通过伪元素:after 清除浮动 */
   clear: left;  /* 清除左浮动 */
   content: '';
       display: table;    /* 该元素会作为块级表格来显示(类似 <table>) */
       }
 [class^="col"] { float: left; background-color: #e0e0e0; }
 .col1 { width: 25%; }
 .col2 { width: 50%; }
</style>
```

(2) 打开 Chrome 的开发者工具,使用移动设备来测试该页面的运行效果。浏览器窗口宽度小于或等于 768px 时,导航、主要内容和侧边栏 3 个模块呈纵向排列。

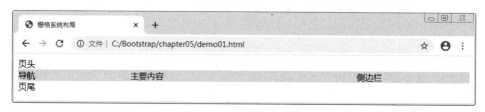

图 1-11　栅格系统的运行效果

实训要点:

(1) 编写 HTML 结构: 定义页头、导航、主要内容、侧边栏和页尾部分的 HTML 结构代码。

(2) 编写 CSS 样式: 页头和页尾分别显示在网页的最上方和最下方,而中间的导航、主要内容和侧边栏根据浏览器窗口的大小进行不同方式的排列。

(3) 编写 CSS 媒体查询样式: 浏览器窗口宽度大于 768px 时,3 个模块横向排列,小于或等于 768px 时纵向排列。

第2章
Bootstrap CSS 技术

在网页开发中，通常会为网站设置一个全局的样式表，用来初始化 CSS 代码，以提高工作效率。当然 Bootstrap 框架也不例外，它的核心是轻量的 CSS 基础代码库，虽然对部分基础样式进行了重置，但它更注重解决重置后可能发生的问题。Bootstrap 框架保留了部分浏览器的基础样式，解决了部分潜在的问题，对一些细节上的体验进行了提升。本章将介绍常用布局样式，包括 Bootstrap 排版、Bootstrap 表格、Bootstrap 表单、Bootstrap 按钮、Bootstrap 图片和 Bootstrap 辅助类设计技术等。

【学习目标】
- 了解 Bootstrap CSS 的概念
- 掌握 Bootstrap 排版技术
- 掌握 Bootstrap 表格设计技术
- 掌握 Bootstrap 表单设计技术
- 掌握 Bootstrap 按钮设计技术
- 掌握 Bootstrap 图片设计技术
- 掌握 Bootstrap 辅助类设计技术

【素质教育目标】
- 帮助学生树立持续学习的意识
- 贯彻美育政策，培养学生认识美、感受美的能力

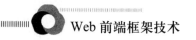
任务 2.1　Bootstrap 排版

📧 任务描述

在数码时代，网页设计已成为页面设计以及品牌风格打造的重要组成部分。随着互联网的快速发展，设计师不仅需要具备强大的技术能力，更需要有独特的审美理念，创造出令人印象深刻的视觉效果。网页设计过程中的各种审美需求，成为其成功与否的关键因素之一。排版是网页设计最基本的审美需求。本任务将学习 Bootstrap CSS 常用的排版技术，如创建标题、设置段落、调整颜色及其他内联元素等。任务运行结果如图 2-1 所示。

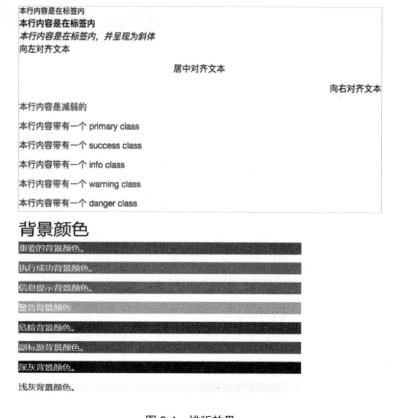

图 2-1　排版效果

✏️ 任务分析

Bootstrap 是一款 Web 开发框架，它提供了高效的 HTML 和 CSS 规范。例如，在布局上设置基础的样式、字号等。实现基础排版效果的步骤如下。

(1) 打开 Bootstrap 代码编辑器，新建一个网页文件。

(2) 设置段落，用于强调重要内容效果。

(3) 创建标题、调整颜色及其他内联元素。

(4) 通过浏览器打开编辑好的网页文件，查看显示效果。

知识准备

2.1.1 Bootstrap 样式

在 HTML 中，可以使用不同的标签来定义不同的文本样式，例如字号、粗体、删除线等。Bootstrap 通过修改元素的默认样式，实现对页面布局的优化，让页面更加美观。

Bootstrap 使用 Helvetica Neue、Helvetica、Arial 和 sans-serif 作为其默认的字体栈，还提供了一些有代表意义的文本格式类，用于 Bootstrap CSS 排版。Bootstrap CSS 排版常用的标签和格式类如下。

<h*>：不同规格的标题，<h1>～<h6>。

<small>：设置文本字号为父文本字号大小的 85%。

<strong>：加粗文本。

<em>：设置文本为斜体。

<address>：在网页上显示联系信息。

<abbr>：在文本底部显示一条虚线边框。

<mark>：给文本设置黄色背景及一定的内边距，从而高亮显示文本。

.lead：使段落突出显示。

.small：设定小文本(设置字号为父文本字号的 85%)。

.text-left：设定文本左对齐。

.text-center：设定文本居中对齐。

.text-right：设定文本右对齐。

.text-justify：设定文本对齐，段落中超出屏幕部分的文字自动换行。

.text-nowrap：段落中超出屏幕部分的文字不换行。

.text-lowercase：设定单词小写。

.text-uppercase：设定单词大写。

.text-capitalize：设定单词首字母大写。

.initialism：显示在<abbr>元素中的文本以小号字体展示，且可以将小写字母转换为大写字母。

.blockquote-reverse：设定引用右对齐。

.list-unstyled：移除默认的列表样式，列表项左对齐(<ul>和<ol>)。这个类仅适用于直接列表项，如果需要移除嵌套的列表项，需要在嵌套的列表中使用该样式。

.list-inline：将所有列表项放置在同一行。

.dl-horizontal：该类设置了浮动和偏移，应用于 <dl> 元素和 <dt> 元素中。

.pre-scrollable：使<pre>元素可滚动，代码块区域最大高度为 340px，一旦超出这个高度，就会在 Y 轴出现滚动条。

Bootstrap 通过以下两种方式显示代码：

第一种是<code>标签，用来内联显示代码。

第二种是<pre>标签，可以把代码显示为一个独立的块元素或者多行显示。

除了用上述 Bootstrap 中提供的一些元素标签来对文本进行强化和突显重要内容外，

Bootstrap 还定义了一套类名，通过设置文本颜色来强调其重要性。下面列出 Bootstrap 中一些进行 CSS 设计时可能用到的辅助类，如表 2-1 和表 2-2 所示。

表 2-1　文本辅助类

类	描　述
.text-muted	text-muted 类的文本样式(提示文本，多使用浅灰色)
.text-primary	text-primary 类的文本样式(重要文本，使用蓝色)
.text-success	text-success 类的文本样式(执行成功的文本，使用浅绿色)
.text-info	text-info 类的文本样式(通知信息的文本，使用浅蓝色)
.text-warning	text-warning 类的文本样式(警告文本，使用黄色)
.text-danger	text-danger 类的文本样式(表示危险的文本，使用红色)

表 2-2　背景辅助类

类	描　述
.bg-primary	表格单元格使用了 bg-primary 类(重要背景，多使用深蓝色)
.bg-success	表格单元格使用了 bg-success 类(执行成功背景，使用绿色)
.bg-info	表格单元格使用了 bg-info 类(通知信息的背景，使用浅蓝色)
.bg-warning	表格单元格使用了 bg-warning 类(表示警告的背景，使用黄色或橙色)
.bg-danger	表格单元格使用了 bg-danger 类(表示危险的背景，使用红色)

2.1.2　标题

在浏览网页时最先关注到的就是文章的标题，Bootstrap 与普通的 HTML 页面一样，都是使用<h1>～<h6>标签来定义标题。同时 Bootstrap 还提供了一系列 display 类来设置标题样式。

Bootstrap 中对 HTML 标题<h1>～<h6>的样式进行了覆盖，需要注意的是，元素的样式会因浏览器的不同而发生变化，从而可以使元素在不同的浏览器中显示一样的效果。一级标题字体大小为 36px，二级标题字体大小为 30px，三级标题字体大小为 24px，四级标题字体大小为 18px，五级标题字体大小为 14px，六级标题字体大小为 12px。标题标签的具体使用方法和普通标签的使用方法是一样的，从一级标题到六级标题，数字越大代表标题级别越小，文本字号也越小。请看下面的实例。

【例 2-1】HTML 标题<h1>～<h6>的样式。其实现代码如下：

```
<h1>我是标题 1 h1</h1>
<h2>我是标题 2 h2</h2>
<h3>我是标题 3 h3</h3>
<h4>我是标题 4 h4</h4>
<h5>我是标题 5 h5</h5>
<h6>我是标题 6 h6</h6>
```

运行结果如图 2-2 所示。

我是标题1 h1

我是标题2 h2

我是标题3 h3

我是标题4 h4

我是标题5 h5

我是标题6 h6

图 2-2　标题的显示结果

⚠️**注意**

　　本章中的实例均给出核心功能实现代码，运行时切记加上如下程序头尾，然后查看运行结果。

```
<!DOCTYPE html>
<html>
<head>
  <title>Bootstrap 实例</title>
  <meta charset="utf-8">
  <meta name="viewport" content="width=device-width, initial-scale=1">
  <link rel="stylesheet" href="https://cdn.staticfile.org/twitter-bootstrap/
      4.3.1/css/bootstrap.min.css">
  <script src="https://cdn.staticfile.org/jquery/3.2.1/jquery.min.js"></script>
  <script src="https://cdn.staticfile.org/popper.js/
      1.15.0/umd/popper.min.js"></script>
  <script src="https://cdn.staticfile.org/twitter-bootstrap/
      4.3.1/js/bootstrap.min.js"></script>
</head>
<body>
<div class="container">
</div>
</body>
</html>
```

🏛 任务实现

　　段落<p>元素是网页布局中的重要组成部分，在 Bootstrap 中为文本设置了一个全局的正文文本样式，包括对字体、字号、行高、颜色的基础设置。除此之外，为了美观，同时便于用户阅读，特意给<p>元素设置了 margin 值。在实际项目中，开发者往往希望对一些重要的文本进行特殊的样式设置，以突显其重要性。Bootstrap CSS 常用的排版技术有创建标题、设置段落、调整颜色及其他内联元素等，其实现代码如下：

```
<small>本行内容是在标签内</small>
<br> <strong>本行内容是在标签内</strong><br>
<em>本行内容是在标签内，并呈现为斜体</em>
<br> <p class="text-left">向左对齐文本</p>
<p class="text-center">居中对齐文本</p>
<p class="text-right">向右对齐文本</p>
```

```
<p class="text-muted">本行内容是减弱的</p>
<p class="text-primary">本行内容带有一个 primary class</p>
<p class="text-success">本行内容带有一个 success class</p>
<p class="text-info">本行内容带有一个 info class</p>
<p class="text-warning">本行内容带有一个 warning class</p>
<p class="text-danger">本行内容带有一个 danger class</p>
<div class="container">
  <h2>背景颜色</h2>
      <p class="bg-primary text-white">重要的背景颜色。</p>
      <p class="bg-success text-white">执行成功背景颜色。</p>
      <p class="bg-info text-white">信息提示背景颜色。</p>
      <p class="bg-warning text-white">警告背景颜色</p>
      <p class="bg-danger text-white">危险背景颜色。</p>
      <p class="bg-secondary text-white">副标题背景颜色。</p>
      <p class="bg-dark text-white">深灰背景颜色。</p>
      <p class="bg-light text-dark">浅灰背景颜色。</p>
</div>
```

任务 2.2　Bootstrap 表格

任务描述

本任务将学习如何使用 Bootstrap 表格类和常用的样式表，实现颜色类表格效果。任务运行效果如图 2-3 所示。

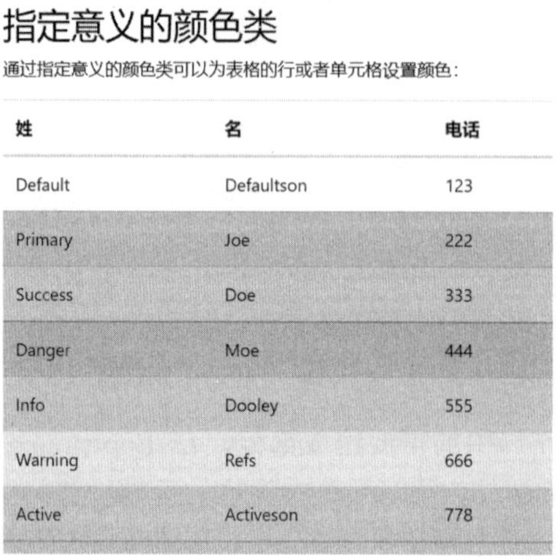

姓	名	电话
Default	Defaultson	123
Primary	Joe	222
Success	Doe	333
Danger	Moe	444
Info	Dooley	555
Warning	Refs	666
Active	Activeson	778

图 2-3　指定意义的颜色类的运行效果

任务分析

在网页制作中，通常会用到表格的鼠标指针悬停、隔行变色等效果。Bootstrap 中提供了一系列表格布局样式，利用该样式可以帮助开发者快速开发出美观的表格。表格效果实现步骤如下。

(1) 打开 Bootstrap 代码编辑器，新建一个网页文件。

(2) 设置表格基类.table，表内的样式可以组合使用。

(3) 创建颜色类表格样式，多个样式之间需使用空格隔开。

(4) 通过浏览器打开编辑好的网页文件，查看显示效果。

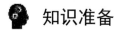 知识准备

2.2.1　表格概述

Bootstrap 提供了一个清晰的创建表格的布局。表 2-3 和表 2-4 列出了 Bootstrap 支持的一些常用表格元素和表格样式。除此之外，还有一系列的表格状态类，如设置<tr>、<td>或<th>元素的样式时，使用.table-*类来实现，"*"的可选值包括 success、active、primary、secondary、danger、warning、info、light、dark 等，同时状态类也适用于.table-dark 反转色调。

在使用响应式表格.table-responsive 样式类时，如果在屏幕较小的设备上显示，会创建水平滚动条。此时，可以使用.table-responsive{-sm|-md|-lg|-xl}类来使表格在某些特定的情况下变成水平滚动的设计。这样做的好处在于，响应式表格只在当前表格中创建滚动条，而不会影响整体页面的效果。

表 2-3　表格元素

标　签	描　述
<table>	为表格添加基础样式
<thead>	表格标题行的容器元素(<tr>)，用来标识表格列
<tbody>	表格主体中的表格行的容器元素(<tr>)
<tr>	一组出现在单行上的表格单元格的容器元素(<td> 或 <th>)
<td>	默认的表格单元格
<th>	特殊的表格单元格，用来标识列或行(取决于范围和位置)。必须在 <thead> 内使用
<caption>	关于表格存储内容的描述或总结

表 2-4　表格样式类

类	描　述
.table	为任意<table>添加基本样式(只有横向分隔线)
.table-striped	在<tbody>内添加斑马线形式的条纹(IE8 浏览器不支持)
.table-bordered	为所有表格的单元格添加边框
.table-hover	在<tbody>内的任一行启用鼠标悬停状态
.table-condensed	让表格更加紧凑
.table-dark	设置颜色反转对比效果
.table-sm	紧凑型表格
.table-responsive	响应式表格

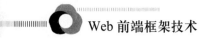

2.2.2　表格种类

1. 基本的表格

如果想要一个只带有内边距(padding)和水平分隔线的基本表格,就为表格添加.table 类,如下实例所示。

【例 2-2】实现基本表格。代码如下:

```
<table class="table">
  <caption>基本的表格布局</caption>
  <thead>
    <tr>
      <th>名称</th>
      <th>城市</th>
    </tr>
  </thead>
  <tbody>
    <tr>
      <td>Tanmay</td>
      <td>Bangalore</td>
    </tr>
    <tr>
      <td>Sachin</td>
      <td>Mumbai</td>
    </tr>
  </tbody>
</table>
```

2. 可选的表格类

除了基本的表格标签和.table 类,还有一些用来为标签定义样式的类。

条纹表格:通过添加.table-striped 类,可以在<tbody>内的行上设置条纹。

边框表格:通过添加.table-bordered 类,可以为表格的所有单元格添加边框。

悬停表格:通过添加.table-hover 类,实现当鼠标指针悬停在任一行上时该行出现浅灰色背景的效果。

精简表格:通过添加.table-condensed 类,缩小行内边距(padding),可以让表看起来更紧凑。

响应式表格:通过把任意的.table 类包在.table-responsive 类内,可以让表格水平滚动以适应小型设备(屏幕宽度小于 768px)。当在屏幕宽度大于 768px 的大型设备上查看时,将看不到任何的差别。

任务实现

Bootstrap 支持的除一些常用表格元素和表格样式之外,还有一系列的表格状态类,如设置<tr>、<td>或<th>元素样式,使用.table-*类来实现。颜色类表格的实现代码如下:

```html
<h2>指定意义的颜色类</h2>
<p>通过指定意义的颜色类可以为表格的行或者单元格设置颜色：</p>
<table class="table">
  <thead>
    <tr>
      <th>姓</th>
      <th>名</th>
      <th>电话</th>
    </tr>
  </thead>
  <tbody>
    <tr>
      <td>Default</td>
      <td>Defaultson</td>
      <td>123</td>
    </tr>
    <tr class="table-primary">
      <td>Primary</td>
      <td>Joe</td>
      <td>222</td>
    </tr>
    <tr class="table-success">
      <td>Success</td>
      <td>Doe</td>
      <td>333</td>
    </tr>
    <tr class="table-danger">
      <td>Danger</td>
      <td>Moe</td>
      <td>444</td>
    </tr>
    <tr class="table-info">
      <td>Info</td>
      <td>Dooley</td>
      <td>555</td>
    </tr>
    <tr class="table-warning">
      <td>Warning</td>
      <td>Refs</td>
      <td>666</td>
    </tr>
    <tr class="table-active">
      <td>Active</td>
      <td>Activeson</td>
      <td>778</td>
    </tr>
    <tr class="table-secondary">
      <td>Secondary</td>
      <td>Secondson</td>
      <td>888</td>
    </tr>
```

```
    <tr class="table-light">
      <td>Light</td>
      <td>Angie</td>
      <td>999</td>
    </tr>
    <tr class="table-dark text-dark">
      <td>Dark</td>
      <td>Bo</td>
      <td>000</td>
    </tr>
  </tbody>
</table>
```

任务 2.3　Bootstrap 表单

任务描述

　　本任务将学习如何使用 Bootstrap 中一些简单的 HTML 标签和扩展的类，创建不同样式的表单。任务运行效果如图 2-4 所示。

图 2-4　表单的显示效果

任务分析

　　Bootstrap 提供了垂直表单(默认)、内联表单、水平表单等类型的表单布局。用户可以在其中输入必要的表单数据。Bootstrap 中实现表单效果的步骤如下。

　　(1) 打开 Bootstrap 编辑器，新建一个网页文件。

　　(2) 导入 Bootstrap 样式包。

　　(3) 进行<form>、<button>和<input>等元素样式类的设计。

　　(4) 通过浏览器打开编辑好的网页文件，查看显示效果。

知识准备

2.3.1　表单

　　表单是用来与用户进行交流的一个网页控件，好的表单设计能够让网页与用户有更好的交互。表单中常见的元素主要包括：文本输入框、下拉列表框、单选按钮、复选框、文本框和按钮等。其中每个元素所起的作用都不一样，而且不同的浏览器对表单中元素渲染的风格也各有不同。同样，表单也是 Bootstrap 框架的核心内容。在前端页面开发的过程中，表单是页面结构中重要的组成部分。表单主要包括<form>、<button>和<input>等元素，通过在<form>元素中定义<input>和<button>等元素来实现表单页面结构。

2.3.2　表单的类型

1. 垂直表单

基本的表单结构是垂直表单，它是 Bootstrap 自带的，个别的表单控件自动接收一些全局样式。下面列出创建基本表单的步骤。

(1) 向父 <form> 元素添加 role="form"。

(2) 把标签和控件放在一个带有.form-group 类的<div>中。

(3) 向所有的文本元素<input>、<textarea>和<select>添加 class ="form-control"。

Bootstrap 提供了对所有原生 HTML 5 的<input>元素类型的支持，包括 text、password、datetime、datetime-local、date、month、time、week、number、email、url、search、tel 和 color。适当的类型声明是必需的，这样能让<input>元素获得完整的样式。

2. 内联表单

如果需要创建一个表单，它的所有元素是内联的、向左对齐的，标签是并排显示的，则需向<form>标签添加.form-inline 类。默认情况下，Bootstrap 中的 <input>、<select> 和 <textarea>的宽度为父元素宽度的 100%。在使用内联表单时，需要在表单控件上设置一个宽度。

3. 水平表单

水平表单与其他表单不仅标记的数量不同，而且表单的呈现形式也不同。如果需要创建一个水平布局的表单，则按下面的步骤进行。

(1) 向父<form>元素添加.form-horizontal 类。

(2) 把标签和控件放在一个带有.form-group 类的<div>中。

(3) 向标签添加.control-label 类。

任务实现

Bootstrap 支持最常见的表单控件，主要有<input>、<textarea>、<checkbox>、<radio>和<select>。最常见的表单文本字段是输入框<input>。表单的实现代码如下：

```
<form role="form">
<!-- 表单 -->
 <div class="form-group">
<!-- 标签 -->
   <label for="name">名称</label>
<!--文本框 -->
   <input type="text" class="form-control" id="name" placeholder="请输入名称">
 </div>
 <div class="form-group">
   <label for="inputfile">文件输入</label>
```

```
    <input type="file" id="inputfile">
    <p class="help-block">这里是块级帮助文本的实例。</p>
 </div>
 <div class="checkbox">
   <label>
<!-- 复选框 -->
     <input type="checkbox">请勾选
   </label>
 </div>
<!-- 按钮 -->
 <button type="submit" class="btn btn-default">提交</button>
</form>
```

任务 2.4　Bootstrap 按钮

任务描述

Bootstrap 提供了不同样式的按钮，其显示效果如图 2-5 所示。

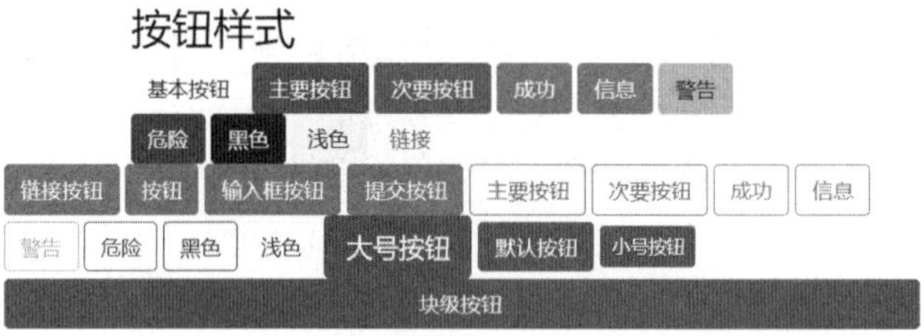

图 2-5　各种按钮的显示效果

任务分析

Bootstrap 中任何带有.btn 类的元素都会继承圆角灰色按钮的默认外观。Bootstrap 中包含了几个预定义的按钮样式，每个样式都有自己的语义用途，并提供了一些预定义样式类来定义不同风格的按钮。Bootstrap 中实现按钮效果的步骤如下。

(1) 打开 Bootstrap 代码编辑器，新建一个网页文件。

(2) 导入 Bootstrap 样式包。

(3) 进行按钮样式类的设计。

(4) 通过浏览器打开编辑好的网页文件，查看显示效果。

知识准备

2.4.1　按钮

按钮是页面中常用的控件，当用户单击页面中的按钮后，可以根据不同的按钮设置实现不同的功能。例如，当用户单击登录按钮后，页面会跳转到登录成功的页面。Bootstrap 提供了一些预定义样式类来定义按钮的样式，这些样式类也可用于<a>、<button>或<input>

元素上，按钮的样式类具体如表 2-5 所示。它们分别实现不同的按钮样式效果，但是实现方式相同。

表 2-5　按钮样式类

类	描　　述
.btn	为按钮添加基本样式
.btn-default	默认/标准按钮
.btn-primary	原始按钮样式(未被操作)
.btn-success	表示操作成功后的按钮样式
.btn-info	该样式可用于要弹出信息的按钮
.btn-warning	表示需要谨慎操作的按钮
.btn-danger	表示一个危险动作的按钮
.btn-link	让按钮看起来像是链接(仍然保留按钮行为)
.btn-lg	制作一个大按钮
.btn-sm	制作一个小按钮
.btn-xs	制作一个超小按钮
.btn-block	块级按钮(拉伸至父元素 100%的宽度)
.active	按钮被点击
.disabled	禁用按钮

需要注意的是，在设置按钮的样式时，如果按钮中的文本内容超出了按钮的宽度，默认情况下，按钮中的内容会自动换行排列，如果不希望按钮中的文本换行，可以为按钮添加.text-nowrap 类。

2.4.2　按钮组

在前面讲解的内容中，介绍了单个按钮的实现方式，但这不足以构建包含多个按钮的页面结构。为了实现包含多个按钮的页面结构，Bootstrap 提供了按钮组的功能，按钮组就是将多个按钮放在一个类名为 btn-group 的父元素中。表 2-6 总结了 Bootstrap 提供的用于构建按钮组的一些重要的类。

表 2-6　用于构建按钮组的类

类	描　　述	代码示例

.btn-group	该类用于形成基本的按钮组。在类名为 btn-group 的父元素中放置一系列带有.btn 类的按钮	`<div class="btn-group">`
		`...`
		`</div>`

.btn-toolbar	该类用于把几组<div class="btn-group">结合到一个 <div class="btn-toolbar">中，一般可获得更复杂的组件	`<div class="btn-toolbar" role="toolbar">`
		`  <div class="btn-group">...</div>`
		`  <div class="btn-group">...</div>`
		`</div>`

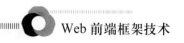

续表

类	描　述	代码示例

.btn-group-lg、
.btn-group-sm、
.btn-group-xs
	这些类可应用于整个按钮组的大小调整，而不需要对每个按钮进行大小调整	`<div class="btn-group btn-group-lg">...</div>`
		`<div class="btn-group btn-group-sm">...</div>`
		`<div class="btn-group btn-group-xs">...</div>`

.btn-group-vertical	该类可以使一组按钮垂直堆叠显示，而不是水平堆叠显示	`<div class="btn-group-vertical">`
		`...`
		`</div>`

⚠️**注意**

表 2-6 中，"…"表示此处省略网页脚本代码。

🔲 任务实现

通过设置不同的样式类实现各种按钮效果，具体实现代码如下：

```html
<!DOCTYPE html>
<html>
<head>
  <title>Bootstrap 实例</title>
  <meta charset="utf-8">
  <meta name="viewport" content="width=device-width, initial-scale=1">
  <link rel="stylesheet" href="https://cdn.staticfile.org/twitter-bootstrap/
      4.3.1/css/bootstrap.min.css">
  <script src="https://cdn.staticfile.org/jquery/3.2.1/jquery.min.js"></script>
  <script src="https://cdn.staticfile.org/popper.js/1.15.0/umd/popper.min.js">
      </script>
  <script src="https://cdn.staticfile.org/twitter-bootstrap/4.3.1/js/
      bootstrap.min.js"></script>
</head>
<body>
<div class="container">
  <h2>按钮样式</h2>
  <button type="button" class="btn">基本按钮</button>
  <button type="button" class="btn btn-primary">主要按钮</button>
  <button type="button" class="btn btn-secondary">次要按钮</button>
  <button type="button" class="btn btn-success">成功</button>
  <button type="button" class="btn btn-info">信息</button>
  <button type="button" class="btn btn-warning">警告</button>
  <button type="button" class="btn btn-danger">危险</button>
  <button type="button" class="btn btn-dark">黑色</button>
  <button type="button" class="btn btn-light">浅色</button>
  <button type="button" class="btn btn-link">链接</button>
</div>
<a href="#" class="btn btn-info" role="button">链接按钮</a>
<button type="button" class="btn btn-info">按钮</button>
<input type="button" class="btn btn-info" value="输入框按钮">
```

```
<input type="submit" class="btn btn-info" value="提交按钮">
<button type="button" class="btn btn-outline-primary">主要按钮</button>
<button type="button" class="btn btn-outline-secondary">次要按钮</button>
<button type="button" class="btn btn-outline-success">成功</button>
<button type="button" class="btn btn-outline-info">信息</button>
<button type="button" class="btn btn-outline-warning">警告</button>
<button type="button" class="btn btn-outline-danger">危险</button>
<button type="button" class="btn btn-outline-dark">黑色</button>
<button type="button" class="btn btn-outline-light text-dark">浅色</button>
<button type="button" class="btn btn-primary btn-lg">大号按钮</button>
<button type="button" class="btn btn-primary">默认按钮</button>
<button type="button" class="btn btn-primary btn-sm">小号按钮</button>
<button type="button" class="btn btn-primary btn-block">块级按钮</button>
</body>
</html>
```

任务 2.5　Bootstrap 图片

🔲 任务描述

本任务将学习如何在 Bootstrap 中处理图片。运行效果如图 2-6 所示。

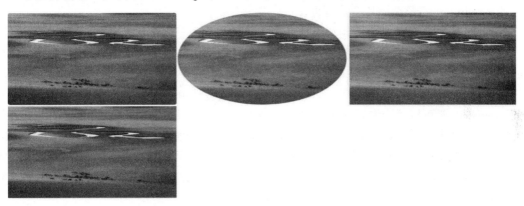

图 2-6　基本图形的显示效果

✏️ 任务分析

在本任务中，我们将学习 Bootstrap 对图片处理的支持。Bootstrap 提供了对图片应用简单样式的类，分别是 .img-rounded、.img-circle、.img-thumbnail、.img-responsive。实现步骤如下。

(1) 打开 Bootstrap 编辑器，新建一个网页文件。

(2) 导入 Bootstrap 样式包。

(3) 加载图片，并对其进行样式类的设计。

(4) 通过浏览器打开编辑好的网页文件，查看显示效果。

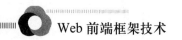

知识准备

2.5.1　图片

由于 BootStrap 为图片添加了轻量级的无干扰样式和响应式行为，因此在网页设计中引用图片可以更加方便且不会轻易影响其他元素。在网页制作中，通常会使用浮动来设置元素在页面中的显示位置。当然，Bootstrap 中也提供了一系列的样式类来设置图片或文字的显示位置，如使用.float-left 设置元素左浮动、使用.float-right 设置元素右浮动、使用.clearfix 清除浮动等。在 Bootstrap 中可以给图片添加两个公用的类.mx-auto 和.d-block 来实现图片的居中显示。除此之外，考虑到图片本身是内联元素，因此可以给图片包裹一层容器，并给该容器设置.text-center 样式类来实现居中效果。

2.5.2　图片类型

在前端开发中，如制作商品展示图、轮播图效果时，经常会用到图片元素。Bootstrap 框架中提供了几种图像的样式风格，只需要在<img>标签上添加对应的类，即可实现不同的风格。

Bootstrap 提供的可对图片应用简单样式的类如下。

.img-rounded：为图片添加圆角。

.img-circle：将整个图片变成圆形。

.img-thumbnail：增加内边距和添加一个灰色的边框。

.img-responsive：让图片支持响应式设计，将 max-width: 100%和 height: auto 样式应用在图片上。

.img-fluid：设置响应式图片，主要应用于响应式设计中。

.rounded 类可以给元素设置圆角边框，另外也可以使用.rounded-*来给元素的不同方位添加圆角，其中"*"取值为 top、right、bottom、left，表示上、右、下、左方位。除此之外，还可以使用.rounded-0 去掉圆角样式，使用.rounded-sm 和.rounded-lg 设置圆角半径大小。.rounded-circle 样式类用来设置元素形状，如果元素是正方形，那么使用该类之后元素将变为正圆形，否则为椭圆形。

需要注意的是，因为.rounded 样式类和.rounded-circle 样式类需要用到 border-radius 属性，而 border-radius 属性是基于 CSS 3 的圆角样式来实现的，所以在低版本的浏览器中是没有效果的。除此之外，Bootstrap 没有提供可以对图片尺寸进行处理的样式，因此在实际使用中，需要通过其他的方式来处理图片尺寸，如控制图片的外层容器大小等。

Bootstrap 中还提供了一系列的辅助样式类，如使用.border 基类设置边框、使用.bg 基类设置背景颜色等，表 2-7 列出了常用的辅助样式类。

表 2-7　常用辅助样式

类	描　述
.border-0	删除元素四周的边框
.border-*-0	删除元素的某一侧边框，其中"*"的取值为 top、right、bottom、left，分别表示上、右、下、左方位

续表

类	描　述
.border-*	设置边框颜色，其中"*"的取值为 primary、secondary、success、danger、warning、info、light、dark、white
.bg-*	设置背景颜色，其中"*"的取值为 primary、secondary、success、danger、warning、info、light、dark、white、transparent(透明背景色)

任务实现

导入我国草原图片，对图片进行简单样式的设置，实现代码如下：

```
<!DOCTYPE html>
<html>
<head>
 <meta charset="utf-8">
 <title>Bootstrap 实例 - 图像</title>
 <link rel="stylesheet" href="https://cdn.staticfile.org/twitter-bootstrap/
       3.3.7/css/bootstrap.min.css">
 <script src="https://cdn.staticfile.org/jquery/2.1.1/jquery.min.js"></script>
 <script src="https://cdn.staticfile.org/twitter-bootstrap/3.3.7/js/
       bootstrap.min.js"></script>
</head>
<body>
<img src="sucai.jpg" class="img-rounded">
<img src="sucai.jpg" class="img-circle">
<img src="sucai.jpg" class="img-thumbnail">
<img src="sucai.jpg" class="img-responsive" alt="提示信息">
</body>
</html>
```

本 章 小 结

为了让利用 Bootstrap 框架开发的网站对移动设备友好，支持移动设备适当的绘制和触屏缩放功能，Bootstrap 使用了一些 HTML 5 元素和 CSS 属性。读者应掌握本章重点讲解的 Bootstrap 排版、Bootstrap 表格、Bootstrap 表单、Bootstrap 按钮、Bootstrap 图片和 Bootstrap 辅助类设计技术及常用布局样式，以实现优雅美观的页面布局效果。

自 测 题

一、单选题

1.　关于 Bootstrap 提供的<h1>～<h6>标题，下列说法错误的是(　　)。

　　A. 从一级标题到六级标题，数字越大代表标题级别越小

　　B. 从一级标题到六级标题，数字越小，文本字号越小

C. 元素的样式会因浏览器的不同而发生变化

D. 元素在不同的浏览器中显示的效果相同

2. 下列选项中，关于文本颜色说法错误的是(　　)。

    A. .text-success：成功文本颜色　　　　B. .text-light：浅灰色文本

    C. .text-danger：危险提示文本颜色　　　D. 以上全部正确

3. 下列选项中，关于文本格式说法错误的是(　　)。

    A. .text-justify：实现两端对齐文本效果

    B. .text-lowercase：设置英文大写

    C. .text-nowrap：段落中超出屏幕部分不换行

    D. .text-capitalize：设置每个单词首字母大写

4. 下列选项中，关于图文样式说法错误的是(　　)。

    A. .rounded-left-0：去掉元素上方位的圆角

    B. .rounded-circle：给元素设置圆角边框

    C. .rounded-bottom-0：去掉元素下方位的圆角

    D. .rounded-0：去掉元素圆角

二、判断题

1. Bootstrap 中定义.h1 类可以让非标题元素实现标题效果。　　　　　　　　　(　　)

2. <del>和<u>都可以实现文本删除效果。　　　　　　　　　　　　　　　　　(　　)

3. .text-white 和.text-muted 类不支持链接样式。　　　　　　　　　　　　　(　　)

4. 列表中如果内容比较多时可以使用.text-truncate 类省略溢出部分，并使用省略号"…"来代替溢出部分。　　　　　　　　　　　　　　　　　　　　　　　　　(　　)

5. 给<img>图片添加.img-fluid 类，能够实现响应式效果。　　　　　　　　　(　　)

三、实训题

设置副标题样式。

需求说明：

在学习了标题元素的基本使用方法后，在 Web 开发中，我们常常会遇到一个标题后面紧跟着一行小字号的副标题的形式，在 Bootstrap 中使用<small>标签来实现副标题效果，通常与.text-muted 样式类一起使用。请实现如图 2-7 所示的效果。

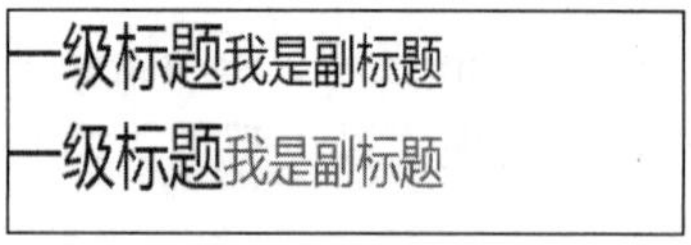

图 2-7　副标题样式的显示效果

实训要点：

(1) 掌握 Bootstrap 排版知识。

(2) 使用<small>标签实现副标题效果。

(3) 改变视口，查看效果。

第3章
Bootstrap 布局组件

Bootstrap 组件是 Bootstrap 框架的核心之一。组件是一个抽象的概念,是对数据和方法进行封装的对象。一个组件代表系统中实现的物理部分,是系统中一种物理的、可代替的部件,主要以页面结构形式存在,可复用性强。每个组件拥有自己的作用域,每个组件区域之间独立工作,互不影响,当然组件之间也具有基本的交互功能,能够根据业务逻辑来实现复杂的项目功能。可以利用 Bootstrap 组件构建出绚丽的页面。本章讲解常用的组件,如下拉菜单、输入框、导航栏、分页组件、列表组等。

【学习目标】

● 了解 Bootstrap 组件的作用
● 掌握 Bootstrap 组件的特性
● 掌握 Bootstrap 组件的应用

【素质教育目标】

● 帮助学生树立社会主义核心价值观
● 增强学生网络信息安全意识

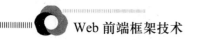

任务 3.1 Bootstrap 下拉菜单

📖 任务描述

本任务将学习如何在 Bootstrap 中实现下拉菜单效果。其运行效果如图 3-1 所示。

图 3-1 下拉菜单运行效果

✏️ 任务分析

Bootstrap 中提供了实现下拉菜单的功能。下拉菜单是可切换的，是以列表格式显示链接的上下文菜单。这可以通过与下拉菜单 Dropdown 插件的互动来实现。Bootstrap 下拉菜单效果的实现步骤如下。

(1) 打开 Bootstrap 编辑器，新建一个网页文件。

(2) 导入 Bootstrap 样式包。

(3) 需要在带有.dropdown 类的容器内加上下拉菜单。

(4) 通过浏览器打开编辑好的网页文件，查看显示效果。

🧠 知识准备

3.1.1 下拉菜单

下拉菜单的实现思路是当用户单击页面中的选项按钮时，页面会展示当前选项按钮下的菜单选项，当用户再次单击页面中的该选项按钮时，页面会自动隐藏当前选项按钮下的菜单选项。Bootstrap 使用下拉菜单插件，可以向任何组件如导航栏、标签页、胶囊式导航菜单、按钮等添加下拉菜单。Bootstrap 中提供了实现下拉菜单的功能，下拉菜单常用类如表 3-1 所示。

表 3-1 下拉菜单常用类

类	描　述
.dropdown	指定下拉菜单，下拉菜单都包裹在带有.dropdown 类的容器里
.dropdown-menu	创建下拉菜单
.dropdown-menu-right	下拉菜单右对齐
.pull-right	向右对齐下拉菜单
.dropdown-header	下拉菜单中添加标题
.dropup	指定向上弹出的下拉菜单
.disabled	设置下拉菜单中的禁用项
.divider	创建下拉菜单中的分割线

3.1.2　按钮下拉菜单

按钮下拉菜单的使用与下拉菜单按钮基本相同，区别在于对下拉菜单添加了按钮的功能。分割按钮下拉菜单，左边是按钮的功能，右边则显示下拉菜单的切换。

可以使用.btn-lg 类、.btn-sm 类或.btn-xs 类等设置带有各种大小按钮的下拉菜单。菜单也可以向上弹出，只需要向带有.btn-group 类的父容器添加.dropup 类即可。

向按钮添加下拉菜单，只需要简单地在一个带有.btn-group 类的容器中放置按钮和下拉菜单即可。也可以使用<span class="caret"></span>来设置按钮作为下拉菜单。

【例 3-1】按钮下拉菜单的实现，具体代码如下：

```
<div class="btn-group">
    <button type="button" class="btn btn-default">默认</button>
<!-- 设置按钮下拉菜单效果且应用 Bootstrap 提供的样式类  -->
    <button type="button" class="btn btn-default dropdown-toggle"
        data-toggle="dropdown">
        <span class="caret"></span>
        <span class="sr-only">切换下拉菜单</span>
    </button>
    <ul class="dropdown-menu" role="menu">
        <li><a href="#">功能</a></li>
        <li><a href="#">另一个功能</a></li>
        <li><a href="#">其他</a></li>
        <li class="divider"></li>
        <li><a href="#">分离的链接</a></li>
    </ul>
</div>
<div class="btn-group">
    <button type="button" class="btn btn-primary">原始</button>
<!-- 设置按钮下拉菜单效果且应用 Bootstrap 提供的样式类  -->
    <button type="button" class="btn btn-primary dropdown-toggle"
         data-toggle="dropdown">
        <span class="caret"></span>
        <span class="sr-only">切换下拉菜单</span>
    </button>
    <ul class="dropdown-menu" role="menu">
        <li><a href="#">功能</a></li>
        <li><a href="#">另一个功能</a></li>
        <li><a href="#">其他</a></li>
        <li class="divider"></li>
        <li><a href="#">分离的链接</a></li>
    </ul>
</div>
```

以上代码的运行结果如图 3-2 所示。

图 3-2　按钮下拉菜单的显示效果

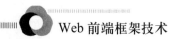

任务实现

Bootstrap 使用下拉菜单 Dropdown 插件实现下拉菜单效果，其实现代码如下：

```html
<!DOCTYPE html>
<html>
<head>
  <title>Bootstrap 实例</title>
  <meta charset="utf-8">
  <meta name="viewport" content="width=device-width, initial-scale=1">
  <link rel="stylesheet" href="https://cdn.staticfile.org/twitter-bootstrap/
      4.3.1/css/bootstrap.min.css">
  <script src="https://cdn.staticfile.org/jquery/3.2.1/jquery.min.js"></script>
  <script src="https://cdn.staticfile.org/popper.js/1.15.0/umd/popper.min.js">
      </script>
  <script src="https://cdn.staticfile.org/twitter-bootstrap/4.3.1/js/
      bootstrap.min.js"></script>
</head>
<body>
<div class="container">
  <h2>下拉菜单</h2>
  <div class="dropdown">
    <button type="button" class="btn btn-primary dropdown-toggle" data-toggle=
        "dropdown">
      下拉菜单
    </button>
    <div class="dropdown-menu">
      <a class="dropdown-item" href="#">子项 1</a>
      <a class="dropdown-item" href="#">子项 2</a>
      <a class="dropdown-item" href="#">子项 3</a>
      <div class="dropdown-divider"></div>
      <a class="dropdown-item" href="#">其他项</a>
    </div>
  </div>
</div>
</body>
</html>
```

任务 3.2　Bootstrap 输入框组

任务描述

本任务将学习如何在 Bootstrap 中实现输入框组效果，其运行结果如图 3-3 所示。

<div align="center">图 3-3　基本的输入框组的显示效果</div>

🖊 任务分析

Bootstrap 输入框组效果的实现步骤如下。

(1) 打开 Bootstrap 编辑器，新建一个网页文件。

(2) 导入 Bootstrap 样式包。

(3) 把前缀或后缀元素放在一个带有.input-group 类的<div>中。

(4) 在相同的<div>中，在带有.input-group-addon 类的<span>内放置额外的内容。

(5) 通过浏览器打开编辑好的网页文件，查看显示效果。

🧠 知识准备

3.2.1　输入框组

输入框组扩展自表单控件。使用输入框组，可以很容易地向基于文本的输入框添加作为前缀或后缀的文本或按钮。通过向输入域添加前缀或后缀的内容，可以为用户输入添加公共元素。例如，添加人民币符号，或者在微信用户名前添加"@"，或者添加应用程序接口所需要的其他公共元素。

除了按钮组页面结构外，Bootstrap 的常用组件还提供了输入框组的组件，用来实现包含多个输入框的页面结构，其主要实现思路是将多个输入框页面结构定义在类名为 input-group 的父元素中。添加前缀或后缀元素的步骤如下。

(1) 把前缀或后缀元素放在一个带有.input-group 类的<div>中。

(2) 在相同的<div>内，在带有.input-group-addon 类的<span>内放置额外的内容。

(3) 把该<span>放置在<input>元素的前面或者后面。

为了保持跨浏览器的兼容性，避免使用<select>元素，因为它们在 WebKit 浏览器中不能完全渲染出效果。也不要直接向表单组应用输入框组的类，因为输入框组是一个孤立的组件。

3.2.2　标签

Bootstrap 标签提供了带有外观设置的标签类，如 label-default、label-primary、label-success、label-info、label-warning、label-danger，可以直接应用它们。表 3-2 列出了标签的类。

表 3-2　标签的类

类	描　　述
.label label-default	默认的灰色标签
.label label-primary	"primary" 类型的蓝色标签
.label label-success	"success" 类型的绿色标签
.label label-info	"info" 类型的浅蓝色标签
.label label-warning	"warning" 类型的黄色标签
.label label-danger	"danger" 类型的红色标签

【例 3-2】Bootstrap 标签可用于计数、提示或页面上其他的标记显示。带有外观设置的标签实现代码如下：

```
<span class="label label-default">默认标签</span>
<span class="label label-primary">主要标签</span>
<span class="label label-success">成功标签</span>
<span class="label label-info">信息标签</span>
<span class="label label-warning">警告标签</span>
<span class="label label-danger">危险标签</span>
```

以上代码的运行结果如图 3-4 所示。

默认标签　主要标签　成功标签　信息标签　警告标签　危险标签

图 3-4　带有外观设置的标签的显示效果

任务实现

Bootstrap 输入框组的主要实现思路是将多个输入框页面结构定义在类名为 input-group 的父元素中进行样式设计，输入框组的实现代码如下：

```
<div style="padding: 100px 100px 10px;">
  <form class="bs-example bs-example-form" role="form">
    <div class="input-group">
      <span class="input-group-addon">@</span>
      <input type="text" class="form-control" placeholder="初始化内容">
    </div>
    <br>
    <div class="input-group">
      <input type="text" class="form-control">
      <span class="input-group-addon">.00</span>
    </div>
    <br>
    <div class="input-group">
      <span class="input-group-addon">¥</span>
      <input type="text" class="form-control">
      <span class="input-group-addon">.00</span>
    </div>
  </form>
</div>
```

任务 3.3　Bootstrap 导航栏

📖 任务描述

导航栏是 Bootstrap 网页的一个突出特点，本任务将学习如何在 Bootstrap 网页中实现社会主义核心价值观的面包屑导航效果，其运行结果如图 3-5 所示。

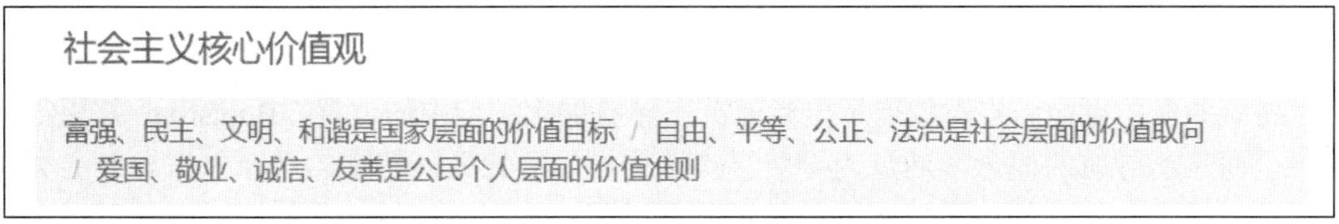

社会主义核心价值观

富强、民主、文明、和谐是国家层面的价值目标 / 自由、平等、公正、法治是社会层面的价值取向 / 爱国、敬业、诚信、友善是公民个人层面的价值准则

图 3-5　面包屑导航的显示效果

✏️ 任务分析

在 Bootstrap 导航栏的核心配置中，包括站点名称和基本的导航定义样式。Bootstrap 导航栏效果的实现步骤如下。

(1) 打开 Bootstrap 编辑器，新建一个网页文件。

(2) 导入 Bootstrap 样式包。

(3) 向<div>元素添加.navbar-header 类，内部包含了带有.navbar-brand 类的<a>元素，<a>中输入<div>的标题。

(4) 通过.breadcrumbs 类，设置面包屑导航效果。

(5) 通过浏览器打开编辑好的网页文件，查看显示效果。

🧠 知识准备

3.3.1　导航栏

导航栏是指位于页面顶部或者侧边区域的、在页眉横幅图片上边或下边的一排水平导航按钮，它起着链接站点或者软件内各个页面的作用。

1. 默认导航栏

创建一个默认导航栏的步骤如下。

(1) 向<nav>标签添加.navbar 类和.navbar-default 类。

(2) 向上面的元素添加 role="navigation"，有助于增加可访问性。

(3) 向<div>元素添加.navbar-header 类，内部包含了带有.navbar-brand 类的<a>元素，<a>中输入<div>的标题。

(4) 为了向导航栏添加链接，只需要简单地添加带有.nav 类和.navbar-nav 类的无序列表即可。

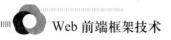

2. 响应式导航栏

为了给导航栏添加响应式效果，需要折叠的内容必须放在带有.collapse 类和.navbar-collapse 类的<div>中。折叠起来的导航栏实际上是一个带有.navbar-toggle 类及两个 data 属性的按钮。第一个是 data-toggle，指以什么事件触发，即需要对按钮做什么；第二个是 data-target，指事件的目标，比如指示要切换到哪一个元素。使用三个带有.icon-bar 类的<span>标签创建汉堡按钮，单击该汉堡按钮会弹出带有.nav-collapse 类的<div>中的元素。为了实现以上这些功能，必须使用 Bootstrap 折叠插件。

3. 面包屑导航

传统导航的页面结构不能展示出当前页在导航层次结构中的位置，Bootstrap 常用组件提供了面包屑导航的概念，通过为导航层次结构自动添加分隔符来实现面包屑导航的页面效果。以博客为例，面包屑导航可以显示发布日期、类别或标签。它们表示当前页面在导航层次结构内的位置。分隔符会通过下面所示的 CSS(bootstrap.min.css)文件中的样式类自动被添加。

```
.breadcrumb > li + li:before {
    color: #CCCCCC;
    content: "/ ";
    padding: 0 5px;
}
```

3.3.2　导航栏属性

1. 导航栏中的表单

导航栏中的表单使用.navbar-form 类，确保了表单适当垂直对齐和在较窄的视口中可以折叠。使用设置对齐方式的类来决定导航栏中内容放置的位置。

2. 导航栏中的按钮

可以使用.navbar-btn 类向表单中添加不同于<button>效果的按钮，实现按钮在导航栏上垂直居中。.navbar-btn 类可被使用在<a>和<input>元素上。不要在带有.navbar-nav 类的<a>元素上使用.navbar-btn 类，因为它不是标准的按钮类。

3. 导航栏中的文本

如果导航栏中需要包含文本字符串，则使用.navbar-text 类，并且通常与<p>标签一起使用，确保适当的段落格式。

4. 结合图标的导航链接

如果想在常规的导航栏组件内使用图标，则使用.glyphicon glyphicon-*类来设置图标。

5. 组件对齐方式

导航栏中的导航链接、表单、按钮或文本等组件，通过使用.navbar-left 类或.navbar-right 类使其向左或向右对齐。这两个类都会在指定的方向上添加 CSS 浮动。

6. 固定到顶部

Bootstrap 导航栏可以动态定位。默认情况下，它是块级元素，是基于在 HTML 中放置的位置定位的。通过添加一些帮助器类，可以把它放置在页面的顶部或者底部，也可以让它成为随着页面一起滚动的静态导航栏。

7. 固定到底部

如果需要将导航栏固定在页面的底部，则向导航栏添加.navbar-fixed-bottom 类。

8. 静态的顶部

如果需要创建能随着页面一起滚动的导航栏，则添加.navbar-static-top 类，该类不要求添加<body>的内边距 padding。

9. 带相反颜色的导航栏

为了创建一个带有黑色背景白色文本的反色导航栏，需要向导航栏添加.navbar-inverse 类。为了防止导航栏与页面主体中其他内容的顶部交错，要向<body>标签添加至少 50px 的内边距。内边距的值可以根据需要进行设置。

【例 3-3】导航栏是导航页头的响应式基础组件。导航栏在移动设备的视图中是折叠的，随着可用视口宽度的增加，导航栏可水平展开。导航栏的实现代码如下：

```
<!DOCTYPE html>
<html>
<head>
 <meta charset="utf-8">
 <title>Bootstrap 实例 - 导航栏</title>
<link rel="stylesheet" href="https://cdn.staticfile.org/twitter-bootstrap/
    3.3.7/css/bootstrap.min.css">
 <script src="https://cdn.staticfile.org/jquery/2.1.1/jquery.min.js"></script>
 <script src="https://cdn.staticfile.org/twitter-bootstrap/3.3.7/js/
    bootstrap.min.js"></script>
</head>
<body>
<p>导航元素中的禁用链接</p>
<ul class="nav nav-pills">
 <li class="active"><a href="#">信息安全</a></li>
 <li><a href="#">广告</a></li>
 <li class="disabled"><a href="#">涉密内容(禁用链接)</a></li>
 <li><a href="#">宣传</a></li>
 <li><a href="#">公告</a></li>
 <li><a href="#">通告</a></li>
</ul><br><br>
<ul class="nav nav-tabs">
<li class="active"><a href="#">信息安全</a></li>
 <li><a href="#">广告</a></li>
 <li class="disabled"><a href="#">涉密内容(禁用链接)</a></li>
 <li><a href="#">宣传</a></li>
 <li><a href="#">公告</a></li>
 <li><a href="#">通告</a></li>
```

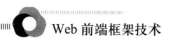

```
</ul>
</body>
</html>
```

以上代码的运行结果如图 3-6 所示。

图 3-6　导航栏实例

任务实现

通过为导航层次结构自动添加分隔符来实现面包屑导航的页面效果，面包屑导航的实现代码如下：

```
<!DOCTYPE html>
<html>
<head>
  <meta charset="utf-8">
  <title>Bootstrap 实例 - 面包屑导航</title>
  <link rel="stylesheet" href="https://cdn.staticfile.org/twitter-bootstrap/
    3.3.7/css/bootstrap.min.css">
  <script src="https://cdn.staticfile.org/jquery/2.1.1/jquery.min.js"></script>
  <script src="https://cdn.staticfile.org/twitter-bootstrap/3.3.7/js/
    bootstrap.min.js"></script>
</head>
<body>
  <div class="navbar-header">
      <a class="navbar-brand" href="#">社会主义核心价值观</a>
  </div>
  <ul class="breadcrumb">
    <li><a href="#">富强、民主、文明、和谐是国家层面的价值目标</a></li>
    <li><a href="#">自由、平等、公正、法治是社会层面的价值取向</a></li>
    <li class="active">爱国、敬业、诚信、友善是公民个人层面的价值准则</li>
  </ul>
</body>
</html>
```

任务 3.4　Bootstrap 分页

任务描述

本任务将学习如何在 Bootstrap 中实现分页效果。其运行结果如图 3-7 所示。

<div align="center">图 3-7　分页效果</div>

✏️ 任务分析

Bootstrap 分页效果的实现步骤如下。

(1) 打开 Bootstrap 编辑器，新建一个网页文件。

(2) 导入 Bootstrap 样式包。

(3) 向<ul>元素添加.pagination 类。

(4) 通过浏览器打开编辑好的网页文件，查看显示效果。

🧠 知识准备

3.4.1　分页

在前端页面开发的过程中，经常会使用到分页器功能，分页器可帮助用户快速跳转到指定页码的页面，当用户想要打开指定页面时，不需要多次操作，实现了一步到位的效果，提高了用户的使用体验。

表 3-3 列出了 Bootstrap 提供的处理分页的类。

<div align="center">表 3-3　处理分页的类</div>

类	描　述	示例代码
.pagination	添加该类在页面上显示分页	<ul class="pagination">　　<li><a href="#">«</a></li>　　<li><a href="#">1</a></li></ul>
.disabled、.active	可以自定义链接，通过使用.disabled 类来定义不可点击的链接，通过使用.active 类来指示当前的页面	<ul class="pagination">　　<li class="disabled"><a href="#">«</a></li>　　<li class="active"><a href="#">1<span class="sr-only">(current)</span></a></li></ul>
.pagination-lg、.pagination-sm	使用这些类来设置不同大小的分页	<ul class="pagination pagination-lg"></ul><ul class="pagination"></ul><ul class="pagination pagination-sm"></ul>

3.4.2　翻页

如果想要创建一个简单的分页链接为用户提供导航，可通过翻页来实现。与分页链接一样，翻页也是无序列表。默认情况下，链接居中显示。表 3-4 列出了 Bootstrap 处理翻页

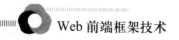

的类。表 3-5 列出了分页相关的类。

表 3-4　处理翻页的类

类	描　述	示例代码

.pager	添加该类来显示翻页链接	`<ul class="pager">`
		`<li><a href="#">Previous</a></li>`
		`<li><a href="#">Next</a></li>`
		`</ul>`

.previous、.next	使用.previous 类将链接向左对齐，使用.next 类将链接向右对齐	`<ul class="pager">`
		`<li class="previous"><a href="#">&larr; Older</a></li>`
		`<li class="next"><a href="#">Newer &rarr;</a></li>`
		`</ul>`

.disabled	添加该类来设置对应按钮禁止使用	`<ul class="pager">`
		`<li class="previous disabled"><a href="#">&larr; Older</a></li>`
		`<li class="next"><a href="#">Newer &rarr;</a></li>`
		`</ul>`

表 3-5　分页相关的类

类	描　述
.pager	一个简单的翻页链接，链接居中对齐
.previous	翻页链接中"上一页"按钮的样式，左对齐
.next	翻页链接中"下一页"按钮的样式，右对齐
.disabled	禁用链接
.pagination	分页链接
.pagination-lg	更大尺寸的分页链接
.pagination-sm	更小尺寸的分页链接
.active	当前访问页面

任务实现

Bootstrap 的分页组件采用无序列表来实现，其处理方式与其他界面元素的处理方式一致。实现分页效果的具体代码如下：

```
<ul class="pagination">
    <li><a href="#">&laquo;</a></li>
    <li><a href="#">1</a></li>
    <li><a href="#">2</a></li>
    <li><a href="#">3</a></li>
    <li><a href="#">4</a></li>
    <li><a href="#">5</a></li>
    <li><a href="#">&raquo;</a></li>
</ul>
```

任务 3.5　Bootstrap 列表组

📋 任务描述

《信息安全技术 个人信息安全规范》明示了标准，但同时也是"红线"。获取信息的过程中，是否按照标准执行，在判定法律责任时，是非常重要的参考依据。本任务将学习如何在 Bootstrap 中实现向关于信息安全的列表组中添加徽章的效果，其运行结果如图 3-8 所示。

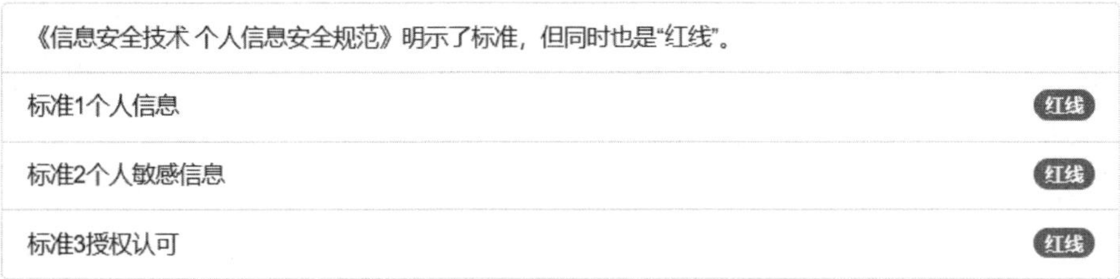

《信息安全技术 个人信息安全规范》明示了标准，但同时也是"红线"。	
标准1个人信息	红线
标准2个人敏感信息	红线
标准3授权认可	红线

图 3-8　向列表组添加徽章的显示效果

✏️ 任务分析

创建一个基本的列表组的步骤如下。

(1) 打开 Bootstrap 编辑器，新建一个网页文件。

(2) 导入 Bootstrap 样式包。

(3) 向元素<ul>添加.list-group 类。

(4) 向元素<li>添加.list-group-item 类。

(5) 通过浏览器打开编辑好的网页文件，查看显示效果。

🧠 知识准备

3.5.1　徽章

徽章与标签相似，主要的区别在于徽章的边角更加圆滑。如需使用徽章，只需要把<span class="badge">添加到链接、Bootstrap 导航等这些元素上即可。

展示未读邮件的实例：

```
<a href="#">Mailbox <span class="badge">50</span></a>
```

当没有新的或未读的项时，通过 CSS 的:empty 选择器，徽章会折叠起来，表示里边没有内容。

展示未读消息的实例：

```
<div class="container">
    <h2>徽章</h2>
```

```
  <p>.badge 类指定未读消息的数量:</p>
  <p><a href="#">收件箱 <span class="badge">21</span></a></p>
</div>
```

可以在激活状态的胶囊式导航和列表导航中放置徽章,通过使用<span class="badge">来激活链接,如下面的实例所示。

【例 3-4】徽章主要用于突出显示新的或未读的项。徽章效果实现代码如下:

```
<div class="container"> <h2>徽章</h2> <p>.badge 类指定未读消息的数量:</p> <p><a
href="#">收件箱 <span class="badge">21</span></a></p> </div>
<h4>胶囊式导航中的激活状态</h4>
<ul class="nav nav-pills">
    <li class="active">
        <a href="#">首页
            <span class="badge">42</span>
        </a>
    </li>
    <li>
        <a href="#">简介</a>
    </li>
    <li>
        <a href="#">消息
            <span class="badge">3</span>
        </a>
    </li>
</ul>
<br>
<h4>列表导航中的激活状态</h4>
<ul class="nav nav-pills nav-stacked" style="max-width: 260px;">
    <li class="active">
        <a href="#">
            <span class="badge pull-right">42</span>首页</a>
    </li>
    <li>
        <a href="#">简介</a>
    </li>
    <li>
        <a href="#">
            <span class="badge pull-right">3</span>消息
        </a>
    </li>
</ul>
```

以上代码的运行结果如图 3-9 所示。

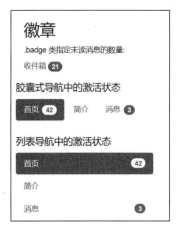

图 3-9　激活导航状态的效果

3.5.2　列表组

列表组在 Bootstrap 框架中也是一个独立的组件，所以也对应有自己的独立源码：LESS:list-group.less SASS:_list-group.scss。列表组看上去就是去掉了列表符号的列表项，并且添加一些特定的样式应用类。列表组件用于以列表形式呈现复杂的和自定义的内容。

1. 向列表组添加徽章

可以向任意的列表项添加徽章组件，它会自动定位到右边。只需在<li>元素中添加<span class="badge">即可。

2. 向列表组添加链接

通过使用锚标签代替列表项，我们可以向列表组添加链接，此时需要使用<a>元素代替<li>元素。

3. 向列表组添加自定义内容

向列表组添加自定义内容指的是在已添加链接的列表组中添加任意的 HTML 内容。

任务实现

向列表组添加徽章的实现代码如下：

```html
<!DOCTYPE html>
<html>
<head>
  <meta charset="utf-8">
  <title>Bootstrap 实例 - 向列表组添加徽章</title>
  <link rel="stylesheet" href="https://cdn.staticfile.org/twitter-bootstrap/
    3.3.7/css/bootstrap.min.css">
  <script src="https://cdn.staticfile.org/jquery/2.1.1/jquery.min.js"></script>
  <script src="https://cdn.staticfile.org/twitter-bootstrap/
    3.3.7/js/bootstrap.min.js"></script>
</head>
<body>
```

```
<!-- 列表组 -->
<ul class="list-group">
  <li class="list-group-item">《信息安全技术 个人信息安全规范》明示了标准, 但同时也是
    "红线"。</li>
  <li class="list-group-item">
    <span class="badge">红线</span>
    标准 1 个人信息
  </li>
  <li class="list-group-item">
    <span class="badge">红线</span>
    标准 2 个人敏感信息
</li>
  <li class="list-group-item">
    <span class="badge">红线</span>
  标准 3 授权认可
  </li>
</ul>
</body>
</html>
```

本 章 小 结

本章讲解了下拉菜单、输入框、导航栏、分页组件、列表组等 Bootstrap 常用组件的特性和应用技巧。

自 测 题

一、单选题

1. 下列选项中, 关于组件的优势说法错误的是( )。
   A. 组件可以复用　　　　　　　　B. 提高开发效率
   C. 组件是模块化的　　　　　　　　D. 提高代码之间的耦合程度
2. 下列选项中, 用来实现输入框组结构样式的是( )。
   A. input-group　　　B. input　　　　C. btn-group　　　D. list-group
3. 下列选项中, 在实现轮播图效果时, 不需要引入的文件是( )。
   A. jquery-3.2.1.min.js　　　　　　B. bootstrap.min.css
   C. bootstrap.min.js　　　　　　　D. bootstrap.min.bundle.js
4. 下列选项中, 用来实现按钮组结构样式的是( )。
   A. btn-primary　　　B. btn-success　　　C. btn-danger　　　D. input-group
5. 下列选项中, 用来实现导航栏中每一项结构样式的是( )。
   A. nav-item　　　B. nav　　　　C. list-item　　　D. btn-item

二、判断题

1. 组件是一个抽象的概念, 是对数据和方法的简单封装。　　　　　　　　( )

2.　组件是对结构的抽象，组件可构成页面中独立的结构单元。　　　　　（　　　）

3.　每个组件都拥有自己的作用域，区域之间独立工作互不影响，组件可以有自己的属性和方法。　　　　　　　　　　　　　　　　　　　　　　　　　（　　　）

4.　Bootstrap 提供的许多组件都依赖 JavaScript 才能运行。　　　　（　　　）

三、实训题

1. 设置面包屑导航样式。

需求说明：

Bootstrap 常用组件提供了面包屑导航，通过为导航层次结构自动添加分隔符来实现面包屑导航的页面效果。请实现如图 3-10 所示的效果。

图 3-10　面包屑导航的显示效果

实训要点：

(1) 掌握 Bootstrap 面包屑导航组件相关知识。

(2) 传统导航的页面结构不能展示出当前页在导航层次结构中的位置。

(3) 核心代码如下：

```
<nav aria-label="breadcrumb">
   <ol class="breadcrumb">
      <li class="breadcrumb-item active" aria-current="page">首页</li>
   </ol>
</nav>
<nav aria-label="breadcrumb">
   <ol class="breadcrumb">
      <li class="breadcrumb-item"><a href="#">首页</a></li>
      <li class="breadcrumb-item active" aria-current="page">简介</li>
   </ol>
</nav>
```

2. 设置分页效果。

需求说明：

Bootstrap 在前端页面开发的过程中，经常会使用到分页器功能，分页器可帮助用户快速跳转到指定页码的页面，当用户想要打开指定页面时，不需要多次操作，实现了一步到位的效果，提高了用户的使用体验。实现效果如图 3-11 所示。

图 3-11　分页器的显示效果

实训要点:

(1) 掌握 Bootstrap 分页器组件相关知识。

(2) 分页器可帮助用户快速跳转到指定页码的页面。

(3) 补充两处<li class="page-item"></li>部分代码, 核心代码如下:

```
<li class="page-item">
  <a class="page-link" href="#" aria-label="Previous">
    <span aria-hidden="true">&laquo;</span>
  </a>
</li>
<li class="page-item">
  <a class="page-link" href="#" aria-label="Next">
    <span aria-hidden="true">&raquo;</span>
  </a>
</li>
```

第4章
Bootstrap 插件

Bootstrap 插件是 Bootstrap 网站开发的核心技术之一。Bootstrap 自带 12 个 jQuery 插件，这些插件为 Bootstrap 的组件赋予了"生命"。利用 Bootstrap 插件可以为站点提供更多的交互功能。常用的插件有模态框、弹出框、警告框、轮播、折叠和多媒体对象等。因为 Bootstrap 提供的某些组件需要依赖 JavaScript 才能运行，所以在使用 Bootstrap 插件前，需要引用文件 modal.js、bootstrap.js 或压缩版的 bootstrap.min.js。

【学习目标】

● 了解 Bootstrap 插件的作用
● 掌握 Bootstrap 插件的特性
● 掌握 Bootstrap 插件的应用

【素质教育目标】

● 强化学生职业素养
● 培养学生团队协作意识

任务 4.1 Bootstrap 模态框

任务描述

软件基线是项目储存库中每个工件版本在特定时期的一个"快照"。它提供一个正式标准，随后的工作基于此标准，并且只有经过授权后才能变更这个标准。本任务将学习如何在 Bootstrap 中应用模态框实现变更管理网页设计模块，其运行结果如图 4-1 所示。

图 4-1 应用模态框事件的运行效果

任务分析

Bootstrap 自带 12 种 jQuery 插件，所以必须在引入插件文件之前引用 jQuery，它给站点添加了更多的交互效果。Bootstrap 中创建模态框的步骤如下。

(1) 打开 Bootstrap 编辑器，新建一个网页文件。

(2) 导入 Bootstrap 样式包。

(3) 向代码中添加.modal 类，设置模态框。

(4) 通过浏览器打开编辑好的网页文件，查看显示效果。

知识准备

4.1.1 创建模态框

在网页前端开发过程中，需要将子窗体在不离开父窗体的情况下进行信息交互，Bootstrap 提供了模态框来实现覆盖在父窗体上的子窗体的效果。使用时可以通过以下两种方式切换模态框插件。

(1) 利用 data 属性：在控制器元素(比如按钮或者链接)上设置属性 data-toggle="modal"，同时设置 data-target="#identifier" 或 href="#identifier" 来指定要切换的特定的模态框(带有 id="identifier")。

(2) 利用 JavaScript 编程：通过一行简单的 JavaScript 代码来调用带有 id="identifier" 的模态框。

```
$('#identifier').modal(options)
```

有一些选项可以用来设置模态窗口的外观，它们是通过 data 属性或 JavaScript 语句来传递的。表 4-1 列出了模态框的常用选项及功能描述。

表 4-1　模态框的常用选项及功能描述

选项名称	类型/默认值	data 属性名称	描　　述
backdrop	boolean 或 string 'static' 默认值：true	data-backdrop	指定一个静态的背景，当用户单击模态框外部时不会关闭模态框
keyboard	boolean 默认值：true	data-keyboard	当按 Esc 键时关闭模态框，值为 false 时按键无效
show	boolean 默认值：true	data-show	当初始化时显示模态框
remote	path 默认值：false	data-remote	使用 jQuery 的 load()方法，为模态框的主体注入内容。如果添加了一个带有有效 URL 的 href，则会加载其中的内容。如下面的实例所示：<a data-toggle="modal" href="remote.html" data-target="#modal" rel="noopener noreferrer">请点击我</a>

表 4-2 列出了可与模态框方法 modal()一起使用的方法。

表 4-2　模态框可使用的方法

方　　法	描　　述	实　　例
Options: .modal(options)	把内容作为模态框激活。接受一个可选的选项对象	$('#identifier').modal({ keyboard: false})
Toggle: .modal('toggle')	手动切换模态框	$('#identifier').modal('toggle')
Show: .modal('show')	手动打开模态框	$('#identifier').modal('show')
Hide: .modal('hide')	手动隐藏模态框	$('#identifier').modal('hide')

【例 4-1】模态框创建实例。其实现代码如下：

```
<h2>创建模态框(Modal)</h2>
<!-- 按钮触发模态框 -->
<button class="btn btn-primary btn-lg" data-toggle="modal"
data-target="#myModal">开始演示模态框</button>
<!-- 模态框(Modal).modal，用来把 <div> 的内容识别为模态框。 .fade 类用于当模态框被切换时，
使内容淡入淡出。aria-labelledby="myModalLabel"属性用于引用模态框的标题。
aria-hidden="true" 属性用于保持模态窗口不可见，直到触发器被触发为止。 -->
<div class="modal fade" id="myModal" tabindex="-1" role="dialog"
aria-labelledby="myModalLabel" aria-hidden="true">
    <div class="modal-dialog">
        <div class="modal-content">
            <div class="modal-header">
                <button type="button" class="close" data-dismiss="modal"
                        aria-hidden="true">&times;</button>
                <h4 class="modal-title" id="myModalLabel">模态框(Modal)标题</h4>
            </div>
```

```
            <div class="modal-body">在这里添加一些文本</div>
            <div class="modal-footer">
                <button type="button" class="btn btn-default" data-dismiss="modal">
                    关闭</button>
                <button type="button" class="btn btn-primary">提交更改</button>
            </div>
        </div><!-- /.modal-content -->
    </div><!-- /.modal-dialog -->
</div><!-- /.modal -->
```

本实例的运行结果如图 4-2 所示。

图 4-2　模态框的运行结果

4.1.2　模态框的事件

使用模态框需要有触发器，触发器可以使用按钮或链接。

【例 4-2】模态框方法应用实例。其实现代码如下：

```
<!-- 模态框(Modal) -->
<div class="modal fade" id="myModal" tabindex="-1" role="dialog"
aria-labelledby="myModalLabel" aria-hidden="true">
    <div class="modal-dialog">
        <div class="modal-content">
            <div class="modal-header">
                <button type="button" class="close" data-dismiss="modal"
                    aria-hidden="true">×</button>
                <h4 class="modal-title" id="myModalLabel">模态框(Modal)标题</h4>
            </div>
            <div class="modal-body">按 Esc 键退出。</div>
            <div class="modal-footer">
                <button type="button" class="btn btn-default" data-dismiss="modal">
                    关闭</button>
                <button type="button" class="btn btn-primary">提交更改</button>
            </div>
        </div><!-- /.modal-content -->
    </div><!-- /.modal-dialog -->
</div> <!-- /.modal -->
```

本实例的运行结果如图 4-3 所示。

因网页信息交互需要，模态框提供了事件响应函数，它们会在指定事件发生后即刻被触发，表 4-3 列出了模态框中要用的事件，这些事件可在函数中作为钩子使用。

图 4-3　应用模态框方法的运行结果

表 4-3　模态框事件

事　件	描　述	实　例
show.bs.modal	在调用 show()方法后触发	$('#identifier').on('show.bs.modal', function () { // 执行一些动作...})
shown.bs.modal	当模态框对用户可见时触发 (将等待 CSS 过渡效果完成)	$('#identifier').on('shown.bs.modal', function () { // 执行一些动作...})
hide.bs.modal	当调用 hide()实例方法时触发	$('#identifier').on('hide.bs.modal', function () { // 执行一些动作...})
hidden.bs.modal	当模态框完全对用户隐藏时 触发	$('#identifier').on('hidden.bs.modal', function () { // 执行一些动作...})

任务实现

　　模态框是覆盖在父窗体上的子窗体。子窗体可提供信息交互,在不离开父窗体的情况下有一些交互,其目的是显示来自一个单独源的内容。模态框的实现代码如下:

```
<!-- 模态框(Modal)-->
<h2>模态框(Modal)插件事件</h2>
<!-- 按钮触发模态框 -->
<button class="btn btn-primary btn-lg" data-toggle="modal"
data-target="#myModal">开始演示模态框</button>
<!-- 模态框(Modal) -->
<div class="modal fade" id="myModal" tabindex="-1" role="dialog"
   aria-labelledby="myModalLabel" aria-hidden="true">
   <div class="modal-dialog">
      <div class="modal-content">
         <div class="modal-header">
            <button type="button" class="close" data-dismiss="modal"
               aria-hidden="true">×</button>
            <h4 class="modal-title" id="myModalLabel">  职业素养要求按照软件开发
               基线设计</h4>
         </div>
         <div class="modal-body">  在这里添加偏移基线的变更信息
         </div>
         <div class="modal-footer">
            <button type="button" class="btn btn-default" data-dismiss="modal">
               关闭</button>
```

```
                <button type="button" class="btn btn-primary">提交更改</button>
          </div>
      </div><!-- /.modal-content -->
    </div><!-- /.modal-dialog -->
</div><!-- /.modal -->
<script>
$(function() {
    $('#myModal').modal('hide')
});
</script>
<script>
$(function() {
    $('#myModal').on('hide.bs.modal',
    function() {
        alert('嘿，我听说您喜欢模态框...');
    })
});
</script>
```

任务 4.2　Bootstrap 弹出框

📠 任务描述

本任务将学习如何在 Bootstrap 中实现弹出框效果，任务的运行结果如图 4-4 所示。

图 4-4　应用弹出框实例的运行结果

✏️ 任务分析

弹出框(popover)与提示工具(tooltip)类似，提供了一个扩展的视图。如需激活弹出框，用户只需把鼠标悬停在元素上即可。Bootstrap 中创建弹出框的步骤如下。

(1) 打开 Bootstrap 编辑器，新建一个网页文件。

(2) 导入 Bootstrap 样式包。

(3) 向代码中添加.popover 类，设置弹出框。

(4) 通过浏览器打开编辑好的网页文件，查看显示效果。

🧠 知识准备

4.2.1　弹出框

Bootstrap 弹出框插件应用前需要引用 bootstrap.js 文件或压缩版的 bootstrap.min.js 文件。弹出框插件根据需求生成内容和标记，默认情况下是把弹出框放在它们的触发元素后面。可以通过以下两种方式添加弹出框。

(1) 利用 data 属性：如需添加一个弹出框，只需向一个锚/按钮标签添加 data-toggle="popover" 即可。锚的 title 即为弹出框的文本。默认情况下，插件把弹出框设置在顶部。

```
<a href="#" data-toggle="popover" title="Example popover">
    请悬停在我的上面
</a>
```

(2) 利用 JavaScript 编程：通过 JavaScript 语句启用弹出框。

```
$('#identifier').popover(options)
```

弹出框插件不像其他插件，它不是纯 CSS 插件。如需使用该插件，必须使用 jQuery 语句激活它，可以使用下面的脚本来启用页面中所有的弹出框。

```
$(function () { $("[data-toggle='popover']").popover(); }).
```

4.2.2 警告框

警告框(alert)大多是用来向终端用户显示警告或确认消息的，即显示一些希望让用户注意到的内容，例如上传文件时需要注意的警示信息，或者更加严重的上传失败的提示信息等。警告框有四种具体样式类，分别是 alert-info 常规警告框、alert-success 成功警告框、alert-warning 警示警告框和 alert-danger 危险警告框。

使用警告框插件可以向所有的警告框添加可取消(dismiss)功能。Bootstrap 通过以下两种方式启用警告框的可取消功能。

(1) 利用 data 属性：通过数据 API 添加可取消功能，只需要向关闭按钮添加 data-dismiss="alert"，就会自动为警告框添加可取消功能。

```
<a class="close" data-dismiss="alert" href="#" aria-hidden="true">
    &times;
</a>
```

(2) 利用 JavaScript 编程：通过 JavaScript 语句为警告框添加可取消功能。

```
$(".alert").alert()
```

【例 4-3】警告框主要起到警示和提示的作用，警告框的实现代码如下：

```
<div class="alert alert-warning">
    <a href="#" class="close" data-dismiss="alert">
    &times;
    </a>
    <strong>警告! </strong>您的网络连接有问题。
</div>
```

以上实例的运行结果如图 4-5 所示。

图 4-5 应用警告框实例的运行结果

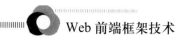

任务实现

弹出框中的内容完全可使用 Bootstrap 数据 API 来填充。该方法依赖于工具提示。弹出框实现代码如下：

```
<div class="container" style="padding: 100px 50px 10px;" >
    <button type="button" class="btn btn-default" title="Popover title"
            data-container="body" data-toggle="popover" data-placement="left"
            data-content="左侧的 Popover 中的一些内容">
        左侧的 Popover
    </button>
    <button type="button" class="btn btn-primary" title="Popover title"
            data-container="body" data-toggle="popover" data-placement="top"
            data-content="顶部的 Popover 中的一些内容">
        顶部的 Popover
    </button>
    <button type="button" class="btn btn-success" title="Popover title"
            data-container="body" data-toggle="popover" data-placement="bottom"
            data-content="底部的 Popover 中的一些内容">
        底部的 Popover
    </button>
    <button type="button" class="btn btn-warning" title="Popover title"
            data-container="body" data-toggle="popover" data-placement="right"
            data-content="右侧的 Popover 中的一些内容">
        右侧的 Popover
    </button>
</div>
<script>
$(function (){
    $("[data-toggle='popover']").popover();
});
</script>
```

任务 4.3　Bootstrap 轮播

任务描述

本任务将学习如何在 Bootstrap 中实现轮播效果，任务的运行结果如图 4-6 所示。

图 4-6　轮播图的显示效果

任务分析

Bootstrap 轮播(carousel)插件是一种灵活的、响应式的、无缝循环播放的幻灯片切换插件。其内容也非常灵活，可以是图像、内嵌框架、视频或者其他任何类型的内容。Bootstrap中创建轮播效果的步骤如下。

(1) 打开 Bootstrap 编辑器，新建一个网页文件。

(2) 导入 Bootstrap 样式包。

(3) 向代码中添加.carousel 类，设置轮播效果。

(4) 通过浏览器打开编辑好的网页文件，查看显示效果。

知识准备

4.3.1　多媒体对象

多媒体对象的样式类可用于创建各种类型的组件，在组件中使用图文混排，图像可以左对齐或者右对齐。在<div>元素上添加.media 类创建一个多媒体对象，使用.media-left 类让多媒体对象(图片)实现左对齐，使用.media-right 类实现右对齐。文本内容则放在 class="media-body"的<div>中。此外，还可以嵌套使用.media-heading 类设置标题。如以下代码所示：

```
<div class="media">
  <div class="media-left media-top">
    <img src="图片存放地址/图名.png" class="media-object" style="width:60px">
  </div>
  <div class="media-body">
    <h4 class="media-heading">标题</h4>
    <p>这是一些示例文本...</p>
  </div>
</div>
```

4.3.2　轮播图

轮播图是页面结构中重要的组成部分，主要用来展示页面中的活动信息。轮播图的实现思路是当鼠标指针移动到图片上时，活动信息停止自动切换；当用户单击图片上的左侧按钮时，可以让图片切换到上一张；当单击图片上的右侧按钮时，可以让图片切换到下一张；当鼠标指针移出图片时，图片信息恢复自动切换；轮播图指示器可以显示当前图片信息的展示状态。

任务实现

Bootstrap 轮播插件是显示循环播放元素的通用组件。为了实现轮播，只需要向元素添加相关类即可，无须使用 data 属性。轮播的实现代码如下：

```
<div id="myCarousel" class="carousel slide">
<!-- 轮播(Carousel)指标 -->
   <ol class="carousel-indicators">
      <li data-target="#myCarousel" data-slide-to="0" class="active"></li>
      <li data-target="#myCarousel" data-slide-to="1"></li>
      <li data-target="#myCarousel" data-slide-to="2"></li>
   </ol>
   <!-- 轮播(Carousel)项目 -->
   <div class="carousel-inner">
      <div class="item active">
         <img src="/wp-content/uploads/2014/07/slide1.png" alt="First slide">
      </div>
      <div class="item">
         <img src="/wp-content/uploads/2014/07/slide2.png" alt="Second slide">
      </div>
      <div class="item">
         <img src="/wp-content/uploads/2014/07/slide3.png" alt="Third slide">
      </div>
   </div>
   <!-- 轮播(Carousel)导航 -->
   <a class="carousel-control left" href="#myCarousel"
   data-slide="prev"> <span _ngcontent-c3="" aria-hidden="true" class="glyphicon
      glyphicon-chevron-right"></span></a>
   <a class="carousel-control right" href="#myCarousel" data-slide="next">&rsaquo;
   </a>
</div>
```

任务 4.4　Bootstrap 折叠

📖 任务描述

　　团队协作的本质是共同奉献。这种共同奉献需要一个切实可行、具有挑战意义且让成员能够为之信服的目标。只有这样，才能激发团队的工作动力和奉献精神，从而不分彼此，共同奉献。网站开发岗位就需要团队协作、共同奉献的精神，本任务将实现宣传团队协作能力的折叠效果。任务的运行结果如图 4-7 所示。

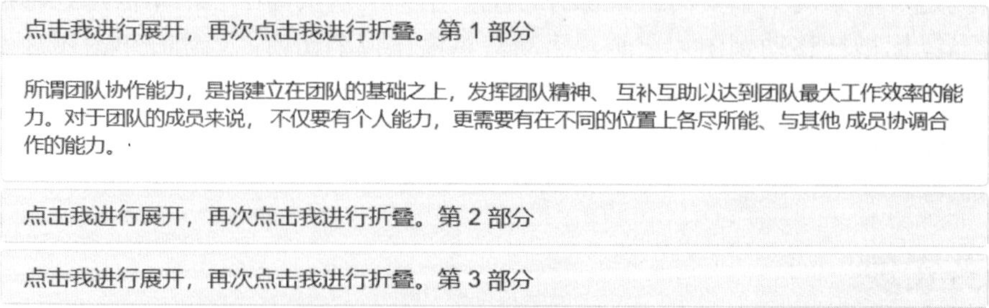

　　点击我进行展开，再次点击我进行折叠。第 1 部分

　　所谓团队协作能力，是指建立在团队的基础之上，发挥团队精神、互补互助以达到团队最大工作效率的能力。对于团队的成员来说，不仅要有个人能力，更需要有在不同的位置上各尽所能、与其他成员协调合作的能力。

　　点击我进行展开，再次点击我进行折叠。第 2 部分

　　点击我进行展开，再次点击我进行折叠。第 3 部分

图 4-7　折叠效果

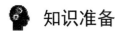

任务分析

在 Bootstrap 中创建折叠效果的步骤如下。

(1) 打开 Bootstrap 编辑器，新建一个网页文件。

(2) 导入 Bootstrap 样式包。

(3) 向代码中添加.collapse 类，设置轮播效果。

(4) 通过浏览器打开编辑好的网页文件，查看显示效果。

知识准备

4.4.1　折叠菜单

折叠菜单是前端页面中常用的功能模块，例如，通过折叠菜单可以实现商品信息的展示与隐藏等。折叠菜单适合在有限空间里显示大量信息。页面加载后，设置所有列表项处于折叠状态，用户可以单击折叠项目标题栏，切换当前标题下内容的显示状态。折叠菜单功能的实现思路是当用户单击页面中的选项菜单时，页面会展示当前选项下的内容信息；当再次单击选项菜单时，页面会自动隐藏当前选项下的内容信息。折叠插件属性如下。

(1) data-toggle="collapse" 添加到想要展开或折叠的组件的链接上。

(2) href 或 data-target 属性添加到父组件，其值是子组件的 id。

(3) data-parent 属性把折叠面板的 id 添加到要展开或折叠的组件的链接上。

4.4.2　折叠选项

要想实现折叠效果，需要 Bootstrap 提供的制定类和实现效果的属性及方法，如表 4-4 至表 4-6 所示。

表 4-4　折叠插件中用于处理内容折叠的类

类	描　述
.collapse	隐藏内容
.collapse.in	显示内容
.collapsing	当过渡效果开始时被添加，当过渡效果完成时被移除

表 4-5　折叠插件的选项

选项名称	类型/默认值	data 属性名称	描　述
parent	selector 默认值：false	data-parent	如果提供了一个选择器，当可折叠项目显示时，指定父元素下的所有可折叠元素将被关闭。这与传统的折叠菜单的行为类似，这依赖于.accordion-group 类
toggle	boolean 默认值：true	data-toggle	切换调用可折叠元素

表 4-6　折叠插件中常用的方法

方　法	描　述
Options: .collapse(options)	激活内容为可折叠元素。接受一个可选的 options 对象
Toggle: .collapse('toggle')	切换可折叠元素显示/隐藏
Show: .collapse('show')	显示可折叠元素
Hide: .collapse('hide')	隐藏可折叠元素

任务实现

折叠插件能够让页面区域折叠起来，无论用它来创建折叠导航还是内容面板，都允许有很多内容选项。折叠效果的实现代码如下：

```
<!DOCTYPE html>
<html>
<head>
 <meta charset="utf-8">
 <title>Bootstrap 实例 - 折叠面板</title>
 <link rel="stylesheet" href="https://cdn.staticfile.org/twitter-bootstrap/
    3.3.7/css/bootstrap.min.css">
 <script src="https://cdn.staticfile.org/jquery/2.1.1/jquery.min.js"></script>
 <script src="https://cdn.staticfile.org/twitter-bootstrap/
    3.3.7/js/bootstrap.min.js"></script>
</head>
<body>
<div class="panel-group" id="accordion">
  <div class="panel panel-default">
    <div class="panel-heading">
      <h4 class="panel-title">
        <a data-toggle="collapse" data-parent="#accordion"
          href="#collapseOne">
          点击我进行展开，再次点击我进行折叠。第 1 部分
        </a>
      </h4>
    </div>
    <div id="collapseOne" class="panel-collapse collapse in">
      <div class="panel-body">
        所谓团队协作能力，是指建立在团队的基础之上，发挥团队精神、
        互补互助以达到团队最大工作效率的能力。对于团队的成员来说，
        不仅要有个人能力，更需要有在不同的位置上各尽所能、与其他
        成员协调合作的能力。
      </div>
    </div>
  </div>
  <div class="panel panel-default">
    <div class="panel-heading">
      <h4 class="panel-title">
        <a data-toggle="collapse" data-parent="#accordion"
          href="#collapseTwo">
```

```
      点击我进行展开，再次点击我进行折叠。第 2 部分
        </a>
      </h4>
    </div>
    <div id="collapseTwo" class="panel-collapse collapse">
      <div class="panel-body">
        所谓团队协作能力，是指建立在团队的基础之上，发挥团队精神、
        互补互助以达到团队最大工作效率的能力。对于团队的成员来说，
        不仅要有个人能力，更需要有在不同的位置上各尽所能、与其他
        成员协调合作的能力。
      </div>
    </div>
  </div>
  <div class="panel panel-default">
    <div class="panel-heading">
      <h4 class="panel-title">
        <a data-toggle="collapse" data-parent="#accordion"
          href="#collapseThree">
        点击我进行展开，再次点击我进行折叠。第 3 部分
        </a>
      </h4>
    </div>
    <div id="collapseThree" class="panel-collapse collapse">
      <div class="panel-body">
      所谓团队协作能力，是指建立在团队的基础之上，发挥团队精神、
      互补互助以达到团队最大工作效率的能力。对于团队的成员来说，
      不仅要有个人能力，更需要有在不同的位置上各尽所能、与其他
        成员协调合作的能力。
      </div>
    </div>
  </div>
</div>
</body>
</html>
```

本 章 小 结

本章讲解了 Bootstrap 常用插件的特性及应用技巧，主要包括模态框、弹出框、警告框、折叠和轮播等。

自 测 题

一、单选题

1. Bootstrap 下拉菜单插件对应网页中的名称是(   )。
    A. Caas   B. Media   C. Dropdown   D. 以上没有正确选项

2. 下列选项中，关于 CSS 弊端说法错误的是(   )。

A. CSS 是一门非程序式语言，没有变量、函数、SCOPE(作用域)等概念

B. CSS 需要书写大量看似没有逻辑的代码，CSS 冗余度是比较高的

C. 不方便维护及扩展，不利于复用

D. CSS 有很好的计算能力

3. Bootstrap 提供了很好的方法来处理多媒体对象和内容的布局，下列选项中不属于多媒体对象的有(　　)。

A. 图片　　　　　　B. 视频　　　　　　C. 音频　　　　　　D. 数字

4. 下面选项中，属于 Bootstrap 中预定义类的是(　　)。

A. .btn　　　　　　B. .div　　　　　　C. .ul　　　　　　D. .li

二、判断题

1. Bootstrap 是一门 CSS 扩展语言，也称为 CSS 预处理器。　　　　　(　　)

2. 在 Bootstrap 中，插件不允许与组件配合使用。　　　　　　　　(　　)

3. Bootstrap 是世界上最成熟、最稳定、最强大的专业级 CSS 扩展语言。　(　　)

4. Bootstrap 与 Java 编程语言语法相同。　　　　　　　　　　　(　　)

三、实训题

模态框应用实训。

需求说明:

以按钮为触发器创建模态框。

实训要点:

(1) 使用模态框需要有触发器。

(2) 触发器可以使用按钮或链接，本次实训要求使用按钮。

(3) 在页面上创建多个模态框。

第5章

影视娱乐项目实战

制作一个影视娱乐网站，包括首页、热门电影页、电影详情页、电影播放页以及注册登录页；首页主要展示网站导航、logo、轮播图广告、热门影视以及页脚内容；热门电影页主要展示顶端导航、最近更新内容以及影片排行内容；电影详情页主要展示电影介绍以及概述情况；电影播放页主要用来播放视频以及展示推荐电影信息；注册登录页使用模态框实现。

【学习目标】

- 构建项目开发思路
- 掌握项目环境搭建、依赖安装
- 掌握使用 Bootstrap 进行综合项目开发

【素质教育目标】

- 帮助学生形成规范开发的职业素养
- 帮助学生树立认真、细致的工匠精神

任务描述

影视娱乐项目是 Bootstrap 技术综合应用的案例,本任务中将要实现一个影视娱乐网站,包括首页、热门电影页、电影详情页、电影播放页以及注册登录页。

任务分析

项目环境搭建,首先创建一个项目文件夹 movie;然后将 bootstrap 文件解压之后,放入该文件夹内,movie 文件的最终结构如图 5-1 所示。

其中,bootstrap 文件夹用来存放 Bootstrap 相关文件;images 文件夹用来存放图片素材;pages 文件夹用来存放网页相关文件;video 文件夹用来存放视频素材;index.html 是项目入口文件,即首页。

图 5-1　movie 文件结构

完成影视娱乐项目需要以下几个步骤。

(1) 项目环境搭建。

(2) 设计首页,包括导航条效果、轮播图效果、热门影视展示效果、影视资讯展示效果以及页脚效果。

(3) 设计热门电影页,包括导航条效果、左侧电影列表效果、右侧电影排行效果、"猜你喜欢"内容区效果以及页脚效果。

(4) 设计电影详情页,包括导航条效果、电影简介效果、电影剧情介绍效果、主要演员展示效果以及页脚效果。

(5) 设计电影播放页,包括导航条效果、电影播放和相关推荐效果、电影推荐效果以及页脚效果。

(6) 设计登录页,使用模态框实现,包括用户名文本框、密码框以及登录按钮。

任务实现

1. 首页的开发

为了更好地应用 Bootstrap 4 的响应式技术,在这里使用 Bootstrap 4 来完成该网站响应式首页的开发,主要包括导航条效果、轮播图效果、热门影视展示效果、影视资讯展示效果以及页脚效果。

搭建网页结构的关键代码如下:

```
<!DOCTYPE html>
<html lang="en">
<head>
    <meta charset="UTF-8">
    <meta http-equiv="X-UA-Compatible" content="IE=edge">
    <meta name="viewport" content="width=device-width, initial-scale=1.0">
    <title>首页</title>
<!--导入Bootstrap核心文件-->
    <link rel="stylesheet" href="bootstrap/css/bootstrap.css">
```

```
    <script src="bootstrap/js/jquery.min.js"></script>
    <script src="bootstrap/js/bootstrap.min.js"></script>
</head>
<body>
    <!-- 在这里写关键代码 -->
</body>
</html>
```

实现导航条效果的关键代码如下：

```
<!-- 导航条，使用<nav>标签并结合 Bootstrap 的相关类 -->
    <nav class="navbar navbar-expand-lg bg-dark navbar-dark">
        <div class="container">
            <a class="navbar-brand text-success" href="index.html">
                <svg xmlns="http://www.w3.org/2000/svg" width="16" height="16"
                    fill="currentColor"
                    class="bi bi-collection-play-fill" viewBox="0 0 16 16">
                    <path d="M2.5 3.5a.5 0 0 1 0-1h11a.5.5 0 0 1 0 1h-11zm2-2a.5.5
                        0 0 1 0-1h7a.5.5 0 0 1 0 1h-7zM0 13a1.5 1.5 0 0 0 1.5 1.5h13A1.5
                        1.5 0 0 0 16 13V6a1.5 1.5 0 0 0-1.5-1.5h-13A1.5 1.5 0 0 0
                        0 6v7zm6.258-6.437a.5.5 0 0 1 .507.01314 2.5a.5.5 0 0 1 0
                        .848l-4 2.5A.5.5 0 0 1 6 12V7a.5.5 0 0 1 .258-.437z" />
                </svg>
                影视娱乐项目
            </a>
            <button class="navbar-toggler" type="button" data-toggle="collapse"
                data-target="#navbarTogglerDemo01"
                aria-controls="navbarTogglerDemo01" aria-expanded="false"
                    aria-label="Toggle navigation">
                <span class="navbar-toggler-icon"></span>
            </button>
            <div class="collapse navbar-collapse" id="navbarTogglerDemo01">
                <ul class="navbar-nav mr-auto mt-2 mt-lg-0">
                    <li class="nav-item active">
                        <a class="nav-link text-success" href="/pages/hotmovie.html">
                            热门电影
                            <span class="sr-only">(current)</span></a>
                    </li>
                </ul>
                <form class="form-inline my-2 my-lg-0">
                    <button type="button" class="btn btn-success btn-sm mr-3"
                        data-toggle="modal" data-target="#exampleModal">
                        注册
                    </button>
                    <button type="button" class="btn btn-success btn-sm mr-3"
                        data-toggle="modal" data-target="#exampleModal1">
                        登录
                    </button>
                </form>
            </div>
        </div>
    </nav>
```

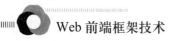

代码的运行结果如图 5-2 所示。

图 5-2　导航条的显示效果

实现轮播图效果的关键代码如下：

```html
<!-- 轮播图，使用<section>标签并结合Bootstrap的相关类 -->
 <section class="text-light bg-white">
    <!--padding -->
    <div class="container">
       <div id="carousel" class="carousel slide carousel-fade w-100 mt-3"
          data-ride="carousel">
          <!-- 指示符 -->
          <ol class="carousel-indicators">
             <li data-target="#carousel" data-slide-to="0" class="active"></li>
             <li data-target="#carousel" data-slide-to="1"></li>
             <li data-target="#carousel" data-slide-to="2"></li>
          </ol>
          <!-- 轮播图片 -->
          <div class="carousel-inner pt-3">
             <div class="carousel-item active">
                <img src="images/banner-1.jpg" class="mx-auto d-block w-100">
             </div>
             <div class="carousel-item">
                <img src="images/banner-2. jpg" class="w-100">
             </div>
             <div class="carousel-item">
                <img src="images/banner-3. jpg" class="w-100">
             </div>
             <!-- 左右切换按钮 -->
             <a class="carousel-control-prev" href="#carousel" data-slide="prev">
                <span class="carousel-control-prev-icon"></span>
             </a>
             <a class="carousel-control-next" href="#carousel" data-slide="next">
                <span class="carousel-control-next-icon"></span>
             </a>
          </div>
       </div>
    </div>
 </section>
```

代码的运行结果如图 5-3 所示。

图 5-3　轮播图的显示效果

实现热门影视展示效果的关键代码如下：

```
<!-- 热门影视，使用<section>标签并结合 bootstrap 的相关 class -->
  <section class="p-3 bg-light mt-5">
    <div class="container">
      <h2 class="text-left mb-3">热门影视</h2>
      <div class="row">
        <!-- 信息区域 -->
        <div class="col-md-3 col-sm-6">
          <div class="card mb-4 shadow-sm">
            <img src="images/hot-1.webp" alt="" class="card-img-top w-100">
            <div class="card-body">
              <p class="card-text">电影讲述美丽的风景，让大家流连忘返，风景很
                美丽，念念不忘，这是测试的数据。</p>
              <div class="d-flex justify-content-end">
                <button type="button" class="btn btn-sm btn-outline-
                  secondary btnmore">查看更多>></button>
              </div>
            </div>
          </div>
        </div>
        <div class="col-md-3 col-sm-6">
          <div class="card mb-4 shadow-sm">
            <img src="images/hot-2.webp" alt="" class="card-img-top w-100">
            <div class="card-body">
              <p class="card-text">电影讲述美丽的风景，让大家流连忘返，风景很
                美丽，念念不忘，这是测试的数据。</p>
              <div class="d-flex justify-content-end">
                <button type="button" class="btn btn-sm btn-outline-
                  secondary btnmore">查看更多>></button>
              </div>
            </div>
          </div>
        </div>
        <div class="col-md-3 col-sm-6">
          <div class="card mb-4 shadow-sm">
            <img src="images/hot-3.webp" alt="" class="card-img-top w-100">
            <div class="card-body">
              <p class="card-text">电影讲述美丽的风景，让大家流连忘返，风景很
                美丽，念念不忘，这是测试的数据。</p>
              <div class="d-flex justify-content-end">
                <button type="button" class="btn btn-sm btn-outline-
                  secondary btnmore">查看更多>></button>
              </div>
            </div>
          </div>
        </div>
        <div class="col-md-3 col-sm-6">
          <div class="card mb-4 shadow-sm">
            <img src="images/hot-4.webp" alt="" class="card-img-top w-100">
            <div class="card-body">
```

```
                <p class="card-text">电影讲述美丽的风景，让大家流连忘返，风景很
                美丽，念念不忘，这是测试的数据。</p>
                <div class="d-flex justify-content-end">
                    <button type="button" class="btn btn-sm btn-outline-
                    secondary btnmore">查看更多>></button>
                </div>
            </div>
        </div>
    </div>
    </div>
    </div>
</section>
```

代码的运行结果如图 5-4 所示。

图 5-4 热门影视展示的显示效果

实现影视资讯展示效果的关键代码如下：

```
<!-- 影视资讯，使用<article>标签并结合Bootstrap的相关类 -->
    <article class="p-3 mt-3">
        <div class="container">
            <!-- 发表 -->
            <h2 class="text-left mb-3">影视资讯</h2>
            <div class="publish">
                <div class="row">
                    <div class="col-sm-3 mt-2 d-none d-sm-block">
                        <img src="images/zixun-1.webp" alt="" class="w-75 ml-3 mb-3">
                    </div>
                    <div class="col-sm-9 mt-4">
                        <h4>落日</h4>
                        <p class="text-muted d-none d-sm-block">dabai 发布于 2020-01-15</p>
                        <p class="d-none d-sm-block">
                            落日很美丽，念念不忘，测试数据；落日很美丽，念念不忘，测试数据；
                            落日很美丽，念念不忘，测试数据；落日很美丽，念念不忘，测试数据；
                            落日很美丽，念念不忘，测试数据。
                        </p>
                        <p class="text-muted">阅读(102321)评论(400)赞 (800)
```

```
                        <span class="d-none d-sm-block">
                            标签:
                            <span class="badge badge-primary">纪录片</span> /
                            <span class="badge badge-secondary">人生</span> /
                            <span class="badge badge-success">行业</span>
                        </span>
                    </p>
                </div>
            </div>
            <div class="row">
                <div class="col-sm-3 mt-2 d-none d-sm-block">
                    <img src="images/zixun-2.webp" alt="" class="w-75 ml-3 mb-3">
                </div>
                <div class="col-sm-9 mt-4">
                    <h4>秋叶</h4>
                    <p class="text-muted d-none d-sm-block">发布于2015-3-23</p>
                    <p class="d-none d-sm-block">
                        落日很美丽, 念念不忘, 测试数据; 落日很美丽, 念念不忘, 测试数据;
                        落日很美丽, 念念不忘, 测试数据; 落日很美丽, 念念不忘, 测试数据;
                        落日很美丽, 念念不忘, 测试数据。</p>
                    <p class="text-muted">阅读(2417)评论(20) 赞 (18)
                        <span class="d-none d-sm-block">
                            标签:
                            <span class="badge badge-primary">纪录片</span> /
                            <span class="badge badge-secondary">西北</span> /
                            <span class="badge badge-success">风土</span>
                        </span>
                    </p>
                </div>
            </div>
        </div>
    </div>
</article>
```

代码的运行结果如图 5-5 所示。

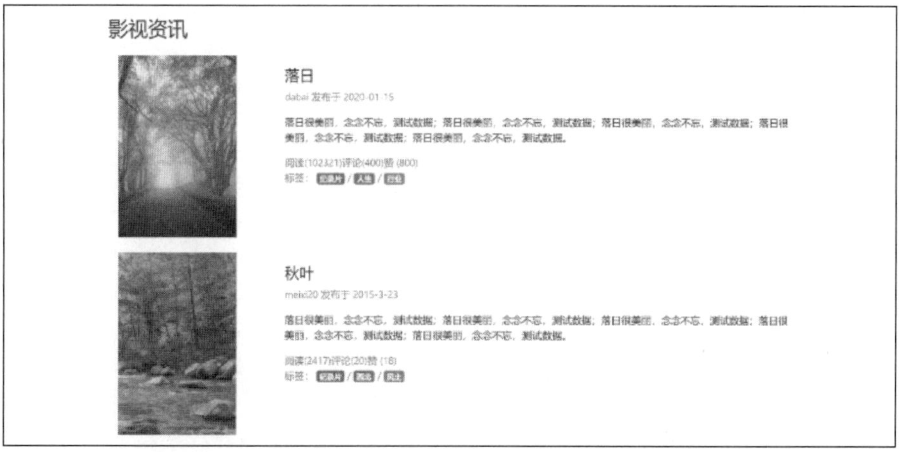

图 5-5　影视资讯展示的显示效果

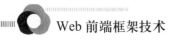
实现页脚效果的关键代码如下：

```html
<!-- 页脚效果，使用<footer>标签并结合 Bootstrap 的相关类 -->
<footer class="mt-5 p-5 bg-dark text-white text-center">
    <div class="container">
        <h2 class="text-center mb-4">联系我们</h2>
        <p class="lead">电话:120XXXXXX 邮箱：xxxx@xxxx.com 地址：上海市 XXXX 区</p>
        <p class="lead">Copyright &copy; 2022 影视娱乐网站</p>
    </div>
</footer>
```

代码的运行结果如图 5-6 所示。

联系我们

电话:120XXXXXX 邮箱：xxxx@xxxx.com 地址：上海市XXXX区

Copyright © 2022 影视娱乐网站

图 5-6　页脚的显示效果

2. 热门电影页的开发

热门电影页包括导航条效果、左侧电影列表效果、右侧电影排行效果、"猜你喜欢"内容区效果以及页脚效果。首先，需要在 pages 文件夹下新建文件 hotmovie.html，接下来，可以按照如下步骤完成开发。

搭建网页结构的关键代码如下：

```html
<!DOCTYPE html>
<html lang="en">
<head>
    <meta charset="UTF-8">
    <meta http-equiv="X-UA-Compatible" content="IE=edge">
    <meta name="viewport" content="width=device-width, initial-scale=1.0">
    <title>Document</title>
    <!--导入 Bootstrap 核心文件-->
    <link rel="stylesheet" href="../bootstrap/css/bootstrap.css">
    <script src="../bootstrap/js/jquery.min.js"></script>
    <script src="../bootstrap/js/bootstrap.min.js"></script>
</head>
<body>
    <!-- 在这里写关键代码 -->
</body>
</html>
```

实现导航条效果的关键代码如下：

```html
<!-- 导航条，使用<nav>标签并结合 bootstrap 的相关 class -->
<nav class="navbar navbar-expand-lg bg-dark navbar-dark">
    <div class="container">
        <a class="navbar-brand text-success" href="../index.html">
            <svg xmlns="http://www.w3.org/2000/svg" width="16" height="16"
                fill="currentColor"
```

```
        class="bi bi-collection-play-fill" viewBox="0 0 16 16">
        <path d="M2.5 3.5a.5.5 0 0 1 0-1h11a.5.5 0 0 1 0 1h-11zm2-2a.5.5
            0 0 1 0-1h7a.5.5 0 0 1 0 1h-7zM0 13a1.5 1.5 0 0 0 1.5 1.5h13A1.5
            1.5 0 0 0 16 13V6a1.5 1.5 0 0 0-1.5-1.5h-13A1.5 1.5 0 0 0 0
            6v7zm6.258-6.437a.5.5 0 0 1 .507.013l4 2.5a.5.5 0 0 1 0 .848l-4
            2.5A.5.5 0 0 1 6 12V7a.5.5 0 0 1 .258-.437z" />
    </svg>
    影视娱乐项目
</a>
<button class="navbar-toggler" type="button" data-toggle="collapse"
    data-target="#navbarTogglerDemo01"
    aria-controls="navbarTogglerDemo01" aria-expanded="false"
        aria-label="Toggle navigation">
    <span class="navbar-toggler-icon"></span>
</button>
<div class="collapse navbar-collapse" id="navbarTogglerDemo01">
    <ul class="navbar-nav mr-auto mt-2 mt-lg-0">
        <li class="nav-item active">
            <a class="nav-link text-success" href="/pages/hotmovie.html">
            热门电影
            <span class="sr-only">(current)</span></a>
        </li>
    </ul>
    <form class="form-inline my-2 my-lg-0">
        <button type="button" class="btn btn-success btn-sm mr-3"
            data-toggle="modal" data-target="#exampleModal">
            注册
        </button>
        <button type="button" class="btn btn-success btn-sm mr-3"
            data-toggle="modal"
            data-target="#exampleModal1">
            登录
        </button>
    </form>
</div>
    </div>
</nav>
```

代码的运行结果如图 5-7 所示。

影视娱乐项目　热门电影　　　　　　　　　　　　　　　　　　　　　　　　注册　登录

图 5-7　导航条的显示效果

实现左侧电影列表效果和右侧电影排行效果的关键代码如下：

```
<!-- 电影列表和电影排行，使用<section>标签并结合 Bootstrap 的相关类 -->
    <section class="p-5 text-left text-sm-start bg-light">
        <!--padding -->
        <div class="container">
            <div class="row">
                <div class="col-md-3">
```

```
<div class="accordion" id="accordionExample">
    <div class="card">
        <div class="card-header" id="headingOne">
            <h2 class="mb-0">
                <button class="btn btn-link btn-block text-left
                    text-success" type="button" data-toggle=
                    "collapse" data-target="#collapseOne"
                    aria-expanded="true" aria-controls=
                    "collapseOne">
                    蓝天
                </button>
            </h2>
        </div>
        <div id="collapseOne" class="collapse show"
            aria-labelledby="headingOne"
            data-parent="#accordionExample">
            <div class="card-body">
                蓝天电影，简要说明
            </div>
        </div>
    </div>
    <div class="card">
        <div class="card-header" id="headingTwo">
            <h2 class="mb-0">
                <button class="btn btn-link btn-block text-left
                    collapsed text-success" type="button"
                    data-toggle="collapse" data-target=
                    "#collapseTwo" aria-expanded="false"
                    aria-controls="collapseTwo">
                    白云
                </button>
            </h2>
        </div>
        <div id="collapseTwo" class="collapse" aria-labelledby=
            "headingTwo" data-parent="#accordionExample">
            <div class="card-body">
                白云电影，简要说明
            </div>
        </div>
    </div>
    <div class="card">
        <div class="card-header" id="headingThree">
            <h2 class="mb-0">
                <button class="btn btn-link btn-block text-left
                    collapsed text-success" type="button"
                    data-toggle="collapse" data-target=
                    "#collapseThree" aria-expanded="false"
                    aria-controls="collapseThree">
                    落日
                </button>
            </h2>
```

```
                </div>
            <div id="collapseThree" class="collapse" aria-labelledby=
                "headingThree" data-parent="#accordionExample">
                <div class="card-body">
                    落日电影，简要说明
                </div>
            </div>
        </div>
    </div>
</div>
<div class="col-md-9">
    <h3 class="text-left text-success">电影排行</h3>
    <div class="row  mt-3">
        <div class="col-md-6 col-lg-3">
            <div class="card bg-light">
                <div class="card-body text-center">
                    <img src="../images/hot-1.webp" class="mb-3 w-75" />
                    <h5 class="card-title">满山绿色</h5>
                    <button type="button" class="btn btn-success btn-sm
                        btndetail">详情</button>
                </div>
            </div>
        </div>
        <div class="col-md-6 col-lg-3">
            <div class="card bg-light">
                <div class="card-body text-center">
                    <img src="../images/hot-2.webp" class="mb-3 w-75" />
                    <h5 class="card-title">滨海公路</h5>
                    <button type="button" class="btn btn-success btn-sm
                        btndetail">详情</button>
                </div>
            </div>
        </div>
        <div class="col-md-6 col-lg-3">
            <div class="card bg-light">
                <div class="card-body text-center">
                    <img src="../images/hot-3.webp" class="mb-3 w-75" />
                    <h5 class="card-title">美丽海岸</h5>
                    <button type="button" class="btn btn-success btn-sm
                        btndetail">详情</button>
                </div>
            </div>
        </div>
        <div class="col-md-6 col-lg-3">
            <div class="card bg-light">
                <div class="card-body text-center">
                    <img src="../images/hot-4.webp" class="mb-3 w-75" />
                    <h5 class="card-title">蔚蓝大海</h5>
                    <button type="button" class="btn btn-success btn-sm
                        btndetail">详情</button>
                </div>
```

```
                    </div>
                </div>
            </div>
            <div class="row mt-4">
                <div class="col-md-6 col-lg-3">
                    <div class="card bg-light">
                        <div class="card-body text-center">
                            <img src="../images/hot-1.webp" class="mb-3 w-75" />
                            <h5 class="card-title">美丽小岛</h5>
                            <button type="button" class="btn btn-success btn-sm
                                btndetail">详情</button>
                        </div>
                    </div>
                </div>
                <div class="col-md-6 col-lg-3">
                    <div class="card bg-light">
                        <div class="card-body text-center">
                            <img src="../images/hot-2.webp" class="mb-3 w-75" />
                            <h5 class="card-title">木栈的桥</h5>
                            <button type="button" class="btn btn-success btn-sm
                                btndetail">详情</button>
                        </div>
                    </div>
                </div>
                <div class="col-md-6 col-lg-3">
                    <div class="card bg-light">
                        <div class="card-body text-center">
                            <img src="../images/hot-3.webp" class="mb-3 w-75" />
                            <h5 class="card-title">湍流的水</h5>
                            <button type="button" class="btn btn-success btn-sm
                                btndetail">详情</button>
                        </div>
                    </div>
                </div>
                <div class="col-md-6 col-lg-3">
                    <div class="card bg-light">
                        <div class="card-body text-center">
                            <img src="../images/hot-4.webp" class="mb-3 w-75" />
                            <h5 class="card-title">湍流的水</h5>
                            <button type="button" class="btn btn-success btn-sm
                                btndetail">详情</button>
                        </div>
                    </div>
                </div>
            </div>
            <ul class="pagination mt-3">
                <li class="page-item">
                    <a class="page-link text-success" href="#"
                        aria-label="Previous">
                        <span aria-hidden="true">&laquo;</span>
                    </a>
```

```
              </li>
              <li class="page-item"><a class="page-link text-success"
                  href="#">1</a></li>
              <li class="page-item"><a class="page-link text-success"
                  href="#">2</a></li>
              <li class="page-item"><a class="page-link text-success"
                  href="#">3</a></li>
              <li class="page-item"><a class="page-link text-success"
                  href="#">4</a></li>
              <li class="page-item"><a class="page-link text-success"
                  href="#">5</a></li>
              <li class="page-item">
                <a class="page-link text-success" href="#" aria-label="Next">
                  <span aria-hidden="true">&raquo;</span>
                </a>
              </li>
            </ul>
          </div>
        </div>
      </div>
    </section>
```

代码的运行结果如图 5-8 所示。

图 5-8　电影列表和电影排行的显示效果

实现"猜你喜欢"内容区效果的关键代码如下：

```
<!--"猜你喜欢"内容区，使用<section>标签并结合 Bootstrap 的相关类 -->
  <section class="p-5 mt-3">
    <div class="container">
      <h3 class="text-success">猜你喜欢</h3>
      <div class="row g-4 mt-3">
        <!--gap-->
        <div class="col-md">
          <div class="card mb-3">
            <div class="row no-gutters">
```

```
                    <div class="col-md-5 d-flex justify-content-center mt-2 mb-2">
                        <img src="../images/hot-2.webp" alt="..." class="w-75">
                    </div>
                    <div class="col-md-7">
                        <div class="card-body">
                            <h5 class="card-title">蓝蓝的天</h5>
                            <p class="card-text">蓝蓝的天，描述信息。</p>
                            <button type="button" class="btn btn-success btn-sm
                                btnmore">查看更多</button>
                        </div>
                    </div>
                </div>
            </div>
        </div>
        <div class="col-md">
            <div class="card mb-3">
                <div class="row no-gutters">
                    <div class="col-md-5 d-flex justify-content-center mt-2 mb-2">
                        <img src="../images/hot-3.webp" alt="..." class="w-75">
                    </div>
                    <div class="col-md-7">
                        <div class="card-body">
                            <h5 class="card-title">红红的落日</h5>
                            <p class="card-text">红红的落日，描述信息。</p>
                            <button type="button" class="btn btn-success btn-sm
                                btnmore">查看更多</button>
                        </div>
                    </div>
                </div>
            </div>
        </div>
        <div class="col-md">
            <div class="card mb-3">
                <div class="row no-gutters">
                    <div class="col-md-5 d-flex justify-content-center mt-2 mb-2">
                        <img src="../images/hot-4.webp" alt="..." class="w-75">
                    </div>
                    <div class="col-md-7">
                        <div class="card-body">
                            <h5 class="card-title">蔚蓝的海</h5>
                            <p class="card-text">蔚蓝的海，描述信息。</p>
                            <button type="button" class="btn btn-success btn-sm
                                btnmore">查看更多</button>
                        </div>
                    </div>
                </div>
            </div>
        </div>
    </div>
</div>
</section>
```

代码的运行结果如图 5-9 所示。

图 5-9　"猜你喜欢"内容区的显示效果

实现页脚效果的关键代码如下：

```
<!-- 页脚效果，使用<footer>标签并结合 Bootstrap 的相关类 -->
    <footer class="mt-5 p-5 bg-dark text-white text-center">
        <div class="container">
            <h2 class="text-center mb-4">联系我们</h2>
            <p class="lead">电话：120XXXXXX 邮箱：xxxx@xxxx.com 地址：上海市 XXXX 区</p>
            <p class="lead">Copyright &copy; 2022 影视娱乐网站</p>
        </div>
    </footer>
```

代码的运行结果如图 5-10 所示。

图 5-10　页脚的显示效果

3. 电影详情页的开发

电影详情页包括导航条效果、电影简介效果、电影剧情介绍效果、主要演员展示效果以及页脚效果。首先，在 pages 文件夹下新建文件 detail.html，接下来，可以按照如下步骤完成开发。

搭建网页结构的关键代码如下：

```
<!DOCTYPE html>
<html lang="en">
<head>
    <meta charset="UTF-8">
    <meta http-equiv="X-UA-Compatible" content="IE=edge">
    <meta name="viewport" content="width=device-width, initial-scale=1.0">
    <title>Document</title>
<!--导入 Bootstrap 核心文件-->
    <link rel="stylesheet" href="../bootstrap/css/bootstrap.css">
    <script src="../bootstrap/js/jquery.min.js"></script>
    <script src="../bootstrap/js/bootstrap.min.js"></script>
</head>
<body>
```

```
    <!-- 在这里写关键代码 -->
</body>
</html>
```

导航条的实现，可以参考首页导航条的实现方法。

实现电影简介效果的关键代码如下：

```
<!-- 电影简介，使用<section>标签并结合 Bootstrap 的相关类 -->
  <section class="p-5 bg-light">
    <div class="container">
      <div class="row align-items-center justify-content-between">
        <div class="col-md-4">
          <img src="../images/hot-1.webp" alt="1" class="img-fluid" />
        </div>
        <div class="col-md-8 p-5">
          <h2>蓝蓝的天</h2>
          <p>导演：刘某某</p>
          <p>编剧：朱某某</p>
          <p>主演：杨某某 / 王某某 / 李某某 / 杜某某 / 赵某某 / 更多...</p>
          <p>类型：剧情 / 家庭</p>
          <p>制片国家/地区：中国 </p>
          <p>语言：汉语普通话</p>
          <p>上映日期：2022-08-01</p>
          <p>片长：112 分钟</p>
          <button type="button" class="btn btn-success" id="btnplay">
                立即播放</button>
        </div>
      </div>
    </div>
  </section>
```

代码的运行结果如图 5-11 所示。

图 5-11　电影简介的显示效果

实现电影剧情介绍效果和主要演员展示效果的关键代码如下：

```
<!-- 电影剧情介绍和主要演员展示，使用<section>标签并结合 Bootstrap 的相关类 -->
  <section class="p-5">
    <div class="container">
```

```
<!-- Nav tabs -->
<ul class="nav nav-tabs" role="tablist">
    <li class="nav-item">
        <a class="nav-link active text-success" data-toggle="tab" href=
            "#home">剧情介绍</a>
    </li>
    <li class="nav-item">
        <a class="nav-link text-success" data-toggle="tab" href=
            "#menu1">主要演员</a>
    </li>
</ul>
<!-- Tab panes -->
<div class="tab-content">
    <div id="home" class="container tab-pane active"><br>
        <h3>剧情介绍</h3>
        <p>蓝蓝的天空，白白的云，剧情介绍信息。</p>
    </div>
    <div id="menu1" class="container tab-pane fade"><br>
        <h3>主要演员</h3>
        <table class="table table-bordered">
            <thead>
                <tr>
                    <th scope="col">名字</th>
                    <th scope="col">角色</th>
                    <th scope="col">国籍</th>
                </tr>
            </thead>
            <tbody>
                <tr>
                    <th scope="row">杨某某</th>
                    <td>主角</td>
                    <td>中国</td>
                </tr>
                <tr>
                    <th scope="row">王某某</th>
                    <td>主角</td>
                    <td>中国</td>
                </tr>
            </tbody>
        </table>
    </div>
</div>
</div>
</section>
```

代码的运行结果如图 5-12 和图 5-13 所示。

页脚的实现，可以参考首页页脚的实现方法。

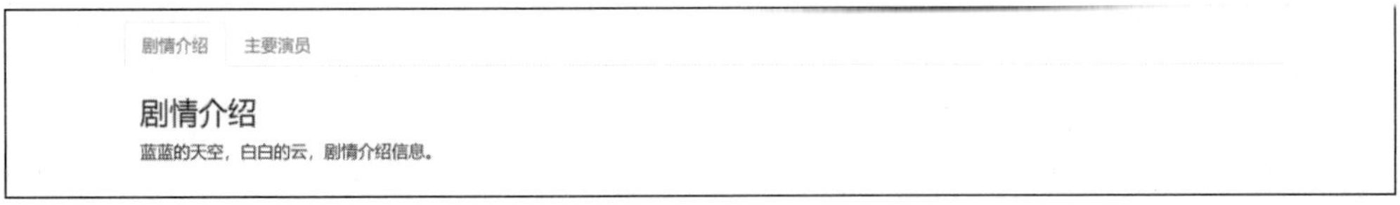

图 5-12　电影剧情介绍的显示效果

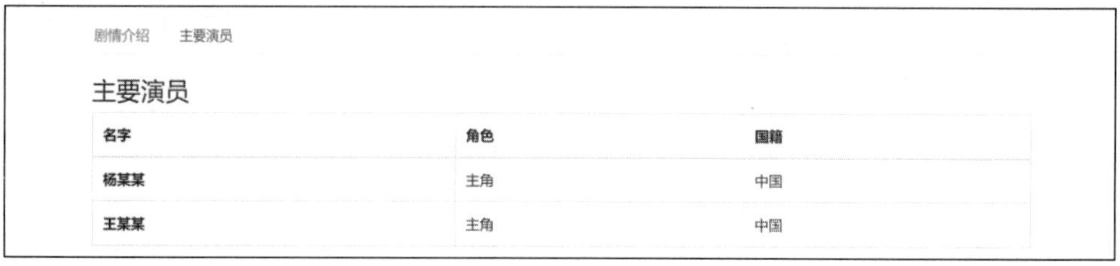

剧情介绍	主要演员	

主要演员

名字	角色	国籍
杨某某	主角	中国
王某某	主角	中国

图 5-13　主要演员展示的显示效果

4. 电影播放页的开发

电影播放页包括导航条效果、电影播放和相关推荐效果、电影推荐效果以及页脚效果。首先，在 pages 文件夹下新建文件 play.html，接下来，可以按照如下步骤完成开发。

搭建网页结构的关键代码如下：

```
<!DOCTYPE html>
<html lang="en">
<head>
    <meta charset="UTF-8">
    <meta http-equiv="X-UA-Compatible" content="IE=edge">
    <meta name="viewport" content="width=device-width, initial-scale=1.0">
    <title>Document</title>
<!--导入 Bootstrap 核心文件-->
    <link rel="stylesheet" href="../bootstrap/css/bootstrap.css">
    <script src="../bootstrap/js/jquery.min.js"></script>
    <script src="../bootstrap/js/bootstrap.min.js"></script>
</head>
<body>
    <!-- 在这里写关键代码 -->
</body>
</html>
```

导航条的实现，可以参考首页导航条的实现方法。

实现电影播放和相关推荐效果的关键代码如下：

```
<!-- 电影播放和相关推荐，使用<section>标签并结合 Bootstrap 的相关类 -->
    <section class="p-5 bg-light text-dark">
        <div class="container">
            <h2>电影播放</h2>
            <div class="row">
                <div class="col-md-8">
                    <video src="../video/movie.mp4" controls>
                        您的浏览器不支持<video>标签
                    </video>
                </div>
                <div class="col-md-4">
                    <div class="list-group">
                        <a href="#" class="list-group-item list-group-item-action
                            bg-success text-light" aria-current="true">
                            相关推荐
                        </a>
```

```
                    <a href="#" class="list-group-item list-group-item-action">
                        蓝蓝的天空</a>
                    <a href="#" class="list-group-item list-group-item-action">
                        白白的云朵</a>
                    <a href="#" class="list-group-item list-group-item-action">
                        绿绿的草原</a>
                    <a class="list-group-item list-group-item-action disabled">
                        红红的落日</a>
                </div>
            </div>
        </div>
    </div>
</section>
```

代码的运行结果如图 5-14 所示。

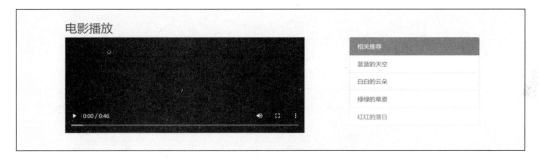

图 5-14　电影播放和相关推荐的显示效果

实现电影推荐效果的关键代码如下：

```
<!-- 电影推荐，使用<section>标签并结合 Bootstrap 的相关类 -->
    <section class="p-5">
        <div class="container">
            <h2>电影推荐</h2>
            <div class="row g-4 mt-3">
                <!--gap-->
                <div class="col-md">
                    <div class="card mb-3">
                        <div class="row no-gutters">
                            <div class="col-md-5 d-flex justify-content-center mt-2 mb-2">
                                <img src="../images/hot-2.webp" alt="..." class="w-75">
                            </div>
                            <div class="col-md-7">
                                <div class="card-body">
                                    <h5 class="card-title">蓝蓝的天</h5>
                                    <p class="card-text">蓝蓝的天，描述信息。</p>
                                    <button type="button" class="btn btn-success btn-sm
                                        btnmore">查看更多</button>
                                </div>
                            </div>
                        </div>
                    </div>
                </div>
```

```
                    <div class="col-md">
                        <div class="card mb-3">
                            <div class="row no-gutters">
                                <div class="col-md-5 d-flex justify-content-center mt-2 mb-2">
                                    <img src="../images/hot-3.webp" alt="..." class="w-75">
                                </div>
                                <div class="col-md-7">
                                    <div class="card-body">
                                        <h5 class="card-title">红红的落日</h5>
                                        <p class="card-text">红红的落日，描述信息。</p>
                                        <button type="button" class="btn btn-success btn-sm
                                            btnmore">查看更多</button>
                                    </div>
                                </div>
                            </div>
                        </div>
                    </div>
                    <div class="col-md">
                        <div class="card mb-3">
                            <div class="row no-gutters">
                                <div class="col-md-5 d-flex justify-content-center mt-2 mb-2">
                                    <img src="../images/hot-4.webp" alt="..." class="w-75">
                                </div>
                                <div class="col-md-7">
                                    <div class="card-body">
                                        <h5 class="card-title">蔚蓝的海</h5>
                                        <p class="card-text">蔚蓝的海，描述信息。</p>
                                        <button type="button" class="btn btn-success btn-sm
                                            btnmore">查看更多</button>
                                    </div>
                                </div>
                            </div>
                        </div>
                    </div>
                </div>
            </div>
        </section>
```

代码的运行结果如图 5-15 所示。

图 5-15 电影推荐的显示效果

页脚的实现，可以参考首页页脚的实现方法。

5. 登录页的开发

登录页的功能主要使用模态框实现，包括用户名文本框、密码框以及"登录"和"取消"按钮。

关键代码如下：

```html
<!-- 登录 Modal -->
  <div class="modal fade" id="exampleModal1" tabindex="-1"
aria-labelledby="exampleModalLabel" aria-hidden="true"
    data-backdrop="static">
    <div class="modal-dialog">
      <div class="modal-content">
        <div class="modal-header">
        <!-- 设置 Modal 表头 -->
          <h5 class="modal-title" id="exampleModalLabel">登录界面</h5>
          <button type="button" class="close" data-dismiss="modal"
              aria-label="Close">
            <span aria-hidden="true">&times;</span>
          </button>
        </div>
        <!-- 设置 Modal 内容 -->
        <div class="modal-body">
          <form>
            <div class="form-group row">
              <label for="staticEmail" class="col-sm-2 col-form-label">
                  用户名</label>
              <div class="col-sm-10">
                <input type="text" class="form-control" id="staticEmail">
              </div>
            </div>
            <div class="form-group row">
              <label for="inputPassword" class="col-sm-2 col-form-label">
                  密码</label>
              <div class="col-sm-10">
                <input type="password" class="form-control"
                    id="inputPassword">
              </div>
            </div>
          </form>
        </div>
        <!-- 设置 Modal 尾部 -->
        <div class="modal-footer">
          <button type="button" class="btn btn-success">注册</button>
          <button type="button" class="btn btn-success" data-dismiss="modal">
              取消</button>
        </div>
      </div>
    </div>
  </div>
```

代码的运行结果如图 5-16 所示。

图 5-16　登录页的显示效果

本 章 小 结

本章使用 Bootstrap 完成了一个影视娱乐网站，包括首页、热门电影页、电影详情页、电影播放页以及注册登录页。下面对本章内容做一个小结。

(1) 使用 Bootstrap 的栅格系统能够实现灵活布局，主要是通过一系列的行(row)与列(column)的组合来创建页面布局。

(2) 使用 Bootstrap 的表单组件，能够快速构建注册和登录页面。

(3) 使用 Bootstrap 的辅助类，能够提升修改页面细节的效率。

(4) 使用 Bootstrap 各类常用组件，能够快速构建满足需求的页面。

自 测 题

一、单选题

1. Bootstrap 依赖哪个 JavaScript 库？(　　)

    A. JavaScript　　　　B. jQuery　　　　C. Angular.js　　　　D. Node.js

2. 栅格系统小屏幕使用的类前缀是(　　)。

    A. col-xs-　　　　B. col-sm-　　　　C. col-md-　　　　D. col-lg-

3. 下面可以实现列偏移的类是(　　)。

    A. col-md-offset-*　　　　　　　　B. col-md-push-*

    C. col-md-pull-*　　　　　　　　　D. col-md-move-*

4. 可以把导航固定在顶部的类是(　　)。

    A. navbar-fixed-top　　　　　　　B. navbar-fixed-bottom

    C. navbar-static-top　　　　　　　D. navbar-inverse

5. 以下代码中，想要在超小屏幕和小屏幕显示两列，在中屏幕和大屏幕显示三列，三个<div>的 class 的正确写法是(　　)。

```
<div class="row">
    <div class=" ">item1</div>
    <div class=" ">item1</div>
    <div class=" ">item1</div>
</div>
```

A. col-sm-6　col-md-4，col-sm-6　col-md-4，col-sm-6　col-md-4

B. col-sm-6　col-lg-4，　col-sm-6　col-lg-4，　col-sm-6　col-lg-4

C. col-xs-6　col-lg-4，　col-xs-6　col-lg-4，　col-xs-6　col-lg-4

D. col-xs-6　col-md-4，col-xs-6　col-md-4，col-xs-6　col-md-4

二、判断题

1. Bootstrap 4 是闭源软件。　　　　　　　　　　　　　　　　　　（　　）

2. Bootstrap 4 包中提供了两个容器类，分别为.container 类和.container-fluid 类。（　　）

3. Bootstrap 4 中使用 CSS 预编译，使得 CSS 样式代码更加容易维护和扩展。（　　）

4. Bootstrap 4 在开发中遵循移动终端优先的原则。　　　　　　　　　（　　）

三、实训题

1. 设计注册页模态框

需求说明：

(1) 注册表单包括：用户名输入框、邮箱输入框、密码输入框、确认密码输入框，以及"登录"和"取消"两个按钮。

(2) 使用模态框的方式实现，效果图如图 5-17 所示。

图 5-17　注册页的显示效果

实训要点：

(1) 构建模态框，包括头部、内容和尾部。

(2) 在内容区域构建注册表单。

2. 设计影视详情页的评价模块

需求说明：

(1) 在影视详情页基础上，补充评价模块。

(2) 评价模块，包括一个文本输入框，"评价"按钮以及评价列表，效果如图 5-18 所示。

实训要点：

(1) 构建选项卡标题"评价"。

(2) 使用卡片组件、表单组件、按钮组件以及列表组件，构建评价模块内容，包括文本输入框，"评价"按钮以及评价列表。

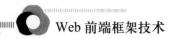

剧情介绍　主要演员　评价

评价

评价

第1条评价

第2条评价

第3条评价

图 5-18　评价模块的显示效果

第 2 篇

Vue

 微课视频

扫一扫，获取本篇相关微课视频。

Vue 的下载和引入

条件渲染

表单输入绑定

多事件处理器

组件基础

vue-router

构建工具 Vue CLI

基于 Vue 3.0 的 UI 组件库

第6章
Vue 概述

随着工业信息化的快速到来，浏览器呈现的数据量越来越大，网页动态交互的需求越来越多，通过 JavaScript 操作 DOM 的弊端和瓶颈越来越明显，使得网页应用性能越来越差，页面越来越卡。于是前端开发人员不断另辟蹊径，V8 引擎和 Node.js 的相继出现，将前端开发带入全新方向，使前端开发人员可以用熟悉的语法编写后台系统，为前端开发人员提供了使用同一语言实现全栈开发的机会，从而也进入了大前端时代。

在大前端时代，涌现出一系列优秀前端框架，如 Angular、React、Vue。Angular 诞生于 2009 年，前期开发人员广泛使用，但后面由于版本的升级，Angular 的不断变化导致学习的成本增加，因此渐渐地失去了优势；React 诞生于 2011 年，是一个用于构建用户界面的 JavaScript 库，性能出众，代码逻辑却非常简单，所以越来越多的人开始关注和使用；Vue(即 Vue.js)诞生于 2014 年，Vue 结合了 Angular 和 React 的优势，与 React 相比，功能未减少，但更容易学习和上手，所以越来越多的开发人员选择使用 Vue，从而 Vue 占据前端开发的半壁江山。

【学习目标】

- 了解 Vue 的 MVVM 模式
- 了解 Vue 的特性和版本
- 掌握 Vue 的下载与引入
- 掌握 Vue 开发和调试工具的使用
- 创建第一个 Vue 程序

【素质教育目标】

- 提高学生创新意识
- 强化学生使用工具的意识

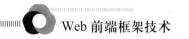

任务 6.1 初识 Vue

任务描述

浏览 Vue 官方网站，总结 Vue 的特性及版本。

✏ 任务分析

浏览 Vue 官方网站，了解什么是 Vue，理解 MVVM 模式和 Vue 的工作原理，了解 Vue 的特性及版本。

🧠 知识准备

6.1.1 Vue

Vue(读音/vjuː/，类似于 view)是一套用于构建用户界面的渐进式框架。与其他大型框架不同的是，Vue 可以自底向上逐层应用。Vue 的核心库只关注视图层，容易上手，可以直接使用 Vue 开发项目，还可以与第三方库或既有项目整合进行开发。另一方面，当 Vue 与现代化的工具链以及各种支持类库结合使用时，Vue 也完全能够为复杂的单页应用提供驱动。

Vue 提供了一整套构建用户界面的解决方案，包括 Vue 核心库、Vue Router 路由方案、Vuex 状态管理方案和 Vue 组件库，以及辅助 Vue 项目开发的一系列工具，如 Vue CLI、Vite、Vue Devtools 和 Vetur。使用 Vue 构建用户界面，解决了"jQuery+模板引擎"的诸多痛点，极大提高了前端开发的效率和体验。基于 Vue 中提供的指令(也就是 Vue 为开发者提供的模板语法)，可以方便快捷地渲染页面的结构；基于数据驱动视图，通过页面与数据源的双向绑定，页面依赖数据源的变化而自动重新渲染；基于 Vue 中提供的事件绑定，可以轻松处理用户和页面之间的交互行为。

Vue 的数据驱动是基于 MVVM(Model View View Model)模式设计的。其中，Model 表示数据模型，是当前页面渲染时所依赖的数据源；View 表示页面视图，是当前页面所渲染的 DOM 结构；View Model(即 VM)表示 Vue 的实例，是 MVVM 的核心，它的作用有两个，一是为 View 提供处理好的数据并帮助页面重新渲染 DOM 元素，二是帮助监测 Model 页面中 DOM 元素的变化并对数据源进行更改。

图 6-1 所示为 Vue 的 MVVM 模式工作原理，在工作过程中，视图(View)与数据(Model)是不能直接通信的，它们之间的通信都要经过视图模型(ViewModel)，VM 充当观察者和传话者。从 View 侧看，当更新 Model 中的数据时，VM 中的 Data Bindings 会帮我们更新页面中 DOM 元素；从 Model 侧看，VM 中的 DOM Listeners 会帮助监测页面中 DOM 元素的变化，如果有变化，则会及时更改 Model 中的数据。

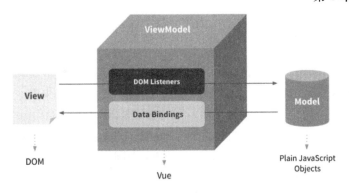

图 6-1　Vue 的 MVVM 模式工作原理

6.1.2　Vue 的特性

Vue 之所以被开发人员广泛认可，是因为有着一系列突出的特性，主要特性如下。

1. 轻量级

Vue 是一个轻量级前端框架，压缩后容量非常小且没有其他的依赖，相比较 Angular，学习简单，易于理解，容易上手，灵活性高，使用起来更加友好。

2. 双向数据绑定

Vue 最突出的特性就是双向数据绑定。传统的 Web 项目开发中，如果数据发生改变，是不能自动修改视图的，需要通过 jQuery 编程获取 DOM 进行修改，以保证数据与视图的一致性。而 Vue 的数据绑定是双向响应的，建立绑定后，数据和视图展示保持同步，简化了更新 DOM 的操作。

3. 内置指令

Vue 除了提供核心功能所需的默认内置指令外，也允许开发者自定义指令。当指令对应的表达式的值发生改变时，与其绑定的 DOM 也会更新。

4. 组件

组件(component)是 Vue 最强大的功能之一。组件可以扩展 HTML 元素，封装可重用的代码。组件可以理解为一个模块，这个模块包含了页面的展示、功能和样式，开发人员可以根据个人需求，使用不同的组件来拼接页面。

5. 前端路由

Vue 的官方路由管理器是 Vue Router 库，与 Vue 核心深度集成，用于构建单页应用程序。传统的页面通过超链接实现页面之间的跳转和切换，而 Vue 页面的跳转通过路由实现，路由设定访问路径，根据路径的不同，加载不同的组件展示页面。

6. 状态管理

Vue 提供 Vuex 状态管理库，旨在解决分布在许多组件之间交互中的零散状态和大型应用逐渐增长的复杂度。它充当应用程序中所有组件的集中存储，其规则确保状态只能以可预测的方式发生变化。

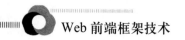

6.1.3　Vue 的版本

当前，Vue 共有 3 个大版本，其中，2.x 版本的 Vue 是目前企业级项目开发中的主流版本，3.x 版本的 Vue 于 2020 年 9 月 19 日发布，生态还不完善，尚未在企业级项目开发中普及和推广，而 1.x 版本的 Vue 几乎被淘汰，不再建议学习与使用。因此，3.x 版本的 Vue 是未来企业级项目开发的应用趋势，2.x 版本的 Vue 在未来(1~2 年内)会被逐渐淘汰。

Vue 2.x 中绝大多数的 API 与特性，在 Vue 3.x 中同样支持。同时，Vue 3.x 中还新增了一些特有的功能，并废弃了某些 2.x 中的旧功能。具体变化如下。

新增的功能：组合式 API、多根节点组件、触发组件选项、单文件组件组合式 API 语法糖、单文件组件状态驱动的 CSS 变量等。

废弃的旧功能：过滤器、不再支持$on、$off 和$once 实例方法等。

更详细的变更信息，请参考官方文档给出的迁移指南。

任务实现

浏览 Vue 官方网站，总结 Vue 的特性及版本。

任务 6.2　第一个 Vue 程序

任务描述

本任务将学习完成第一个 Vue 程序，实现在页面上显示学生信息，任务的运行结果如图 6-2 所示。

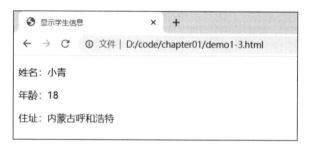

图 6-2　在页面上显示学生信息

任务分析

使用 Vue 在页面上显示学生信息，需要以下几个步骤。

(1) 下载 Vue。

(2) 创建项目目录 test，创建 HTML 文档并引入 Vue .js 文件。

(3) 创建文档结构，并使用文档插值。

(4) 在<script>脚本中创建 Vue 实例并绑定到页面元素，通过 Vue 对象中的 data 选项给页面传递数据。

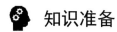　知识准备

6.2.1　Vue 的下载与引入

Vue 目前被广泛使用的版本是 2.x，最新版本是 3.x，本书使用的是 3.x 版本。

将 Vue 3.x 引入项目中主要有五种方式。

1. 直接下载 JavaScript 并用<script>标签引入

如图 6-3、图 6-4 所示，这些文件可以在 Vue 官网提供的 Github 链接、unpkg 或者 jsDelivr 中浏览和下载，当前最新发布版本是 2020 年 2 月 12 日发布的 Vue 3.2.31，需要同时下载开发环境构建版本以及生产环境构建版本，并自行托管在本地服务器上。

图 6-3　Vue 文件 Github 的下载页面

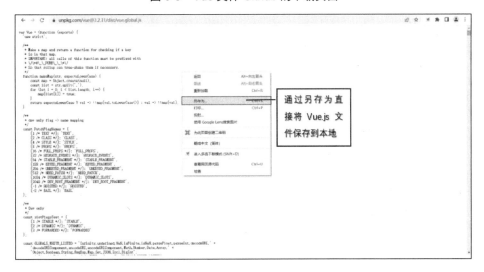

图 6-4　Vue 文件 unpkg 的下载页面

下载完成后在 HTML 文档中使用如下代码引入即可使用：

```
<script src="lib/vue-3.2.31.js"></script>
```

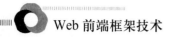

2. 在页面上以 CDN 包的形式导入

对于制作原型或学习，可以这样引入最新版本：

```
<script src="https://unpkg.com/vue@next"></script>
```

3. 使用 npm 安装

在用 Vue 构建大型应用时推荐使用 npm 安装。npm 能很好地和诸如 Webpack 或 Rollup 模块打包器配合使用(在后面的章节会详细介绍 npm 包管理工具)。通过 Visual Studio Code 内置终端，输入如下命令：

```
npm install vue@next
```

通常情况下，在开发时更倾向于使用 Vue CLI 来创建一个配置最小化的 Webpack 构建版本，而不会使用 npm 单独安装 Vue。

4. 使用命令行工具(CLI)构建

Vue 提供了一个官方的 CLI，称之为脚手架工具，为单页面应用快速搭建繁杂的脚手架，它为现代前端工作流提供了功能齐备的构建设置。通过 Vue CLI 只需要几分钟就可以完成应用的构建并运行，生成生产环境可用的构建版本。使用此方式安装 Vue 需要提前安装 Node.js，通过 Visual Studio Code 内置终端，输入如下命令：

```
npm install -g @vue/cli
```

5. 使用 Vite 构建

Vite 是 Vue 3.0 以上版本提供的一个 Web 开发构建工具，它利用原生 ES 模块导入方式，可以实现快速的冷服务器启动。通过在终端运行以下命令，快速构建 Vue 项目：

```
# npm 6.x
npm init vite@latest <project-name> --template vue
# npm 7+，需要加上额外的双短横线
npm init vite@latest <project-name> -- --template vue
cd <project-name>
npm install
npm run dev
```

6.2.2 第一个 Vue 程序

学习了 Vue 的引入方式后，我们使用 Vue 完成一个简单案例，在页面输出"欢迎学习 Vue3！"，开启 Vue 的学习之旅。

(1) 在 D:\code\chapter01 目录中创建 demo1-2.html 文件，并将下载的 vue-3.2.31.js 文件存入 D:\code\chapter01\js 目录。

(2) 在 demo1-2.html 文件中，使用<script>标签引入 vue-3.2.31.js 文件。

(3) 在<body>中创建一个<div>元素，用于输出信息。

(4) 在<body>结束标签前编写脚本，用于创建 Vue 实例。

具体代码如下：

```
<!DOCTYPE html>
<html lang="en">
<head>
  <meta charset="UTF-8">
  <meta http-equiv="X-UA-Compatible" content="IE=edge">
  <meta name="viewport" content="width=device-width, initial-scale=1.0">
  <title>Document</title>
  <script src="js/vue-3.2.31.js"></script>
</head>
<body>
  <div id="app">{{msg}}</div>
  <script>
    const vm = Vue.createApp({
      data(){
        return {msg: '欢迎学习 Vue3! '}
      }
    }).mount('#app');
  </script>
</body>
</html>
```

说明

{{msg}}是文本插值，表示通过文本插值把 Vue 对象里 data 选项中的对应数据输出到页面；const vm 声明一个常量 vm，用于保存创建的 Vue 实例；Vue.createApp({})是创建一个 Vue 实例；mount('#app')是将此 Vue 实例绑定到<div>元素，也就是将刚才的 Vue 实例对象挂载到指定的<div>元素上；data 中是要展示到 HTML 标签中的数据。

(5) 通过浏览器访问 demo1-2.html，运行结果如图 6-5 所示。

图 6-5　输出"欢迎学习 Vue3！"

6.2.3　Vue 调试工具 Vue Devtools

Vue Devtools 是 Vue 官方提供的调试工具，可以提供一个更友好的界面，方便开发者调试与开发 Vue 应用。Vue Devtools 有两个版本，Vue 2.x 调试工具和 Vue 3.x 调试工具，两个版本的调试工具不能交叉使用。

1. Vue Devtools 的安装

(1) 在 Vue 官网中，单击图 6-6 中所示的"获取独立的 Electron 应用程序"链接。

(2) 如图 6-7 所示，进入 Github 提供的下载页面，单击 Code 按钮，在弹出的界面中选择 Download ZIP 进行 Vue Devtools 工具的下载。

图 6-6　Vue 官网提供下载链接

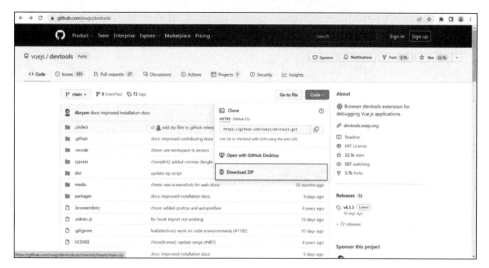

图 6-7　Github 下载 Vue Devtools 页面

(3) 下载后解压到选定的目录中，打开命令提示符窗口，输入以下命令，完成对 Vue Devtools 的编译：

```
npm install -g
npm run build
```

(4) 编译完成后，打开谷歌浏览器输入"chrome://extensions/"，如图 6-8 所示，选中开发者模式。

图 6-8　谷歌浏览器扩展程序设置页面

(5) 单击图 6-8 所示界面中的"加载已加载的扩展程序"按钮，选择刚解压的 shells/chrome 目录，单击"选择文件夹"按钮，这时候扩展程序页面会出现调试工具模块，且浏览器的右上角会有一个"V"标志，如图 6-9 所示，表示安装成功。

图 6-9　Vue Devtools 调试工具安装成功

(6) 打开一个 Vue 3.x 的应用页面，按 F12 键打开浏览器调试面板，可以看到如图 6-10 所示的调试面板中多了 Vue 模块，在调试 Vue 代码时，可以方便地使用此模块进行调试。

图 6-10　Vue Devtools 调试工具模块

任务实现

完成第一个 Vue 程序，显示学生信息页面，实现代码如下：

```
<!DOCTYPE html>
<html lang="en">
<head>
  <meta charset="UTF-8">
  <meta http-equiv="X-UA-Compatible" content="IE=edge">
  <meta name="viewport" content="width=device-width, initial-scale=1.0">
  <title>显示学生信息</title>
  <script src="js/vue-3.2.31.js"></script>
</head>
<body>
  <div id="app">
    <p>姓名：{{name}}</p>
    <p>年龄：{{age}}</p>
    <p>住址：{{address}}</p>
  </div>
```

```
<script>
  var vm = Vue.createApp({
    data(){
      return{
        name:'小青',
        age: 18,
        address: '内蒙古呼和浩特'
      }
    }
  }).mount('#app');
</script>
</body>
</html>
```

本 章 小 结

本章介绍了前端开发的发展历史和 Vue 的诞生，说明了什么是 Vue，Vue 的作用、特性以及版本，同时还详细讲解了 Vue 所需的开发环境的搭建，如何下载并引入 Vue，如何安装 Vue 调试工具 Vue Devtools，并通过一个 Vue 程序让读者体验 Vue 的用法。下面对本章内容做一个小结。

(1) Vue 是一套用于构建用户界面的渐进式框架，数据驱动是基于 MVVM(Model View View Molde)模式设计的。

(2) Vue 具有轻量级、双向数据绑定、内置指令、前端路由、状态管理几个特性，使前端开发更方便快捷。

(3) Vue 开发环境的搭建需要使用 Visual Studio Code 编辑器编写代码，使用 Node.js 里面的 npm 包管理器进行包的安装、更新、卸载等，使用 Webpack 自动化构建工具进行项目的快速构建。

(4) Vue 的引入方式有五种，大体上可以分为两类，一类是脚本引入，一类是包安装自动构建。

(5) 为方便后期 Vue 项目的调试，可以使用 Vue 调试工具 Vue Devtools。

自 测 题

一、单选题

1. 下列选项中，代表视图部分的是(　　)。

   A. Element　　　　　B. DOM　　　　　C. Model　　　　　D. View

2. 下面选项中，可以引入 Vue.js 文件的是(　　)。

   A. <a>　　　　　　B. <script>　　　　C. <style>　　　　D. <link>

3. Vue 是一种(　　)模型。

   A. 模型-视图-视图　　　　　　　　B. 视图-模型-视图

   C. 视图-模型　　　　　　　　　　D. 模型-视图

4.　<script src="https://unpkg.com/vue@next"></script>不适用(　　)。

　　A. 学习原型　　　　　　　　　B. 制作原型

　　C. 不需要明确版本号的工作　　D. 生产环境

5.　下面选项中,(　　)是一款基于 Chrome 浏览器的扩展,用于调试 Vue 应用的工具。

　　A. Visual Studio Code　　　　B. Vue Devtools

　　C. Wechat　　　　　　　　　　D. Chrome

6.　下列选项中,Vue 的版本主要包括(　　)。

　　A. vue.press.js　　B. 开发版本　　C. 发布版本　　D. vue.max.js

二、判断题

1.　Vue Devtools 可以独立于 Chrome 浏览器单独使用。　　　　　　　　　(　　)

2.　Vue 与 Angular 较为相似,但 Angular 在学习上有一定难度。　　　　　(　　)

3.　JavaScript 主要包括行为,主要是为页面提供交互效果,实现更好的用户体验。

　　　　　　　　　　　　　　　　　　　　　　　　　　　　　　　　　(　　)

4.　Vue(读音/vju:/,类似于 view)是一套用于构建用户界面的渐进式框架。　(　　)

5.　Vue 的核心文件有两种版本,其中开发版本和生产版本是完全相同的。　(　　)

三、实训题

1. Vue 简介页面。

需求说明:

(1) 下载并引入 Vue。

(2) 使用插值表达式和 data 选项实现 Vue 简介页面,如图 6-11 所示。

图 6-11　Vue 简介页面

实训要点:

(1) Vue 的下载与安装。

(2) Vue 的基本使用。

2. 安装并练习使用 Vue 调试工具 Vue Devtools。

第 7 章
Vue 模板语法

  模板是 Vue 的基础组成部分，Vue 基于 HTML 的模板语法，允许开发者声明式地将 DOM 绑定至底层组件实例的数据上。所有 Vue 的模板都是规范的 HTML，所以能被遵循规范的浏览器和 HTML 解析器解析。模板在 MVVM 模式设计中主要负责搭建页面视图，作用是渲染页面基本结构，通过模板功能，Vue 能够智能地计算出最少需要重新渲染多少组件，开发者可以方便地将项目组件化。

【学习目标】

- 掌握 Vue 组件实例的创建
- 掌握 Vue 生命周期钩子函数
- 掌握 Vue 模板语法
- 掌握 Vue 内容渲染指令
- 掌握 Vue 属性绑定指令
- 掌握指令参数和缩写

【素质教育目标】

- 弘扬中华古诗词文化
- 弘扬中华传统文化

任务 7.1　Vue 实例与生命周期

📖 任务描述

在页面显示诗歌满江红题目，单击"显示全诗"按钮后，在页面上显示全诗内容，如图 7-1 所示。

图 7-1　显示全诗内容效果图

✏️ 任务分析

在页面显示全诗内容需要以下几个步骤。

(1) 完成静态页面设计，包括显示题目的标签、"显示全诗"按钮、显示诗词内容的段落。

(2) 创建 Vue 实例。

(3) 写 data 选项，包含诗词题目属性和诗词内容属性并赋默认值，通过插值方式渲染页面。

(4) 写 methods 选项，定义显示诗词的方法，通过事件绑定指令访问该方法，将全诗显示出来。

🏛️ 知识准备

7.1.1　创建 Vue 实例

Vue 的核心是允许采用简洁的模板语法来声明式地将数据渲染进 DOM，而每个 Vue 应用都是通过创建一个新的应用实例开始的。这也就是说在使用 Vue 框架的页面应用程序中，需要创建一个应用程序实例与指定 DOM 挂载，这个实例将提供应用程序上下文，应用程序实例装载的整个组件树将共享相同的上下文。

在 Vue 3.0 以上版本中，创建应用实例的语法格式如下：

```
const app = Vue.createApp({
  /* 选项 */
})
```

或

```
const RootComponent = {
  /* 选项 */
}
const app = Vue.createApp(RootComponent)
```

创建应用实例后，调用实例的 mount()方法，传入要挂载的 DOM 元素 id(比如#app)，这样这个 DOM 元素就成为了这个 Vue 应用程序的根组件,后续这个 DOM 元素中的所有数据变化都会被 Vue 框架所监控，从而实现数据双向绑定。

```
const vm = app.mount('#app')
```

具体实例请参考 6.2.2 小节。

7.1.2 组件选项

1. data 选项

在 6.2.2 小节实例中，可以发现根组件对象中有一个 data()函数，Vue 在创建组件实例时会调用此函数。data()函数返回一个数据对象，Vue 会将这个对象包装到它的响应式系统中，并以 $data 的形式存储在组件实例中。即 data()函数转化为一个代理对象，此代理使 Vue 应用实例能够在访问或者修改自定义属性时执行依赖项跟踪和更改通知,从而自动重新渲染 DOM。

【例 7-1】使用 data 选项自动渲染 DOM。具体代码如下：

```
<div id="app">当前的值为: {{count}}</div>
<script>
  var App = {
    data(){
      return { count : 3 }
    }
  }
  var vm = Vue.createApp(App).mount('#app');
//通过 vm 实例调用自定义属性 count，值是 3
  console.log(vm.count);
  //通过 vm 实例中的$data 对象调用自定义属性，值是 3
  console.log(vm.$data.count);
</script>
```

使用 Vue 调试工具改变 vm.$data.count 的数值，如图 7-2 所示，改变后页面中 DOM 元素的值会自动发生改变，如图 7-3 所示。

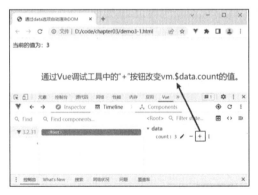

图 7-2 改变 count 属性值前的页面　　　图 7-3 改变 count 属性值后的页面

上面的例子实现了 MVVM 模型中的单向数据绑定，当更新 Model 中的数据时，vm 实例中的$data 对象帮助我们更新了 View 视图中 DOM 元素。

2. methods 选项

如果想在例 7-1 中添加一个可以控制 count 自增的方法，我们可以用 methods 选项向组件实例添加方法，它也是一个对象，包含实例所需所有方法。

在例 7-1 的实例对象中添加如下代码：

```
methods:{
  add(){
    this.count++;  //实现 count 当前值加 1
  }
}
```

这里 Vue 实例会自动为 methods 绑定 this，让它始终指向组件实例。这将确保方法在用作事件监听或回调时保持正确的 this 指向。

在<script>脚本中添加如下代码，调用 add()方法，并再次输出 vm.count：

```
//调用 methods 选项中包含的 add()方法
vm.add();
//通过 vm 实例调用自定义属性 count，值是 4
console.log(vm.count);
```

methods 选项中的方法和组件实例的其他所有属性一样可以在组件的模板中被访问。在模板中，它们通常被当作事件监听使用，如例 7-2 所示。

【例 7-2】使用 strReverse()方法反转回文诗。具体代码如下：

```
<div id="app">
  <h3>回文诗体验</h3>
  <h3>{{str}}</h3>
  <!-- 通过@click 绑定单击事件，调用 strReverse() 方法-->
  <button v-on:click="strReverse">反转字符串</button>
</div>
<script>
  const app = Vue.createApp({
    data(){
      return{ str : '遥望四边云接水，碧峰千点数鸿轻'}
    },
    methods:{
    //创建 strReverse()方法
      strReverse(){
    //反转实例中的 str 并重新赋值给 str
        return this.str = this.str.split('').reverse().join('');
      }
    }
  }).mount('#app');
</script>
```

其中 v-on 指令是给 button 按钮绑定了单击事件，当单击按钮时，会调用 strReverse()方法，从而反转实例中的 str 并重新赋值给 str。后边我们会详细介绍 Vue 的事件绑定指令。代码的运行效果如图 7-4 所示。

还有各种其他的组件选项，可以将用户定义的属性添加到组件实例中，如 props、

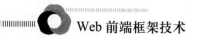

computed、inject 和 setup，我们将在后面的学习中深入讨论它们。组件实例的所有属性，无论如何定义，都可以在组件的模板中被访问。

图 7-4　回文诗反转前、后的效果

7.1.3　生命周期钩子

每个组件在被创建时都要经过一系列的初始化过程，比如设置数据监听、编译模板、将实例挂载到 DOM 元素并在数据变化时更新 DOM 元素等。Vue 3.0 从实例创建到销毁的全过程称为生命周期，同时在这个过程中也会运行一些称为生命周期钩子的函数，这给了用户在不同阶段添加自己的代码的机会。

Vue 3.0 实例生命周期大体上来说共有四个阶段：create(初始创建)、mount(实例挂载)、update(数据更新)、unmount(卸载组件)。图 7-5 展示了实例的生命周期及其钩子函数的运行时机。

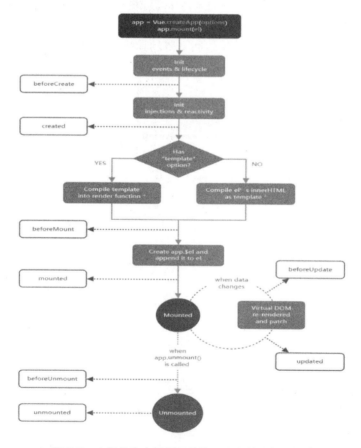

图 7-5　实例的生命周期及其钩子函数的运行时机

　　按生命周期的不同阶段，Vue 提供了相应的钩子函数，钩子函数与 data 和 methods 类似，作为选项写入 Vue 实例中，并且钩子函数的 this 也是指向调用它的 Vue 实例。钩子函数的分类和调用时机如表 7-1 所示。

表 7-1　生命周期钩子函数及调用时机

钩子函数	调用时机
beforeCreate	在实例初始化之后、进行数据侦听和事件/侦听器的配置之前同步调用
created	在实例创建完成后立即被同步调用。在这一步中，实例已完成对选项的处理，意味着以下内容已被配置完毕：数据侦听、计算属性、方法、事件/侦听器的回调函数。然而，挂载阶段还没开始，且 $el property 目前尚不可用
beforeMount	在挂载开始之前被调用，相关的 render 函数首次被调用
mounted	在实例挂载完成后被调用，这时候传递给 app.mount 的元素已经被新创建的 vm.$el 替换了。如果根实例被挂载到了一个文档内的元素上，当 mounted 被调用时，vm.$el 也会出现在文档内
beforeUpdate	在数据发生改变后 DOM 被更新之前被调用。适合在现有 DOM 将要被更新之前访问它，比如移除手动添加的事件监听器
updated	在数据更改导致的虚拟 DOM 重新渲染和更新完毕之后被调用
activated	被 keep-alive 缓存的组件激活时调用
deactivated	被 keep-alive 缓存的组件失活时调用
beforeUnmount	在卸载组件实例之前调用。在这个阶段，实例仍然是完全正常的
unmounted	卸载组件实例后调用。调用此钩子函数时，组件实例的所有指令都被解除绑定，所有事件侦听器都被移除，所有子组件实例被卸载

　　下面用一个例子展示生命周期钩子函数的用法，例中通过在不同时间点触发不同的页面弹框，让读者切实地感受到每个钩子函数的调用时机。

【例 7-3】生命周期钩子函数的应用实例。具体实现代码如下：

```
<div id="app">
 <p>{{msg}}</p>
</div>

<script>
 const vm = Vue.createApp({
  data(){
   return { msg : '长风破浪会有时，直挂云帆济沧海。'}
  },
  beforeCreate:function(){
   alert('我在实例初始化后调用');
  },
  created: function(){
   alert('我在实例创建完成后调用');
  },
  berforeMount: function(){
   alert('我在挂载开始前调用');
```

```
    },
    mounted: function(){
      alert('我在挂载成功后调用');
    },
    beforeUpdate: function(){
      alert('我在更新时调用');
    },
    updated: function(){
      alert('我在更新完成后调用');
    }
  }).mount('#app');
//调用 JavaScript 原生方法 setTimeout()，2 秒后更新页面内容
  setTimeout(function(){vm.msg = '路漫漫其修远兮，吾将上下而求索。'},2000);
</script>
```

⚠️**注意**

所有生命周期钩子函数的 this 上下文将自动绑定至实例中，因此可以访问 data、computed 和 methods。这意味着不应该使用箭头函数来定义一个生命周期方法（例如 created: () => this.fetchTodos()）。因为箭头函数绑定了父级上下文，所以 this 不会指向预期的组件实例，并且 this.fetchTodos 将会是 undefined。

🏛 任务实现

显示诗歌页面的实现代码如下：

```
<!DOCTYPE html>
<html lang="en">
<head>
  <meta charset="UTF-8">
  <meta http-equiv="X-UA-Compatible" content="IE=edge">
  <meta name="viewport" content="width=device-width, initial-scale=1.0">
  <title>显示全诗内容</title>
  <script src="js/vue-3.2.31.js"></script>
</head>
<body>
  <div id="app">
    <h2 align="center">
      {{name}}
      <span><button v-on:click="show">显示全诗</button></span>
    </h2>
    <p align="center">{{str1}}</p>
    <p align="center">{{str2}}</p>
  </div>

  <script>
    const app = Vue.createApp({
      data(){
        return{
          name: '满江红',
          str1: '',
```

```
        str2: ''
    }
  },
  methods:{
    show(){
      this.str1 = '怒发冲冠，凭栏处、潇潇雨歇。\n 抬望眼，仰天长啸，壮怀激烈。\n 三十功名
尘与土，八千里路云和月。\n 莫等闲，白了少年头，空悲切！';
      this.str2 = '靖康耻，犹未雪。\n 臣子恨，何时灭！\n 驾长车，踏破贺兰山缺。\n 壮志饥
餐胡虏肉，笑谈渴饮匈奴血。\n 待从头、收拾旧山河，朝天阙。';
      return this.st1,this.str2;
    }
  }
}).mount('#app');
</script>
</body>
</html>
```

任务 7.2　插值和指令

📖 任务描述

本任务将完成大美紫禁城页面的渲染，包含普通文本渲染、图片渲染、超链接渲染，运行效果如图 7-6 所示。

图 7-6　大美紫禁城页面效果图

✏️ 任务分析

完成大美紫禁城页面需要以下几个步骤。

(1) 完成静态页面设计，包括<h2>标签、<img>标签、<p>标签和<span>标签。

(2) 创建 Vue 实例。

(3) 写 data 选项，包含页面标题属性、HTML 属性 imgSrc、原始 HTML 属性并附默认值，通过不同的插值方式渲染页面。

知识准备

7.2.1 插值

1. 文本插值

数据绑定最常见的形式就是使用 Mustache(双大括号) 语法的文本插值,语法格式如下:

```
<span>Message: {{ msg }}</span>
```

Mustache 标签将会被替代为对应组件实例中 msg 属性的值。无论何时,只要绑定的组件实例上 msg 属性的值发生了改变,插值处的内容都会自动重新渲染。例如例 7-3,当定时器到时间后更改插值处的内容,运行结果如图 7-7 所示。

图 7-7　通过插值渲染页面内容

如果页面内容不想被改变,只需要渲染一次,这时可以通过 v-once 指令执行一次性的插值,当数据改变时,插值处的内容不会更新。但这会影响到该节点上的其他数据绑定。语法格式如下:

```
<span v-once>这个将不会改变: {{ msg }}</span>
```

将例 7-3 中的<p>标签加上 v-once 指令,那么 2 秒后,<p>标签中的内容不会改变。代码如下:

```
<div id="app">
  <p v-once>{{msg}}</p>
</div>
```

2. 原始 HTML 插值

双大括号会将数据解释为普通文本,而非 HTML 代码。如果想输出真正的 HTML 代码,需要使用 v-html 指令,语法格式如下:

```
<span v-html="rawHtml"></span>
```

例如例 7-4,在页面渲染一个超链接,需要在 data 选项中定义该标签,并通过 v-html 绑定到对应元素上以 HTML 代码进行解析,运行结果如图 7-8 所示。

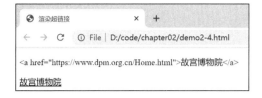

图 7-8　渲染超链接效果图

【例 7-4】渲染超链接。具体实现代码如下：

```
<div id="app">
<!-- 用文本插值渲染无法解析为 HTML 代码，原样输出 -->
  <p>{{webLink}}</p>
<!-- 用 v-html 指令，解析为 HTML 代码，显示超链接 -->
  <p v-html="webLink"></p>
</div>

<script>
  const vm = Vue.createApp({
    data(){
      return {
        webLink : '<a href="https://www.dpm.org.cn/Home.html">故宫博物院</a>'
      };
    }
  }).mount('#app');
</script>
```

⚠️**注意**

不能使用 v-html 来复合局部模板，因为 Vue 不是基于字符串的模板引擎。反之，对于用户界面 (UI)，组件更适合作为可重用和可组合的基本单位。

3. HTML 属性插值

Mustache 语法不能在 HTML 属性中使用，然而，可以使用 v-bind 指令，语法格式如下：

```
<div v-bind:id="dynamicId"></div>
```

如果绑定的值是 null 或 undefined，那么该 HTML 属性将不会被添加到渲染的元素上。

如下例，想在页面渲染一幅图片，需要在 data 选项中定义 src 的属性值，并通过 v-bind 指令绑定到<img>标签的 src 属性，达到渲染图片的效果，运行效果如图 7-9 所示。

【例 7-5】在页面通过 src 属性渲染图片。具体实现代码如下：

图 7-9　渲染图片效果

```
<div id="app">
  <h3>{{imgInfo}}</h3>
  <img v-bind:src="imgSrc" alt="图片走丢了！">
</div>
```

```
<script>
  const vm = Vue.createApp({
    data (){
      return{
        imgInfo: '五彩镂孔云凤纹瓶',
        imgSrc: 'img/chinaware1.jpg'
      }
    }
  }).mount('#app');
</script>
```

v- 前缀作为一种视觉提示，用来识别模板中 Vue 特定的 HTML 属性。当在使用 Vue 为现有标签添加动态行为 (dynamic behavior) 时，v- 前缀很有帮助。然而，对于一些频繁使用的指令，用起来就会很烦琐。因此，Vue 为常用的指令提供了特定缩写。

下面以例 7-5 中的内容作为说明：

```
<!-- 完整语法 -->
<img v-bind:src="imgSrc" alt="图片走丢了！">
<!-- 缩写 -->
<img :src="imgSrc" alt="图片走丢了！">
```

4. JavaScript 表达式插值

上面的所有例子，在模板中我们一直都只绑定简单的属性键值。但实际上，对于所有的数据绑定，Vue 都提供了完全的 JavaScript 表达式支持。

例如下面这个例子，使用 num+1 表达式显示文物号，根据 year 的值通过三元表达式判断年代，使用字符串反转显示记录信息，这些表达式会在当前活动实例的数据作用域下作为 JavaScript 语句被解析，运行效果如图 7-10 所示。

图 7-10　显示文物信息

【例 7-6】显示文物信息。具体实现代码如下：

```
<div id="app">
  <img src="img/chinaware2.jpg" alt="图片走丢了！">
  <p>文物号：{{num + 1}}</p>
  <p>文物年代：{{year > 1636 && year <= 1912 ? '清' : '明'}}</p>
  <p>记录时间：{{time.split('').reverse().join('')}}</p>
</div>
<script>
  const vm = Vue.createApp({
    data (){
      return{
        num: 15,
        year: 1800,
        time: '03/09/2020'
      }
    }
  }).mount('#app');
</script>
```

> **⚠️注意**
>
> JavaScript 表达式的使用有限制，每个绑定都只能包含单个表达式，所以下面的例子都不会生效。

```
<!-- 这是语句，不是表达式: -->
{{ var a = 1 }}
<!-- 流程控制也不会生效，请使用三元表达式 -->
{{ if (ok) { return message } }}
```

7.2.2　指令

指令(directives) 是带有 v-前缀的特殊 HTML 属性，Vue 提供了许多内置指令，包括前面所介绍的 v-bind。指令的期望值为一个 JavaScript 表达式 (除了少数几个例外，即之后要讨论到的 v-for、v-on 和 v-slot，在第 8 章详细讲解)。指令的作用是当表达式的值改变时，将其产生的连带影响，响应式地作用于 DOM 元素。

例如下面的代码中，v-if 指令是让 DOM 元素根据表达式 bool 的值(true 或 false)来判断是否插入<span>元素：

```
<span v-if="bool">现在你看到我了! </ span >
```

1. 参数

某些指令会需要一个参数，在指令名后通过一个冒号隔开。

(1) v-bind 指令可以用于响应式地更新 HTML 属性，比如例 7-5 中的代码：

```
<img v-bind:src="imgSrc" >
```

这里 src 是参数，告知 v-bind 指令将该元素的 src 属性与表达式 imgSrc 的值绑定。

(2) v-on 指令用于监听 DOM 事件，比如例 7-2 中的代码：

```
<button v-on:click="strReverse">反转字符串</button>
```

这里参数是监听的事件名。在后面的章节也会更详细地讨论事件处理。

另外 Vue 为 v-on 指令提供了特定缩写 "@"，上面的代码可以以如下方式编写：

```
<!-- 缩写 -->
<button @click="strReverse">反转字符串</button>
```

2. 动态参数

指令参数中也可以使用 JavaScript 表达式，方法是用方括号括起来：

```
<a v-bind:[attributeName]="url"> ... </a>
```

这里的 attributeName 被作为一个 JavaScript 表达式进行动态求值，求得的值将会作为最终的参数来使用。例如，如果组件实例中有一个数据属性作为 attributeName，其值为 href，那么这个绑定将等价于 v-bind:href。

同样地，可以使用动态参数为一个动态的事件名绑定处理函数：

```
<a v-on:[eventName]="doSomething"> ... </a>
```

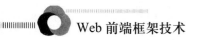

在这个示例中，当 eventName 的值为 focus 时，v-on:[eventName]将等价于 v-on:focus。

例如下面这个例子，单行文本框默认内容是"请输入..."，聚焦事件发生后将内容置空，运行效果如图 7-11 所示。

图 7-11　动态参数渲染页面的显示效果

【例 7-7】动态参数渲染页面应用实例。具体实现代码如下：

```html
<div id="app">
  <h3>单行文本框默认内容是"请输入..."，聚焦后内容置空</h3>
  <input type="text" v-bind:[attr]="content" v-on:[things]="doSomething">
</div>
<script>
  const vm = Vue.createApp({
    data (){
      return{
        attr: 'value',
        content: '请输入...',
        things: 'focus'
      }
    },
    methods:{
      doSomething(){
        return this.content = '';
      }
    }
  }).mount('#app');
</script>
```

3. 修饰符

修饰符(modifier) 是以半角句点"."指明的特殊后缀，用于指出一个指令应该以特殊方式绑定。例如，.prevent 修饰符告诉 v-on 指令对于触发的事件调用 event.preventDefault()：

```html
<form v-on:submit.prevent="onSubmit">...</form>
```

在后续章节对 v-on 和 v-for 等指令的讲解中，会介绍关于修饰符的其他例子。

任务实现

渲染大美紫禁城页面的实现代码如下：

```html
<!DOCTYPE html>
<html lang="en">
<head>
  <meta charset="UTF-8">
```

```
    <meta http-equiv="X-UA-Compatible" content="IE=edge">
    <meta name="viewport" content="width=device-width, initial-scale=1.0">
    <title>大美紫禁城</title>
    <script src="js/vue-2.2.31.js"></script>
  </head>
<body>
  <div id="app">
    <h2>{{name}}</h2>
    <img :src="imgSrc" alt="图片走丢了！">
    <p>
      <span>浏览更多故宫壁纸请点击：</span>
      <span v-html="webLink"></span>
    </p>
  </div>

  <script>
    const app = Vue.createApp({
    data(){
      return{
        name: '大美紫禁城',
        imgSrc: 'img/palace2.jpg',
        webLink: '<a href="https://www.dpm.org.cn/lights/royal.html">故宫壁纸</a>'
        }
      }
    }).mount('#app');
  </script>
</body>
</html>
```

本 章 小 结

本章介绍了 Vue 的模板语法，讲解了创建 Vue 的语法、挂载 DOM 语法，说明了组件选项的作用，详细介绍了 data 和 methods 选项，让读者了解什么是 Vue 实例生命周期以及生命周期钩子函数的作用，介绍了模板语法里的文本插值、原始 HTML 插值、HTML 属性插值以及插值中可以使用 JavaScript 表达式，介绍了什么是指令、指令的使用、指令的参数和动态参数，并通过几个具体实例让读者有更好的理解。下面对本章内容做一个小结。

(1) Vue 的核心是允许采用简洁的模板语法来声明式地将数据渲染进 DOM，而每个 Vue 应用都是通过创建一个新的应用实例开始的。

(2) Vue 3.0 摒弃了构造函数实例化 Vue 对象的方式，采用 Vue.createApp()方法实例化 Vue 对象，通过调用实例的 mount()方法挂载 DOM。

(3) 组件选项是 Vue 模板语法的重要组成，将属性和方法写入组件选项内，Vue 实例使用过程中可以方便快捷地调用组件选项里的属性和方法。

(4) Vue 3.0 从实例创建到销毁的全过程称为生命周期，同时在这个过程中也会运行一些称为生命周期钩子的函数，使用户在不同阶段可以添加自己的代码。

(5) Vue 使用了基于 HTML 的模板语法，允许开发者声明式地将 DOM 绑定至底层组件实例的数据。常用的插值有文本插值、原始 HTML 插值、HTML 属性插值、JavaScript 表达

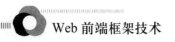

式插值。

(6) 指令是带有 v- 前缀的特殊 HTML 属性，在第 8 章中将着重介绍常用指令。

自 测 题

一、单选题

1. Vue 中数据绑定最常见的形式是( )。
   A. 文本插值　　　　B. 过滤器　　　　C. HTML 插值　　D. 计算属性
2. 下面选项中，可以通过插值语法将 data 初始数据绑定到页面中的是( )。
   A. [[]]　　　　　　B. {}　　　　　　C. {{}}　　　　　D. []
3. 如果想输出真正的 HTML 代码，可以使用的绑定方法是( )。
   A. v-bind　　　　　B. v-html　　　　C. {{}}　　　　　D. []
4. 下列选项中，( )是用于监听 DOM 事件的指令。
   A. v-bind　　　　　B. v-if　　　　　C. v-on　　　　　D. v-html
5. Vue 生命周期的执行顺序是( )。
   A. beforeCreate→created→beforeMount→mounted→beforeUnmount→unmounted
   B. beforeCreate→created→beforeMount→mounted→beforeUpdate→updated
   C. init→beforeMount→mounted→beforeUnmount→unmounted
   D. init→beforeMount→mounted→beforeUpdate→updated

二、判断题

1. 在 Vue 项目中，每个 Vue 应用都是通过 Vue 构造器创建新的 Vue 实例开始的。( )
2. 通过{{data}}语法，可以将 data 中的数据插入页面中。( )
3. 生命周期函数的最后阶段是实例的销毁，会执行 beforeDestroy 和 destroyed 钩子函数。( )
4. 调用 created 钩子函数后，实例已完成对选项的处理，意味着以下内容已被配置完毕：数据侦听、计算属性、方法、事件/侦听器的回调函数。( )

三、实训题

文物介绍。

需求说明：

(1) 使用插值表达式渲染页面文字内容。

(2) 使用 v-bind 指令渲染图片。

(3) 使用 v-on 指令实现"了解更多"按钮功能。

(4) 最终实现页面效果如图 7-12 所示。

实训要点：

(1) 插值表达式。

(2) v-bind 指令。

(3) v-on 指令。

图 7-12　文物介绍页面的显示效果

第8章

Vue 指令

　　指令是模板语法中的重要组成，是学习 Vue 开发过程中最基础、最简单的知识点，但功能强大，渲染页面的基本结构基本上都是由指令完成的。Vue 的常用指令按绑定功能的不同分为七类：内容绑定指令、属性绑定指令、样式绑定指令、事件绑定指令、双向绑定指令、条件渲染指令和列表渲染指令，上一章在讲解模板语法时已经介绍了内容绑定指令和属性绑定指令，本章将着重介绍 Vue 的其他几种常用指令。

【学习目标】

- 掌握 Vue 样式绑定指令
- 掌握 Vue 事件绑定指令
- 掌握 Vue 双向绑定指令
- 掌握 Vue 条件渲染指令
- 掌握 Vue 列表渲染指令

【素质教育目标】

- 增强学生环保意识
- 帮助学生养成垃圾分类意识

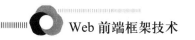

任务 8.1 Vue 样式绑定指令

📺 任务描述

环境保护是一个常谈常新的话题，本任务将制作一个环保主题页面，设置图片位置页面居中、宽度为父元素的 80%，设置文字的位置以及字体颜色、大小等样式，效果如图 8-1 所示。

图 8-1 环保主题页面效果图

✏️ 任务分析

完成环保主题页面需要以下几个步骤。

(1) 完成静态页面设计，编写静态页面需要的标签，编写处理图片和文字内容的样式类。

(2) 创建 Vue 实例，编写 data 选项，使用属性指令渲染图片，使用 v-html 命令渲染页面内容。

(3) 在 data 选项中写 class 样式对象，通过属性指令绑定样式对象，完成样式渲染。

📖 知识准备

样式的渲染在网页设计中尤为重要，通过之前的学习我们知道 HTML 样式的设置有两种主要方式：通过 class 属性指定样式表中的样式类，通过 style 属性指定内联样式。在 Vue 中，可以通过 v-bind 指令设置样式，只需要通过表达式计算出字符串结果即可。但是字符串的拼接比较麻烦且容易出错，因此 Vue 在将 v-bind 指令用于 class 属性和 style 属性时，做了专门的增强。表达式的结果可以是字符串之外的对象或数组。

8.1.1 绑定 HTML class 样式

1. 字符串语法

操作样式，本质上就是操作属性，我们可以传给:class (v-bind:class 的简写) 一个字符串，来渲染页面样式，如例 8-1。

【例 8-1】使用字符串绑定 class 样式。具体实现代码如下：

```
<style>
  .txt{
    color:green;
    font-size: 25px;
  }
</style>
<script src="js/vue-3.2.31.js"></script>

<div id="app">
  <!-- :class 属性的表达式可以是字符串 -->
  <p :class="cls">{{ str }}</p>
</div>

<script>
  const vm= Vue.createApp({
    data(){
      return {
  str :' 垃圾也有"朋友圈"，"投"其所好最关键。'，
        // 在 data()中定义 cls 属性，值为 txt
        cls : "txt"
      }
    }
  }).mount('#app');
</script>
```

例 8-1 的渲染效果如图 8-2 所示。

图 8-2　使用字符串绑定 class 样式的渲染效果

2. 数组语法

如果想给一个元素添加多个样式类，我们可以把一个数组传给:class，在数组中写入样式的类名，形成一个 class 列表，语法格式如下：

```
<div :class="[activeClass, errorClass]"></div>

data() {
  return {
    activeClass: 'active',
    errorClass; 'text-danqer'
  }
}
```

渲染的结果为：

```
<div class="active text-danger"></div>
```

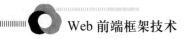

【例 8-2】使用数组语法绑定 class 样式。具体实现代码如下：

```
<style>
  .class1{
    list-style: none;
    background-color: #3c8;
    width: 400px;
    height: 180px;
    text-align: center;
    padding-top: 25px;
  }
  .class2{
    color: #fff;
    font-size: 25px;
  }
</style>

<div id="app">
  <div :class="[oneClass, twoClass]">
    <p>{{ str1 }}</p>
    <p>{{ str2 }}</p>
  </div>
</div>

<script>
  const vm= Vue.createApp({
    data(){
      return {
        str1 : '垃圾分类，资源不浪费',
        str2 : '垃圾减量，家园更漂亮',
        oneClass : 'class1',
        twoClass : 'class2'
      }
    }
  }).mount('#app');
</script>
```

例 8-2 的渲染效果如图 8-3 所示。

如果想根据条件切换列表中的 class 样式，可以使用三元表达式。这样写将始终添加 errorClass 样式类，但是只有在 isActive 为真值时才添加 activeClass 样式类。代码更改如下：

```
<div :class="[isActive ? activeClass : '', errorClass]"></div>
```

比如把例 8-2 中<div>元素代码改为如下代码，没有给 isActive 赋值时只添加 oneClass 样式类，渲染效果如图 8-4 所示。

```
<div :class="isActive ? [oneClass, twoClass] : oneClass">
```

在 Vue 实例 data 选项中添加如下代码，给 isActive 赋真值，此时才能同时应用 oneClass 和 twoClass 样式类。

```
data(){
  return {
```

```
        isActive = true,
    }
}
```

图 8-3　使用数组语法绑定 class
　　　　样式的渲染效果

图 8-4　无 isActive 值时只添加 oneClass
　　　　样式类的渲染效果

3. 对象语法

当有多个条件 class 样式时,动态修改样式不够灵活,所以我们可以传给:class 一个对象,用来动态地切换样式类。语法格式如下:

```
<div :class="{ active: isActive }"></div>
```

上面的语法表示 active 这个样式类存在与否将取决于 data 选项中 isActive 的取值。如果 isActive 的取值为真,则添加这个样式类,如果 isActive 的取值为假,则不添加此样式类。

对象中也可以传入更多字段来动态切换多个 class 样式。此外,:class 指令也可以与普通的 class 属性共存。当有如下模板:

```
<div
 class="static"
 :class="{ active: isActive, 'text-danger': hasError }"
></div>
```

和如下 data 选项:

```
data() {
 return {
   isActive: true,
   hasError: false
 }
}
```

渲染的结果为:

```
<div class="static active"></div>
```

当 isActive 或者 hasError 的取值变化时,class 列表将相应地更新。例如,如果 hasError 的值为 true,class 列表将变为"static active text-danger"。

【例 8-3】使用对象语法绑定 class 样式。

将例 8-2 的代码做如下修改,使用对象语法绑定 class 样式,且与普通 class 属性共存。具体实现代码如下:

```
<style>
  .static{
    border-radius: 20px;
  }
  .class1 {
    list-style: none;
    background-color: #3c8;
    width: 400px;
    height: 180px;
    text-align: center;
    padding-top: 25px;
  }
  .class2 {
    color: #fff;
    font-size: 25px;
  }
</style>

<div id="app">
  <div class="static" :class="{class1 : isOneClass, class2 : isTwoClass}">
    <p>{{ str1 }}</p>
    <p>{{ str2 }}</p>
  </div>
</div>

<script>
  const vm = Vue.createApp({
    data() {
      return {
        str1: '垃圾分类, 资源不浪费',
        str2: '垃圾减量, 家园更漂亮',
        isOneClass: true,
        isTwoClass: true
      }
    }
  }).mount('#app');
</script>
```

最终渲染效果如图 8-5 所示。

其中，把 isTwoClass 的值设为 false，那么渲染效果如图 8-6 所示。

如果绑定的数据对象比较复杂，那么绑定的数据对象不必内联定义在模板里，可以在数据属性中单独定义一个对象，然后绑定它，可以把例 8-3 的代码改成如下写法：

```
<div class="static" :class="classObject">

data() {
  return {
    classObject: {
      class1 : true,
      class2 : true
    }
  }
}
```

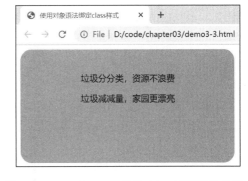

图 8-5　使用对象语法绑定 class 样式渲染效果　　图 8-6　isTwoClass 的值为 false 时的渲染效果

4. 在组件上使用

当在带有单个根元素的自定义组件上使用 class 属性时,这些样式类被添加到该元素上,而此元素上现有的样式类将不会被覆盖。

例如,声明了一个组件 my-component:

```
const app = Vue.createApp({})
app.component('my-component', {
  template: `<p class="foo bar">Hi!</p>`
})
```

然后在使用它的时候添加一些样式类:

```
<div id="app">
  <my-component class="baz boo"></my-component>
</div>
```

HTML 将被渲染为:

```
<p class="foo bar baz boo">Hi</p>
```

对于带数据绑定的 class 属性也同样适用:

```
<my-component :class="{ active: isActive }"></my-component>
```

当 isActive 值为真时,HTML 将被渲染为:

```
<p class="foo bar active">Hi</p>
```

如果组件有多个根元素,可以使用$attrs 组件属性来定义哪些部分将接收 class:

```
<div id="app">
  <my-component class="baz"></my-component>
</div>
const app = Vue.createApp({})

app.component('my-component', {
  template: `<p :class="$attrs.class">Hi!</p>
    <span>This is a child component</span>`
})
```

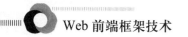

8.1.2 绑定内联样式

与绑定 HTML class 样式一样，绑定内联样式是通过操作:style 指令来设置元素样式。

1. 对象语法

:style 的对象语法十分直观，看着非常像 CSS，但其实是一个 JavaScript 对象。CSS 属性名可以用驼峰式(camelCase) 或短横线分隔式(kebab-case，记得用引号括起来)来命名。

```
<div :style="{ color: activeColor, fontSize: fontSize + 'px' }"></div>
data() {
  return {
    activeColor: 'red',
    fontSize: 30
  }
}
```

【例 8-4】使用对象语法绑定内联样式。具体代码如下：

```
<div id="app">
  <img :src="imgSrc" :style="{border:styleBorder, borderRadius:styleRadius + 'px'}">
</div>
<script>
  const vm = Vue.createApp({
    data(){
      return{
        imgSrc:"img/env1.png",
        styleBorder:"5px solid #ccc",
        styleRadius:20
      }
    }
  }).mount('#app');
</script>
```

渲染效果如图 8-7 所示。

图 8-7　使用对象语法绑定内联样式的渲染效果

如果绑定的数据对象比较复杂，那么直接绑定一个样式对象通常更简便，这会让模板更清晰。

把例 8-4 的代码改成如下写法，也可以获得同样的效果：

```
<img :src="imgSrc" :style="styleObject">
data(){
  return{
    imgSrc:"img/env1.jpg",
    styleObject:{
      border:'5px solid #ccc',
      borderRadius:'20px'
    }
  }
}
```

2. 数组语法

:style 的数组语法还可以将多个样式对象应用到同一个元素上，样式对象作为数组的一个元素进行传值。语法格式如下：

```
<div :style="[baseStyles, overridingStyles]"></div>
```

【例 8-5】使用数组语法绑定内联样式。具体实现代码如下：

```
<div id="app">
  <img :src="imgSrc" :style="[styleObject1,styleObject2]">
</div>
<script>
  const vm = Vue.createApp({
    data() {
      return {
        imgSrc: "img/env2.png",
        styleObject1: {
          border: '5px solid #ccc',
          borderRadius: '20px'
        },
        styleObject2: {
          display: 'block',
          margin: '20px auto'
        }
      }
    }
  }).mount('#app');
</script>
```

渲染效果如图 8-8 所示。

图 8-8　使用数组语法绑定内联样式的渲染效果

任务实现

环保主题页面的实现代码如下：

```html
<!DOCTYPE html>
<html lang="en">
<head>
  <meta charset="UTF-8">
  <meta http-equiv="X-UA-Compatible" content="IE=edge">
  <meta name="viewport" content="width=device-width, initial-scale=1.0">
  <title>环保主题页面</title>
  <style>
    .imgBackground {
      width: 60%;
      height: auto;
      display: block;
      margin: 0 auto;
    }
    .txtContent {
      color: #fff;
      font-size: 20px;
      width: 800px;
    }
    .txtPos {
      position: absolute;
      top: 5%;
      left: 28%;
    }
  </style>
  <script src="js/vue-3.2.31.js"></script>
</head>
<body>
  <div id="app">
    <img :src="imgSrc" :class="classObject1">
    <div v-html="content" :class="classObject2"></div>
  </div>
```

```
<script>
  const vm = Vue.createApp({
    data() {
      return {
        imgSrc: 'img/env.png',
        content: '天变蓝,水变清,白色垃圾人人清。沙尘落,天晴朗,沙漠从此不荒凉。<br/>多种树,
多种草,自然灾害就会少。鸟儿多,天气晴,人们生活得安宁。',
        classObject1: {
          imgBackground: true
        },
        classObject2: {
          txtContent: true,
          txtPos: true
        }
      }
    }
  }).mount('#app');
</script>
</body>
</html>
```

任务 8.2　Vue 事件绑定指令

📖 任务描述

　　本任务将完成环保竞答页面,其中有三道竞答题目,回答正确一题获得一颗星,最终获星数量显示在最后一行,运行效果如图 8-9 所示。

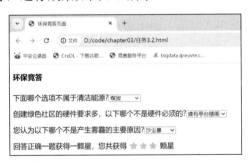

图 8-9　环保竞答页面效果图

✏️ 任务分析

　　完成环保竞答页面需要以下几个步骤。

　　(1) 完成静态页面设计,<h3>标签显示环保竞答标题,使用<div>标签、<select>标签、<option>标签显示每一个题目,最后设计竞答结果。

　　(2) 创建 Vue 实例。

　　(3) 编写 data 选项,包含三颗星星的插值。

　　(4) 编写 methods 选项,编写事件处理函数 checkChoice1()、checkChoice2()、checkChoice3(),

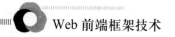

在 HTML 语句中通过@指令绑定 change 事件。

📖 知识准备

在第 7 章中简单介绍了 v-on 指令的基本用法，本任务中将继续深入讲解 Vue 事件绑定指令，使用事件绑定指令监听 DOM 事件、调用事件处理方法。

8.2.1 监听事件

Vue 中可以使用 v-on 指令(通常缩写为"@"符号)来监听 DOM 事件，并在触发事件时执行一些 JavaScript 语句。用法为 v-on:click="methodName"或使用快捷方式@click="methodName"。

例如：

```
<div id="basic-event">
  <button @click="counter += 1">Add 1</button>
  <p>The button above has been clicked {{ counter }} times.</p>
</div>
Vue.createApp({
  data() {
    return {
      counter: 0
    }
  }
}).mount('#basic-event')
```

8.2.2 事件处理方法

然而许多事件处理逻辑会很复杂，所以直接把 JavaScript 代码写在 v-on 指令中是不可行的。因此 v-on 指令还可以接收一个需要调用的方法名称。

比如例 8-6 中的处理方法需要处理两件事情，一是弹出提示框，二是加减分值，因此在 methods 选项中创建一个方法，再用 v-on 指令绑定该方法更为合适。其运行效果如图 8-10 所示。

图 8-10 用 v-on 指令绑定事件处理方法的运行效果

【例 8-6】用 v-on 指令绑定事件处理方法。具体代码如下：

```
<div id="app">
  <h3>{{ titleName }}</h3>
  <button @click="sub">-</button>
  <span>{{ score }}</span>
```

```
    <button @click="add">+</button>
</div>
const vm = Vue.createApp({
    data() {
      return {
        titleName: '记分牌',
        score: 5
      }
    },
    methods: {
      add() {
        alert('当前得分加 1！');
        return this.score += 1;
      },
      sub() {
        alert('当前得分减 1！');
        return this.score -= 1;
      }
    }
}).mount('#app');
```

在使用 v-on 指令绑定事件处理方法时，也可以进行传参，如例 8-7 中的代码所示，单击按钮后显示图片。渲染效果如图 8-11 所示。

图 8-11　用 v-on 指令绑定事件处理方法时传参的渲染效果

【例 8-7】用 v-on 指令绑定事件处理方法时传参，单击按钮后显示图片。具体代码如下：

```
<div id="app">
  <button @click="show('img/env3.jpg')">{{content}}</button>
  <div>
    <img :src="imgSrc">
  </div>
</div>
const vm = Vue.createApp({
    data() {
      return {
        content: '地球——共同的家园',
        imgSrc: ''
      }
    },
```

```
  methods: {
    show(imgURL) {
      this.imgSrc = imgURL;
    }
  }
}).mount('#app');
```

8.2.3　事件对象

在原生的 DOM 事件绑定中，可以在事件处理方法的形参处，接收事件对象 event。同理，v-on 指令或@指令绑定的事件处理函数中，也可以接收事件对象 event。

比如，例 8-8 中，接收事件对象，通过接收到的对象改变 DOM 元素背景颜色。

当单击按钮时切换按钮颜色，效果如图 8-12 所示。

图 8-12　使用事件对象处理 DOM 元素背景颜色的显示效果

【例 8-8】使用事件对象处理 DOM 元素背景颜色。具体代码如下：

```
<div id="app">
  <span>{{ content }}</span>
  <button @click="lightUp">*</button>
</div>
const vm = Vue.createApp({
    data() {
      return {
        content: '给环保卫士点亮星星'
      }
    },
    methods: {
      lightUp(e) {
        const nowBgColor = e.target.style.background;
        e.target.style.background = nowBgColor === 'gold' ? '' : 'gold';
      }
    }
}).mount('#app');
```

对于在绑定时需要传参的事件处理函数，显然事件对象的参数位置被占用了，这时如果想要同时获得事件对象，那么需要使用 Vue 提供的特殊变量$event，用来表示原生的事件参数对象 event。$event 可以解决事件参数对象 event 被覆盖的问题。

比如把例 8-7 中的代码做如下更改，在单击事件发生后，不仅显示图片，还要将按钮颜色切换为绿色。效果如图 8-13 所示。

```
<div id="app">
  <button @click="show('img/env3.jpg', $event)">{{content}}</button>
```

```
</div>
const vm = Vue.createApp({
    methods: {
      show(imgURL, e) {
        this.imgSrc = imgURL;
        const nowBgColor = e.target.style.background;
        e.target.style.background = nowBgColor === 'green' ? '' : 'green';
      }
    }
})).mount('#app');
```

图 8-13　显示图片并将按钮变为绿色

8.2.4　事件修饰符

在事件处理程序中，经常会调用 event.preventDefault()方法或 event.stopPropagation()方法。尽管我们可以在上述两个具体方法中轻松实现这点，但更好的方式是：在方法中只考虑数据逻辑，而不去处理 DOM 事件细节。

为了解决这个问题，Vue 为 v-on 指令提供了事件修饰符，来辅助程序员更方便地控制事件的触发，修饰符是由"."开头的指令后缀来表示的。

语法格式如下：

```
v-on:事件.修饰符
```

常用的事件修饰符如表 8-1 所示。

表 8-1　事件修饰符

事件修饰符	说　　明
.stop	阻止单击事件继续冒泡
.prevent	阻止默认行为(例如：阻止 a 链接的跳转、阻止表单的提交等)
.capture	以捕获模式触发当前的事件处理函数
.self	只有在 event.target 是当前元素自身时触发事件处理函数
.once	绑定的事件只触发一次
.passive	执行默认行为

下面用例 8-9，详细说明每个修饰符的用法。

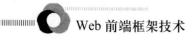

【例 8-9】事件修饰符的使用。具体代码如下。

```
<style>
  .innerBox {
    line-height: 100px;
    background-color: aquamarine;
    font-size: 15px;
    text-align: center;
  }
  .centerBox {
    background-color: azure;
    padding: 50px;
    font-size: 15px;
  }
  .outerBox {
    background-color: brown;
    padding: 50px;
  }
</style>

<div id="app">
  <h4>例 1、.prevent 事件修饰符的应用</h4>
  <a href="http://www.chinaenvironment.com/" @click.prevent="linkClick">环保网
首页</a>
  <hr />

  <h4>例 2、.stop 事件修饰符的应用</h4>
  <div class="outerBox" @click="outerClick">
    外层盒子
    <div class="innerBox" @click.stop="innerClick">内层盒子</div>
  </div>
  <hr />

  <h4>例 3、.capture 事件修饰符的应用</h4>
  <div class="outerBox" @click.capture="outerClick">
    外层盒子
    <div class="innerBox" @click="innerClick">内层盒子</div>
  </div>
  <hr />

  <h4>例 4、.self 事件修饰符的应用</h4>
  <div class="outerBox" @click="outerClick">
    外层盒子
    <div class="centerBox" @click.self="centerClick">
      中间盒子
      <div class="innerBox" @click="innerClick">内层盒子</div>
    </div>
  </div>
  <hr />

  <h4>例 5、.once 事件修饰符的应用</h4>
  <div class="innerBox" @click.once="innerClick">内层盒子</div>
```

```
</div>
<script>
  const vm = Vue.createApp({
    methods: {
      linkClick() {
        alert('阻止了超链接的单击事件')
      },
      outerClick() {
        alert('触发了外层盒子的单击事件');
      },
      centerClick() {
        alert('触发了中间盒子的单击事件');
      },
      innerClick() {
        alert('触发了内层盒子的单击事件');
      }
    }
  }).mount('#app');
</script>
```

以上代码中，在 methods 选项中写了 4 个单击事件的处理方法 linkClick()、outerClick()、centerClick()、innerClick()，将 4 个处理方法绑定到相应的单击事件上。

在例 8-9 中，例 1 将.prevent 事件修饰符应用在<a>标签的单击事件上，当单击超链接时，本应会进行链接跳转的行为就被阻止了，因此只会弹出警告框，而不会进行跳转，效果如图 8-14 所示。

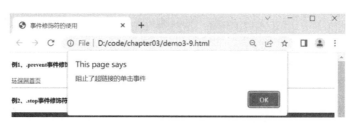

图 8-14　.prevent 事件修饰符的作用效果

例 2 将.stop 事件修饰符应用在内层盒子<div>标签的单击事件上，根据事件的冒泡机制可知，单击内层盒子后先触发内层盒子的事件处理函数，再触发其父元素(外层盒子)绑定的事件处理函数。当我们在内层盒子的单击事件上添加.stop 修饰符，那么这时只触发内层盒子的单击事件，不触发外层盒子的单击事件，效果如图 8-15 所示。

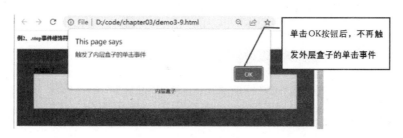

图 8-15　.stop 事件修饰符的作用效果

例 3 将.capture 事件修饰符应用在外层盒子<div>标签的单击事件上，事件捕获模式的事件处理流程与事件冒泡模式相反，单击内层盒子后先触发其父元素(外层盒子)的事件处理函数，再触发其自身(内层盒子)绑定的事件处理函数。如果想让事件的处理模式从默认的冒泡模式切换为捕获模式，只要在外层盒子的单击事件上添加.capture 事件修饰符即可，效果如图 8-16 所示。

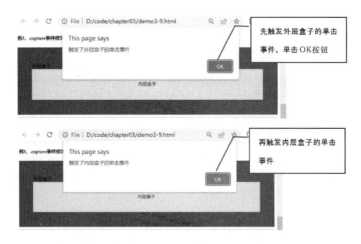

图 8-16   .capture 事件修饰符的作用效果

例 4 将.self 事件修饰符应用在中间盒子<div>标签的单击事件上，表示只有直接作用在中间盒子上的事件才可以被触发，通过事件冒泡和事件捕获的方式是无法触发的。因此在中间盒子上添加了.self 事件修饰符后，单击内层盒子触发事件，这时先触发内层盒子的单击事件，然后跳过中间盒子的单击事件，再触发外层盒子的单击事件，效果如图 8-17 所示。

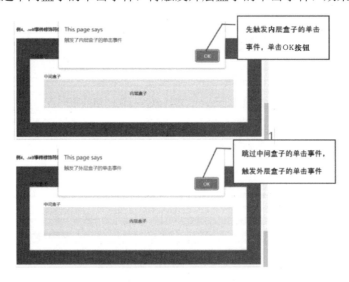

图 8-17   .self 事件修饰符的作用效果

例 5 将.once 事件修饰符应用在内层盒子<div>标签的单击事件上，表示当前事件处理函数只能被触发一次，因此当单击了盒子后，只弹出一次警告框，之后不论再单击多少次，都不会再次触发该盒子的事件处理函数了，效果如图 8-18 所示。

图 8-18　.once 事件修饰符的作用效果

⚠️注意

(1) 事件修饰符可以串联使用，但是使用顺序很重要，相应的代码会以同样的顺序执行。比如，用 @click.prevent.self 会阻止元素本身及其子元素的单击事件的默认行为，而 @click.self.prevent 只会阻止元素自身的单击事件的默认行为。

(2) 不要把.passive 和.prevent 一起使用，因为.prevent 将会被忽略，同时浏览器可能会展示一个警告。切记.passive 会告诉浏览器你不想阻止事件的默认行为。

8.2.5　按键修饰符

在日常的页面交互中，经常会用到以下三种键盘事件：keydown、keyup、keypress，在传统的 JavaScript 程序中，需要监听按键所对应的 keyCode 键码值，通过 keyCode 键码值区分用户按下的按键，从而执行后续的操作。

在 Vue 中提供了一种监听按键事件的新解决方式，对于经常需要使用的特定按键，Vue 允许为 v-on 指令或@指令在监听键盘事件时添加按键修饰符，也就是按键别名，常用的按键别名如下：

```
.enter
.tab
.delete (捕获"删除"和"退格"键)
.esc
.space
.up
.down
.left
.right
```

【例 8-10】使用按键修饰符.enter。具体代码如下：

```
<div id="app">
   <label for="username">请输入用户名: </label>
   <input type="text" id="username" @keyup.enter="showUsername">
</div>
<script>
   const vm = Vue.createApp({
     methods: {
       showUsername(e) {
         alert('当前用户名为: ' + e.target.value);
       }
     }
   }).mount('#app');
</script>
```

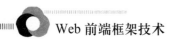

在<input>文本框中输入用户名 admin，然后按下 Enter 键，按键抬起后触发 keyup 事件，执行绑定的 showUsername()方法，弹出提示框"当前用户名为：admin"，效果如图 8-19 所示。

图 8-19　使用按键修饰符.enter

8.2.6　系统修饰键

1. 系统修饰键

Vue 还提供了如下修饰符来实现仅在按下相应按键时才触发鼠标或键盘事件的监听器。

```
.ctrl
.alt
.shift
.meta
```

⚠注意

修饰键与常规按键不同，在和 keyup 事件一起用时，事件触发时修饰键必须处于按下状态。换句话说，只有在按住 Ctrl 键的情况下释放其他按键，才能触发 keyup.ctrl。而单单释放 Ctrl 键不会触发事件。

比如可以将例 8-10 中的事件绑定代码改为如下代码：

```
<input type="text" id="username" @keyup.ctrl.enter="showUsername">
```

那么，在<input>文本框输入内容后，仅按 Enter 键或 Ctrl 键都无法触发 keyup 事件，只有当先按住 Ctrl 键，再按 Enter 键并释放后才能触发。

2. .exact 修饰符

.exact 修饰符的作用是控制精确的系统修键组合触发的事件。

```
<!-- 即使 Alt 键 或 Shift 键 被一同按下时也会触发 -->
<button @click.ctrl="onClick">A</button>

<!--当且仅当 Ctrl 键被按下时才触发 -->
<button @click.ctrl.exact="onCtrlClick">A</button>

<!-- 没有任何系统修饰键被按下的时候才触发 -->
<button @click.exact="onClick">A</button>
```

3. 鼠标按键修饰符

Vue 还提供了鼠标按键的修饰符，以下修饰符会限制事件处理函数仅响应特定的鼠标按键，分别对应鼠标左键、右键和中键。

```
.left
.right
.middle
```

任务实现

环保竞答页面的实现代码如下：

```html
<!DOCTYPE html>
<html lang="en">
<head>
  <meta charset="UTF-8">
  <meta http-equiv="X-UA-Compatible" content="IE=edge">
  <meta name="viewport" content="width=device-width, initial-scale=1.0">
  <title>环保竞答页面</title>
  <style>
    .question {
      line-height: 40px;
      font-size: 18px;
    }
  </style>
  <script src="js/vue-3.2.31.js"></script>
</head>
<body>
  <div id="app">
    <h3>环保竞答</h3>
    <div class="question">
      <label for="energy">下面哪个选项不属于清洁能源?</label>
      <select name="energy" id="energy" @change="checkChoice1">
        <option value="false">--请选择--</option>
        <option value="false">沼气</option>
        <option value="false">太阳能</option>
        <option value="true">煤炭</option>
      </select>
    </div>
    <div class="question">
      <label for="green">创建绿色社区的硬件要求多，以下哪个不是硬件必须的?</label>
      <select name="green" id="green" @change="checkChoice2">
        <option value="false">--请选择--</option>
        <option value="true">建有亭台楼阁</option>
        <option value="false">节水节能设施</option>
        <option value="false">社区绿化</option>
      </select>
    </div>
    <div class="question">
      <label for="sky">您认为以下哪个不是产生雾霾的主要原因?</label>
      <select name="sky" id="sky" @change="checkChoice3">
```

```
        <option value="false">--请选择--</option>
        <option value="false">工业污染</option>
        <option value="false">汽车尾气</option>
        <option value="true">沙尘暴</option>
    </select>
  </div>
  <div class="question">
    回答正确一题获得一颗星,您共获得
    <span>{{star1}}</span>
    <span>{{star2}}</span>
    <span>{{star3}}</span>
    颗星
  </div>
</div>
<script>
  const vm = Vue.createApp({
    data() {
      return {
        star1: '',
        star2: '',
        star3: '',
      }
    },
    methods: {
      checkChoice1(e) {
        return e.target.value == 'true' ? this.star1 = '*': this.star1 = '';
      },
      checkChoice2(e) {
        return e.target.value == 'true' ? this.star2 = '*': this.star2 = '';
      },
      checkChoice3(e) {
        return e.target.value == 'true' ? this.star3 = '*': this.star3 = '';
      }
    }
  }).mount('#app');
</script>
</body>
</html>
```

任务 8.3　Vue 双向绑定指令

任务描述

　　本任务将完成环保卫士注册页面,获取用户填写的注册信息,并以字符串的形式显示到控制台上,页面效果如图 8-20 所示。

图 8-20　环保卫士注册页面效果图

任务分析

完成环保卫士注册页面需要以下几个步骤。

(1) 使用<form>元素和表格布局完成静态页面设计。

(2) 创建 Vue 实例。

(3) 编写 data 选项，初始化 user 数据属性。

(4) 在每个表单元素内添加 v-model 指令与 user 数据属性中的每个数据进行绑定。

(5) 编写 methods 选项，编写事件处理函数 register()，在<form>元素上通过@指令绑定 submit 事件。

知识准备

在前面的内容中，无论是插值表达式，还是 v-html 指令，对于数据的交互都是单向绑定，即更新 Model 中的数据时，Vue 实例会帮我们更新页面中 DOM 元素，而无法通过页面中改变的 DOM 元素值更新 Model 中的数据。本任务将主要介绍 v-model 指令，使用该指令实现数据的双向绑定，真正实现 MVVM 模式。

8.3.1　表单双向绑定基础用法

在 Vue 中可以用 v-model 指令在表单<input>、<textarea> 及 <select> 元素上创建双向数据绑定，它会根据控件类型自动选取正确的方法来更新元素。尽管有些神奇，但 v-model 指令本质上不过是语法糖。它负责监听用户的输入事件来更新数据，并在某种极端场景下进行一些特殊处理。

> ⚠️**注意**
>
> v-model 指令会忽略所有表单元素的 value、checked、selected 属性的初始值。它始终将当前活动实例的数据作为数据来源，应该通过 JavaScript 语句在组件的 data 选项中声明初始值。

之所以能够通过表单输入内容动态地更新 Model 中的数据，是因为 v-model 指令在内部为不同的输入元素使用不同的属性并抛出不同的事件，举例如下。

(1) <text>和<textarea>元素使用 value 属性和 input 事件。

(2) <checkbox>和<radio>元素使用 checked 属性和 change 事件。

(3) <select>元素使用 value 属性和 change 事件。

⚠️注意

对于需要使用输入法(如中文、日文、韩文等)输入的语言，会发现 v-model 指令不会在输入法组织文字过程中实时更新。如果想响应这些更新，那么要使用 input 事件监听器和 value 绑定来替代 v-model 指令绑定事件。

1. 单行文本输入框

下面通过例 8-11 演示常见的单行文本输入框数据的双向绑定。

【例 8-11】单行文本输入框数据的双向绑定。具体代码如下：

```
<div id="app">
   <p>用户名: {{username}}</p>
   <input type="text" v-model="username">
   <p>密码: {{password}}</p>
   <input type="password" v-model="password">
</div>
<script>
   const vm = Vue.createApp({
     data(){
     return {
        // 初始用户名
        username : 'admin',
        // 初始密码
        password : '123456'
     }
    }
   }).mount('#app');
</script>
```

在单行文本输入框<input>元素中添加 v-model 指令，绑定用户名和密码的数据，当在文本输入框中改变用户名和密码时，相应显示在<p>标签中的数据也随之改变。从 Vue Devtools 开发工具中也可以随时监测到数据的改变，如图 8-21 所示。

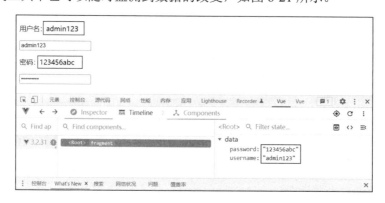

图 8-21　单行文本输入框数据的双向绑定

2. 多行文本输入框

下面用例 8-12 演示多行文本输入框数据的双向绑定。

【例 8-12】多行文本输入框数据的双向绑定。具体代码如下：

```
<div id="app">
    <p>垃圾分类小 Tip: {{tip}}</p>
    <textarea cols="30" rows="3" v-model="tip"></textarea>
</div>
<script>
    const vm = Vue.createApp({
      data() {
        return {
          // 初始 tip
          tip: '今天分一分'
        }
      }
    }).mount('#app');
</script>
```

在多行文本输入框<textarea>元素中添加 v-model 指令，绑定 tip 数据，当在文本输入框中改变内容时，<p>标签中的数据也随之改变，如图 8-22 所示。

图 8-22　多行文本输入框数据的双向绑定

3. 复选框

复选框在做数据绑定时，分两种情况：单复选框绑定和多复选框绑定。

单复选框绑定时，绑定的是布尔值，选中状态值为 true，未选中状态值为 false；多复选框绑定时，绑定到同一个数组，被选中的复选框的值添加到数组中。

下面用例 8-13 演示单复选框绑定和多复选框绑定的区别。

【例 8-13】复选框的数据绑定。具体代码如下：

```
<div id="app">
    <p>
      <input type="checkbox" id="agreement" v-model="isAgree">
      <label for="agreement">同意环保协议{{isAgree}}</label>
    </p>
    <p id="v-model-multiple-checkboxes">
      选择需要践行的环保行动：
```

```
    <input type="checkbox" value="绿色消费" v-model="checkedNames" />
    <label for="consume">绿色消费</label>
    <input type="checkbox" value="绿色出行" v-model="checkedNames" />
    <label for="travel">绿色出行</label>
    <input type="checkbox" value="绿色生活" v-model="checkedNames" />
    <label for="life">绿色生活</label>
    <br />
  </p>
  <span>您践行的环保行动：{{ checkedNames }}</span>
</div>
<script>
  const vm = Vue.createApp({
    data() {
      return {
        isAgree: false,
        checkedNames: []
      }
    }
  }).mount('#app');
</script>
```

选中复选框前，单复选框的数据内容是 false，多复选框绑定的数组是空的，如图 8-23 所示。当选中复选框后，单复选框的数据内容是 true，多复选框绑定的数据内容变为了数组 ["绿色消费","绿色出行"]，如图 8-24 所示。

图 8-23　选中复选框前的显示效果　　　　图 8-24　选中复选框后的显示效果

4. 单选按钮

单选按钮绑定数据时，绑定到单选按钮的 value 值，可以获得被选中的单选按钮的值。下面用例 8-14 演示单选按钮数据的双向绑定。

【例 8-14】单选按钮数据的双向绑定。具体代码如下：

```
<div id="app">
  <p>您是否参加过环保相关的活动？</p>
  <input type="radio" id="yes" value="是" v-model="picked" />
  <label for="yes">是</label>
  <br />
  <input type="radio" id="no" value="否" v-model="picked" />
  <label for="no">否</label>
  <br />
  <span>您选择的是{{ picked }}</span>
</div>
<script>
  const vm = Vue.createApp({
```

```
    data() {
      return {
        picked: ''
      }
    }
  }).mount('#app')
</script>
```

选中值为"是"的单选按钮，picked 的数据为
"是"，选中值为"否"的单选按钮，picked 的数
据为"否"，如图 8-25 所示。

5. 选择框

对于 select 标签的选择框(在界面中一般称为列
表框)，在做数据绑定时，分两种情况：单选和多选。

图 8-25　单选框数据的双向绑定

单选时，绑定的是被选中选项的值(即<option>元素的 value)；多选时(即给<select>元素
添加 multiple 属性)，绑定到同一个数组，被选中选项的值添加到数组中。

下面用例 8-15 演示选择框单选和多选的区别。

【例 8-15】选择框单选和多选的区别。具体代码如下：

```
<div id="app">
    <h3>大学生环保知识竞赛</h3>
    <span>酸雨是指 pH 值低于(    )的大气降水？</span>
    <select v-model="oneSelected">
      <option disabled value="">--请选择--</option>
      <option>3.6</option>
      <option>5.6</option>
      <option>7</option>
    </select>
    <p>您的选择是：{{ oneSelected }}</p>
    <span>我国目前环境检测的对象有哪些？</span>
    <select v-model="twoSelected" multiple>
      <option>大气</option>
      <option>水体</option>
      <option>土壤</option>
    </select>
    <br />
    <p>您的选择是：{{ twoSelected }}</p>
</div>
<script>
    const vm = Vue.createApp({
      data() {
        return {
          oneSelected: '',
          twoSelected: ''
        }
      }
    }).mount('#app');
</script>
```

当选择框为单选时，选中 5.6 的选项，oneSelected 的数据值为 5.6；当选择框为多选时，选中的多个值，以数组的形式保存到了 twoSelected 数组中，如图 8-26 所示。

图 8-26　选择框数据的绑定

8.3.2　值绑定

对于单选按钮、复选框及选择框的选项，v-model 指令绑定的值通常是静态字符串，也就是被选中项的值(对于复选框也可以是布尔值)。但有时也会有需要改变绑定规则的情况，可能会把值绑定到当前活动实例的一个动态属性上，这时可以用 v-bind 指令实现，此外，使用 v-bind 指令可以将输入值绑定到非字符串。

1. 复选框数值的绑定

比如将例 8-13 中的复选框对应的代码做如下修改：

```
<input type="checkbox" id="agreement" v-model="isAgree" true-value="yes"
false-value="no">
<label for="agreement"> 同意环保协议{{isAgree}} </label>
```

当选中时：

```
vm.isAgree === 'yes'
```

当未选中时：

```
vm.isAgree === 'no'
```

⚠️注意

这里的 true-value 和 false-value 属性并不会影响输入控件的 value 属性，因为浏览器在提交表单时并不会包含未被选中的复选框。如果要确保表单中这两个值中的一个能够被提交，(即 yes 或 no)，请换用单选按钮。

2. 单选按钮数值的绑定

单选按钮被选中时，绑定的数据被设置为该单选按钮的 value 值，可以使用 v-bind 指令将<input>元素的 value 属性再绑定到另一个数据属性上，这样选中后的值就是 value 属性绑定的数据属性的值。

比如将例 8-14 中的代码做如下修改：

```
<div id="app">
    <p>您是否参加过环保相关的活动？</p>
    <input type="radio" id="yes" v-model="picked" :value="data[0]"/>
    <label for="one">是</label>
    <br />
    <input type="radio" id="no" v-model="picked" :value="data[1]"/>
    <label for="two">否</label>
    <br />
    <span>您选择的是：{{ picked }}</span>
```

```
</div>
<script>
  const vm = Vue.createApp({
    data() {
      return {
        picked: '',
        data:['参加过','未参加过']
      }
    }
  }).mount('#app')
</script>
```

当选中"是"时，picked 的值为"参加过"；当选中"否"时，picked 的值为"未参加过"。

3. 选择框数值的绑定

选择框被选中时，绑定的数据是被选中选项的值(即<option>元素的 value)，也可以使用 v-bind 指令将<option>元素的 value 属性再绑定到另一个数据属性上，这样选中后的值就是 value 属性绑定的数据属性的值。

比如将例 8-15 中的代码做如下修改：

```
<select v-model="oneSelected">
    <option disabled value="">--请选择--</option>
    <option :value="{pH:3.6}">3.6</option>
    <option :value="{pH:5.6}">5.6</option>
    <option :value="{pH:7}">7</option>
</select>
<p>您的选择是: {{ oneSelected }}</p>
```

当选中值为 5.6 的选项后，oneSelected 的值为"{pH:5.6}"，oneSelected 的数据类型为 Object。

8.3.3　修饰符

v-model 指令还有 3 个常用的修饰符，.lazy、.number 和.trim，下面对它们分别介绍。

1. .lazy 修饰符

默认情况下，v-model 指令在每次 input 事件触发后将输入框的值与数据进行同步 (除了上述输入法组织文字时)。可以添加.lazy 修饰符，从而转为在 change 事件触发之后进行同步：

```
<!-- 在 change 事件触发后而非 input 事件触发后更新 -->
<input v-model.lazy="msg" />
```

2. .number 修饰符

如果想自动将用户的输入值转为数字类型，可以给 v-model 指令添加.number 修饰符：

```
<input v-model.number="age" type="text" />
```

当输入框 type 类型为 text 时通常很有用。如果输入类型是 number，Vue 能够自动将原始字符串转换为数字类型，无须为 v-model 指令添加 .number 修饰符。如果这个值无法被 parseFloat()解析，则返回原始的值。

3. .trim 修饰符

如果要自动过滤用户输入的首尾空白字符，可以给 v-model 指令添加.trim 修饰符：

```
<input v-model.trim="msg" />
```

任务实现

环保卫士注册页面的实现代码如下：

```html
<!DOCTYPE html>
<html lang="en">
<head>
  <meta charset="UTF-8">
  <meta http-equiv="X-UA-Compatible" content="IE=edge">
  <meta name="viewport" content="width=device-width, initial-scale=1.0">
  <title>环保卫士注册页面</title>
  <script src="js/vue-3.2.31.js"></script>
</head>
<body>
  <div id="app">
    <form @submit.prevent="register">
      <table>
        <tr>
          <td>用户名：</td>
          <td><input type="text" v-model="user.userName"></td>
        </tr>
        <tr>
          <td>密码：</td>
          <td><input type="password" v-model="user.passwd"></td>
        </tr>
        <tr>
          <td>性别：</td>
          <td>
            <input type="radio" id="male" v-model="user.gender" value="男">
              <label for="male">男</label>
            <input type="radio" id="female" v-model="user.gender" value="女">
              <label for="female">女</label>
          </td>
        </tr>
        <tr>
          <td>绿色践行：</td>
          <td>
            <input type="checkbox" value="绿色消费" v-model="user.action" />
            <label for="consume">绿色消费</label>
            <input type="checkbox" value="绿色出行" v-model="user.action" />
            <label for="travel">绿色出行</label>
```

```
        <input type="checkbox" value="绿色生活" v-model="user.action" />
        <label for="life">绿色生活</label>
      </td>
    </tr>
    <tr>
      <td>居住城市: </td>
      <td>
        <select v-model="user.city">
          <option disabled value="">--请选择--</option>
          <option>呼和浩特</option>
          <option>包头</option>
          <option>呼伦贝尔</option>
        </select>
      </td>
    </tr>
    <tr>
      <td>个人简介: </td>
      <td><textarea cols="30" rows="3" v-model="user.introduce"></textarea></td>
    </tr>
    <tr>
      <td><input type="submit" value="注册"></td>
      <td></td>
    </tr>
  </table>
 </form>
</div>
<script>
 const vm = Vue.createApp({
   data() {
     return {
       user: {
         userName: '',
         passwd: '',
         gender: '',
         action: [],
         city: '',
         introduce: ''
       }
     }
   },
   methods: {
     register(event) {
       console.log(JSON.stringify(this.user));
     }
   }
 }).mount('#app');
</script>
</body>
</html>
```

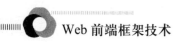

任务 8.4　Vue 条件渲染指令

📖 任务描述

本任务将完成环保网登录页面，当用户输入用户名和密码后，单击"登录"按钮，会显示"某某用户，欢迎您！"，效果如图 8-27 所示。

图 8-27　环保网登录前后页面效果图

✏️ 任务分析

完成环保网登录页面需要以下几个步骤。

(1) 使用<template>、<form>元素完成静态页面设计。

(2) 创建 Vue 实例。

(3) 编写 data 选项，初始化数据属性。

(4) 在表单元素内添加 v-model 指令进行数据绑定。

(5) 编写 methods 选项，编写事件处理函数 flag()，在<form>元素上通过@指令绑定 click 事件。

(6) 添加 v-if、v-else 指令控制页面显示内容。

🗂️ 知识准备

本任务中主要学习条件渲染指令，常用的条件渲染指令有 v-if 和 v-show，是用来辅助开发者按需控制 DOM 元素的显示与隐藏。

8.4.1　v-if/v-else/v-else-if 指令

v-if 指令用于条件性地渲染一块内容，当指令的表达式返回真值的时候渲染这个元素。比如下面代码，当 awesome 的值为真时会显示"Vue is awesome!"内容。

```
<h1 v-if="awesome">Vue is awesome!</h1>
```

也可以使用 v-else 添加一个"else 块"，用法类似于 JavaScript 中的 if...else...语句，如下面代码：

```
<h1 v-if="awesome">Vue is awesome!</h1>
<h1 v-else>Oh no 😢</h1>
```

【例 8-16】使用 v-if 指令。具体代码如下：

```
<div id="app">
    <button @click="isLogin = !isLogin">登录</button>
```

```
  <h5 v-if="isLogin">尊敬的会员，欢迎回到环保卫士网！</h5>
  <h5 v-else>尊敬的访客，请您登录！</h5>
</div>
<script>
  const vm = Vue.createApp({
    data() {
      return {
        isLogin: false
      }
    }
  }).mount('#app');
</script>
```

isLogin 的初始值为 false，显示"尊敬的访客，请您登录！"，如图 8-28 所示；当用户单击"登录"按钮后，isLogin 的值变为 true，显示"尊敬的会员，欢迎回到环保卫士网！"，如图 8-29 所示。

图 8-28　单击"登录"按钮前的效果

图 8-29　单击"登录"按钮后的效果

由于 v-if 是一个指令，所以必须将它添加到一个元素上。但是如果想一次性切换多个元素，这时可以使用<template>元素作为一种不可见的包裹元素，将其他想要切换的元素包裹在内，并在<template>元素上使用 v-if 指令，下面用例 8-17 演示效果。

【例 8-17】使用<template> 元素完成条件渲染。具体代码如下：

```
<div id="app">
  <template v-if="!isReg">
    <h3>环保卫士注册</h3>
    <label for="user">用户名: </label>
    <input type="text" id="user">
    <label for="password">密码: </label>
    <input type="password" id="password">
```

```
    </template>
</div>
<script>
  const vm = Vue.createApp({
    data() {
      return {
        isReg: false
      }
    }
  }).mount('#app');
</script>
```

!isReg 值为真时，<template>元素中的所有内容全部进行渲染，如图 8-30 所示。

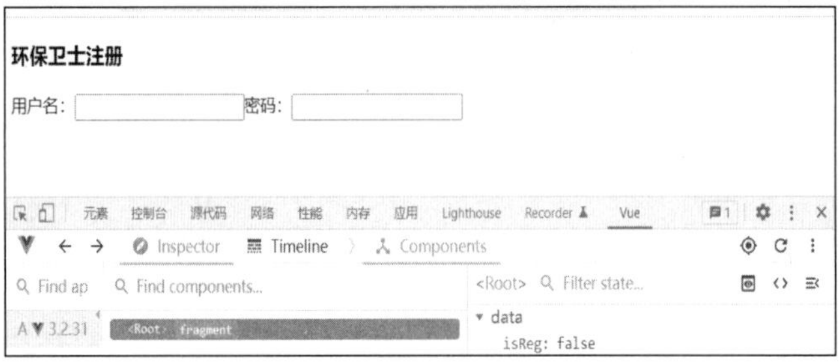

图 8-30　使用<template> 元素完成条件渲染

如果有多分支的需求，可以使用 v-else-if 指令，顾名思义，充当 v-if 的 "else-if 块"，并且可以连续使用，用法类似于 JavaScript 中的 if...elseif...语句。当然 v-else 也可以跟在 v-else-if 后，用法类似于 JavaScript 中的 if...elseif...else...语句。

【例 8-18】使用 v-else-if 指令。具体代码如下：

```
<div id="app">
    <h3>
    您的环保星级为：
    <span v-if="starNum>=10">环保钻石</span>
    <span v-else-if="starNum>=8">环保金星</span>
    <span v-else-if="starNum>=5">环保银星</span>
    <span v-else>环保铜星</span>
    </h3>
</div>
<script>
  const vm = Vue.createApp({
    data() {
      return {
        starNum: 8
      }
    }
  }).mount('#app');
</script>
```

starNum 的值为 8，符合条件 "starNum>=8"，因此环保星级为 "环保金星"，如图 8-31 所示。

图 8-31　使用 v-else-if 指令的实例运行结果

⚠️注意

(1) 带 v-else 指令的元素必须紧跟在带 v-if 指令或者 v-else-if 指令的元素的后面,否则它将不会被识别。

(2) 与 v-else 指令的用法类似,带 v-else-if 指令的元素也必须紧跟在带 v-if 指令或者 v-else-if 指令的元素之后。

8.4.2　v-show 指令

另一个用于条件性地展示元素的是 v-show 指令。根据指令中表达式值的真假,切换元素的 display CSS 属性,来达到显示或隐藏元素的目的。当条件变化时,会自动触发过渡效果。

比如把例 8-16 的代码做如下修改:

```
<div id="app">
    <button @click="isLogin = !isLogin">登录</button>
    <h5 v-show="isLogin">尊敬的会员,欢迎回到环保卫士网!</h5>
    <h5 v-show="!isLogin">尊敬的访客,请您登录!</h5>
</div>
```

isLogin 初始值为 false,表达式!isLogin 的值为 true,对应元素正常显示,而表达式 isLogin 的值为 false,则设置该对应元素样式为 display: none,该元素隐藏;当单击“登录”按钮后,表达式!isLogin 的值为 false,该对应元素隐藏,而表达式 isLogin 的值为 true,对应元素显示出来。渲染效果与图 8-28、图 8-29 一致。

⚠️注意

v-show 指令不支持<template>元素,也不支持 v-else 指令。

8.4.3　v-if 指令和 v-show 指令的区别

v-if 和 v-show 都可以控制 DOM 元素的显示与隐藏,但这两种指令在实现原理和性能消耗方面都有很大的区别,总结如下。

v-if 指令:

(1) v-if 指令是动态地创建或移除 DOM 元素,是真正的条件渲染,因为它会确保在元素切换过程中,条件块内的事件监听器和子组件适当地被销毁和重建。

(2) v-if 指令也是惰性的,如果在初始渲染时条件为假,则什么也不做,直到条件第一次变为真时,才会开始渲染条件块。

(3) v-if 指令有更高的切换开销,因此在运行时条件很少改变的情况下,使用 v-if 指令较好。

v-show 指令：

(1) v-show 指令会动态地为元素添加或移除样式属性 display: none，v-show 指令不管初始条件是什么，总是会渲染元素，并且只是简单地基于 CSS 样式进行切换。

(2) v-show 指令有更高的初始渲染开销，因此如果需要非常频繁的切换，则使用 v-show 指令较好。

任务实现

环保网登录页面的实现代码如下：

```html
<!DOCTYPE html>
<html lang="en">
<head>
  <meta charset="UTF-8">
  <meta http-equiv="X-UA-Compatible" content="IE=edge">
  <meta name="viewport" content="width=device-width, initial-scale=1.0">
  <title>环保网登录页面</title>
  <script src="js/vue-3.2.31.js"></script>
</head>
<body>
  <div id="app">
    <template v-if="isReg == false">
      <h3>环保网欢迎您，请登录！</h3>
      <label>用户名：</label>
      <input type="text" v-model="userName">
      <label>密码：</label>
      <input type="password" v-model="password">
      <input type="button" value="登录" @click="flag">
    </template>
    <template v-else="isReg == true">
      <h3>{{userName}}，欢迎您！</h3>
    </template>
  </div>
  <script>
    const vm = Vue.createApp({
      data() {
        return {
          isReg: false,
          userName: '',
          password: ''
        }
      },
      methods: {
        flag() {
          return this.isReg = !this.isReg;
        }
      }
    }).mount('#app');
  </script>
</body>
</html>
```

任务 8.5　Vue 列表渲染指令

任务描述

本任务将完成环保网留言板页面，在本页面显示用户的留言，通过单击按钮实现留言的收藏和取消收藏，页面效果如图 8-32 所示。

图 8-32　环保网留言板页面效果图

任务分析

完成环保网留言板页面需要以下几个步骤。

(1) 完成静态页面设计。

(2) 创建 Vue 实例。

(3) 编写 data 选项，初始化 users 数据属性。

(4) 使用 v-for 指令实现留言板内容的显示，使用 v-if 指令实现收藏、取消收藏功能。

(5) 编写 methods 选项，编写事件处理函数 flag()，通过@指令绑定 click 事件。

知识准备

本任务中主要学习列表渲染指令，包括如何使用 v-for 指令渲染列表、遍历数组、遍历对象、更新数组等内容。

8.5.1　使用 v-for 指令遍历数组

v-for 指令需要使用 item in items 形式的特殊语法，其中 items 是源数据数组，而 item 则是被迭代的数组元素的别名，语法格式如下：

```
<li v-for="item in items">
    {{ item }}
</li>
```

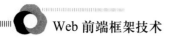

v-for 指令基于一个数组可以渲染一个列表，如例 8-19 所示。

【例 8-19】使用 v-for 指令遍历数组渲染列表。具体代码如下：

```html
<div id="app">
   <h3>环保卫士信息</h3>
   <ul>
     <li v-for="item in users">
       {{item.userName}},{{item.gender}},{{item.starNum}}
     </li>
   </ul>
</div>
<script>
   const vm = Vue.createApp({
     data() {
       return {
         users: [
           { "userName": '张小波', gender: '男', starNum: '环保金星' },
           { "userName": '李小明', gender: '男', starNum: '环保铜星' },
           { "userName": '王小红', gender: '女', starNum: '环保银星' }
         ]
       }
     }
   }).mount('#app');
</script>
```

运行程序后，打开控制台查看"元素"选项卡，结果如图 8-33 所示。

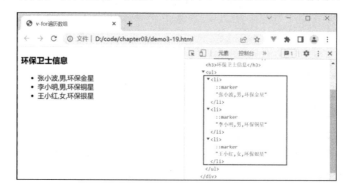

图 8-33　使用 v-for 指令遍历数组渲染列表的结果

在 v-for 指令中，我们可以访问所有父作用域的属性。v-for 指令还支持可选的第二个参数，即当前项的索引。比如修改例 8-19 的代码如下：

```html
<div id="app">
   <h3>环保卫士信息</h3>
   <ul>
     <li v-for="(item,index) in users">
       {{index}}:{{item.userName}},{{item.gender}},{{item.starNum}}
     </li>
   </ul>
</div>
```

在 v-for 指令表达式中添加 index 参数，渲染结果如图 8-34 所示。

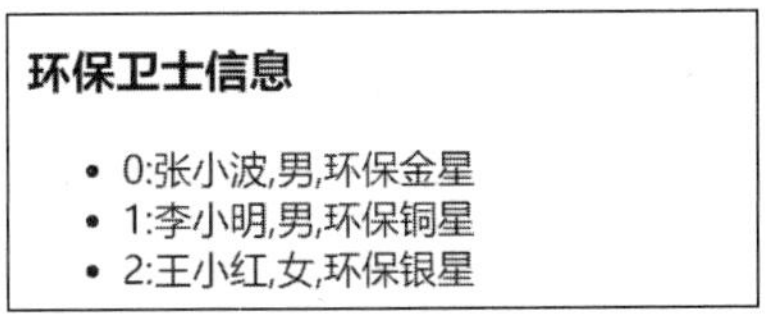

环保卫士信息

- 0:张小波,男,环保金星
- 1:李小明,男,环保铜星
- 2:王小红,女,环保银星

图 8-34　使用 v-for 指令添加第二个参数的结果

8.5.2　使用 v-for 指令遍历对象

v-for 指令还可以用来遍历对象的属性。遍历对象的语法跟遍历数组的语法一样,如下:

```
<li v-for="value in object">
   {{ value }}
</li>
```

其中,value 是被迭代的对象属性的别名,object 是被迭代的对象。

【例 8-20】使用 v-for 指令遍历对象。具体代码如下:

```
<div id="app">
   <h3>垃圾分类</h3>
   <ul>
     <li v-for="value in wastes">
       {{value}}
     </li>
   </ul>
</div>
<script>
   const vm = Vue.createApp({
     data() {
       return {
         wastes: {
           kitchenWaste: '厨余垃圾',
           recycleWaste: '可回收垃圾',
           harmfulWaste: '有害垃圾',
           otherWaste: '其他垃圾'
         }
       }
     }
   }).mount('#app');
</script>
```

渲染效果如图 8-35 所示。

使用 v-for 指令遍历对象时也可以添加第二个参数键名 key,来获取对象属性名称,也可以添加第三个参数 index,来获取当前项的索引。

比如修改例 8-20 的代码如下:

```
<ul>
   <li v-for="(value,key,index) in wastes">
     {{index}}--{{key}}--{{value}}
   </li>
</ul>
```

渲染效果如图 8-36 所示。

图 8-35　使用 v-for 指令遍历对象的渲染效果　　图 8-36　使用 v-for 指令遍历对象时添加第二个参数、

第三个参数的渲染效果

8.5.3　使用 v-for 指令遍历整数

使用 v-for 指令也可以遍历整数，在这种情况下，它会把模板重复渲染对应次数。

【例 8-21】使用 v-for 指令遍历整数。具体代码如下：

```
<div id="app">
    <h3>输出 1-10</h3>
    <span v-for="n in 10">{{ n }}</span>
</div>
<script>
    const vm = Vue.createApp({}).mount('#app');
</script>
```

其中，n 对应 10 以内范围的整数，渲染效果如图 8-37 所示。

图 8-37　使用 v-for 指令遍历整数的渲染效果

8.5.4　数组更新检测

1. 变更方法

Vue 是基于 MVVM 模式的双向数据绑定，为了能够实时检测数组中元素的变化，并将变化及时更新到视图中，Vue 将被侦听的数组的变更方法进行了包裹，所以它们也将会触发视图更新。这些被包裹过的方法包括：push()、pop()、shift()、unshift()、splice()、sort()、reverse()。

比如在浏览器打开例 8-19 对应的页面，在"控制台"选项卡中输入下面的语句：

```
vm.users.push({userName:'赵小梅',gender:'女',starNum:'环保钻石'})
```

这时，就通过 push() 方法给原有数组添加了一个数组元素，并且实时更新显示到页面上，如图 8-38 所示。

图 8-38 更新数组中的数组元素并更新视图

变更方法,顾名思义,会变更调用了这些方法的原始数组。打开 Vue 调试工具,会发现原始数组被改变了,数组长度变为了 4,如图 8-39 所示。

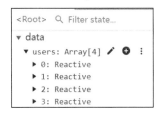

图 8-39 改变了原始数组

2. 更新方法

如果不想改变原始数组,可以使用非变更方法,即更新方法,例如 filter()、concat()和 slice()。它们不会改变原始数组,而总是返回一个新数组。当使用非变更方法时,如果想要同步更新页面视图,需要用新数组替换旧数组。

比如我们继续在例 8-19 对应页面的"控制台"选项卡中输入下面语句:

```
vm.users = vm.users.concat([{userName:'刘小跳',gender:'男',starNum:'环保金星'}])
```

渲染结果如图 8-40 所示。

图 8-40 使用新数组替换旧数组同步更新视图

在这个过程中,可能会认为这将导致 Vue 丢弃现有 DOM 元素并重新渲染整个列表。但事实上 Vue 为了使得 DOM 元素得到最大范围的重用而实现了一些智能的启发式方法,所以在替换的数组中,含有相同元素的项不会被重新渲染,因此是非常高效的操作。

8.5.5 key 属性

当 Vue 正在更新使用 v-for 指令渲染的元素列表时,它默认使用就地更新的策略。如果数据项的顺序被改变,Vue 将不会移动 DOM 元素来匹配数据项的顺序,而是就地更新每个元素,并且确保它们在每个索引位置被正确渲染。

如例 8-22 所示。

【例 8-22】不使用 key 属性的情况。具体代码如下:

```html
<div id="app">
   <form @submit.prevent="add">
     <table>
      <tr>
        <td>用户名: </td>
        <td><input type="text" v-model="userName"></td>
```

```
    </tr>
      <tr>
       <td>性别: </td>
       <td>
         <input type="radio" id="male" v-model="gender" value="男"><label
for="male">男</label>
         <input type="radio" id="female" v-model="gender" value="女"><label
for="female">女</label>
       </td>
      </tr>
      <tr>
       <td>星级: </td>
       <td><input type="text" v-model="starNum"></td>
      </tr>
      <tr>
       <td><input type="submit" value="注册"></td>
       <td></td>
      </tr>
    </table>
  </form>
  <h3>环保卫士信息</h3>
  <p v-for="(item,index) in users">
    <input type="checkbox">
    用户名: {{item.userName}}, 性别: {{item.gender}}, 用户星级: {{item.starNum}}
  </p>
</div>
<script>
  const vm = Vue.createApp({
    data() {
      return {
        users: [
          { "userName": '张小波', gender: '男', starNum: '环保金星' },
          { "userName": '李小明', gender: '男', starNum: '环保铜星' },
          { "userName": '王小红', gender: '女', starNum: '环保银星' }
        ]
      }
    },
    methods: {
      add() {
        this.users.unshift({
          userName: this.userName,
          gender: this.gender,
          starNum: this.starNum
        })
      }
    }
  }).mount('#app');
</script>
```

在页面内先选中第一个用户"张小波", 当输入新用户"赵小梅"的信息后, 单击"注册"按钮, 调用 add()方法, 使用数组方法 unshift()向数组的开头位置添加一个新数组元素,页面中也相应显示，但是发现之前选中的"张小波"这条信息变成了选中"赵小梅"这条信息，如图 8-41 所示。

很显然这并不是我们想要的结果，产生这个结果的原因就是 v-for 指令的就地更新策略。当数组中添加了新元素后，虽然数组长度增加，但新元素的下标变成了 0，而之前选中项的下标变为了 1，这时指令只记得当时选中项的下标是 0，所以将新数组中下标为 0 的新元素变成了选中状态。

为了给 Vue 一个提示，以便它能跟踪每个节点的身份，从而重用和重新排序现有元素，就需要为每项提供一个唯一的 key 属性。

比如修改例 8-22 的代码如下：

```
<p v-for="(item,index) in users" :key="item.userName">
    <input type="checkbox">
    用户名：{{item.userName}}，性别：{{item.gender}}，用户星级：{{item.starNum}}
</p>
```

这时，在页面更新用户信息时，选中项也仍然是正确的，如图 8-42 所示。

图 8-41　不使用 key 属性的显示效果

图 8-42　使用 key 属性的显示效果

8.5.6　在 \<template\> 中使用 v-for 指令

类似于 v-if 指令，也可以利用带有 v-for 指令的 \<template\> 来循环渲染一段包含多个元素的内容。比如：

```
<ul>
  <template v-for="item in items" :key="item.msg">
    <li>{{ item.msg }}</li>
    <li class="divider" role="presentation"></li>
  </template>
</ul>
```

8.5.7 v-for 指令与 v-if 指令一同使用

多数情况下，不推荐在同一元素上一同使用 v-if 指令和 v-for 指令。如果出现这种情况，当它们处于同一节点时，由于 v-if 指令的优先级比 v-for 指令更高，因此 v-if 指令将没有权限访问 v-for 指令里的变量。比如下面这段代码：

```
<li v-for="item in items" v-if="! item.isComplete">
  {{ item.name }}
</li>
```

这时会出现错误，因为 item 属性此时没有在实例中定义。

想要解决这个问题，一般通过把 v-for 指令移动到外层<template>标签中，比如下面这段代码：

```
<template v-for="item in items" :key="item.name">
  <li v-if="!item.isComplete">
    {{ item.name }}
  </li>
</template>
```

任务实现

环保网留言板页面的实现代码如下：

```
<!DOCTYPE html>
<html lang="en">
<head>
  <meta charset="UTF-8">
  <meta http-equiv="X-UA-Compatible" content="IE=edge">
  <meta name="viewport" content="width=device-width, initial-scale=1.0">
  <title>环保网留言板页面</title>
  <style>
    .msg {
      width: 500px;
      height: 150px;
      margin: 10px auto;
      background: #cfa;
      border: 1px solid #000;
      border-radius: 5px;
      text-align: center;
    }
  </style>
  <script src="js/vue-3.2.31.js"></script>
</head>
<body>
  <div id="app">
    <template v-for="user in users" :key="user.name">
      <div class="msg">
        <h3>{{user.userName}}</h3>
        <p>{{user.userMsg}}</p>
```

```
      <button v-if="user.isflag == false" @click="flag(user)">收藏</button>
      <button v-if="user.isflag == true" @click="flag(user)">*取消收藏</button>
    </div>
  </template>
</div>
<script>
  const vm = Vue.createApp({
    data() {
      return {
        users: [
          { "userName": '张小波', userMsg: '当绿色褪去，就意味着人类走向命运的低谷。',
isflag: false },
          { "userName": '李小明', userMsg: '打造生态家园，建设环保社会。', isflag:
false },
          { "userName": '王小红', userMsg: '文明贵在一言一行,环保重在一点一滴。', isflag:
false }
        ]
      }
    },
    methods: {
      flag(user) {
        return user.isflag = !user.isflag;
      }
    }
  }).mount('#app');
</script>
</body>
</html>
```

本 章 小 结

本章介绍了 Vue 的常用指令，讲解了样式绑定指令、事件绑定指令、双向绑定指令、条件渲染指令和列表渲染指令的详细用法，并通过几个具体实例让读者有更好的理解。下面对本章内容做一个小结。

(1) 在 Vue 中，通过 v-bind 指令设置样式，只需要通过表达式计算出字符串结果即可，表达式的结果可以是字符串还可以是对象或数组。

(2) 在 Vue 中，通过 v-on 指令或"@"符号绑定 Vue 事件，从而监听 DOM 事件、调用事件处理方法。在事件处理方法的形参中可以接收事件对象 event，从而控制事件对象，也可以为事件添加修饰符，来辅助程序员更方便地控制事件的触发。

(3) 在 Vue 中，v-model 指令用于在表单<input>、<textarea> 及 <select> 元素上创建双向数据绑定，实现真正的 MVVM 模式。

(4) 在 Vue 中，通过 v-if 指令和 v-show 指令，辅助开发者按需控制 DOM 元素的显示与隐藏。

(5) 在 Vue 中，通过 v-for 指令可以进行渲染列表、遍历数组、遍历对象、数组更新等内容。

自 测 题

一、单选题

1. 下列选项中，可以实现绑定事件的指令是(　　)。
   A. v-show　　　　B. v-on　　　　C. v-html　　　　D. v-text
2. 下列选项中，可以实现阻止事件冒泡行为的是(　　)。
   A. .self　　　　B. .capture　　　　C. .prevent　　　　D. .stop
3. 通过传给 v-bind:class 一个对象，用于(　　)。
   A. 动态地切换 class　　　　　　B. 生成一个 class
   C. 静态地改变一个 class　　　　D. 以上都是
4. 与对象语法一样，数组语法也可以使用(　　)方法。
   A. data　　　　B. computed　　　　C. methods　　　　D. 以上都对
5. 使用 v-bind:style 可以给元素绑定(　　)。
   A. 内联样式　　　B. 数组数据　　　C. 外联样式　　　D. 以上都对
6. v-model 指令的修饰符中可以自动过滤用户输入的首尾空白字符的是(　　)。
   A. .lazy　　　　B. .number　　　　C. .trim　　　　D. length
7. 下列选项中，可以实现插入内容的指令是(　　)。
   A. v-show　　　　B. v-on　　　　C. v-html　　　　D. v-model

二、判断题

1. v-text 内部指令表示插入文本内容。　　　　　　　　　　　　　(　　)
2. 通过 methods 选项，可以定义 Vue 实例中的事件处理函数。　　(　　)
3. methods 属性用来定义方法，通过 Vue 实例对象可以直接访问这些方法。(　　)
4. <input>中的 v-model 指令用于在表单控件元素上创建双向数据绑定。(　　)
5. Vue 中，可以通过绑定类名实现元素样式。　　　　　　　　　　(　　)
6. 通过使用.stop 修饰符来阻止<a>标签的默认行为。　　　　　　　(　　)
7. v-show 指令与 v-if 指令的区别在于，无论条件真与否，v-if 指令都会被编译。
   　　　　　　　　　　　　　　　　　　　　　　　　　　　　(　　)

三、实训题

1. 环保网登录页面

需求说明：

(1) 使用样式绑定指令、事件绑定指令、双向绑定指令实现环保网登录页面，页面效果如图 8-43 所示。

(2) 创建登录成功和登录失败两个页面。

(3) 当验证用户名为 admin，密码为 123456 时，跳转到登录成功页面，如图 8-44 所示。其他情况下验证失败，跳转到登录失败页面，如图 8-45 所示。

图 8-43　环保网登录页面

图 8-44　验证成功跳转登录成功页面

图 8-45　验证失败跳转登录失败页面

实训要点:

(1) Vue 样式绑定指令的使用。

(2) Vue 事件绑定指令的使用。

(3) Vue 双向绑定指令的使用。

2. 生态热词页面

需求说明:

(1) 使用条件渲染指令、列表渲染指令实现生态热词页面, 如图 8-46 所示。

(2) 单击"显示词语释义"按钮, 该按钮内容会变为"隐藏词语释义", 且显示词语释义内容块。

(3) 再次单击"隐藏词语释义"按钮, 该按钮内容变为"显示词语释义", 且隐藏词语释义内容块。

实训要点:

(1) Vue 条件渲染指令的使用。

(2) Vue 列表渲染指令的使用。

(3) 使用 v-for 指令遍历数组。

图 8-46　生态热词页面效果图

第9章
计算属性与侦听器

在 Vue 中，经常使用插值表达式将数据渲染到页面元素中，有时候插值表达式也可用于简单计算，但想要完成复杂运算，可以使用 Vue 的计算属性来完成。如果想持续地观察和响应 Vue 实例上的数据变动，这时候就需要使用侦听器。本章将着重介绍 Vue 的计算属性定义、getter 方法和 setter 方法、侦听器的定义和属性设置等内容。

【学习目标】

- 掌握 Vue 的计算属性定义
- 掌握计算属性的 getter 方法和 setter 方法
- 掌握 Vue 计算属性和方法的区别
- 掌握 Vue 侦听器的属性定义
- 掌握 Vue 侦听器的属性设置

【素质教育目标】

- 弘扬奥运精神
- 引导学生热爱运动

任务 9.1　计　算　属　性

📖 任务描述

本任务将完成参赛人数统计页面，在页面显示每个项目的名称、每队人次、队伍数量、项目参赛人数小计以及总参赛人数，单击"-"或"+"按钮，可以减少或增加参赛队伍数量，同时项目参赛人数小计和总参赛人数也相应发生改变，页面效果如图 9-1 所示。

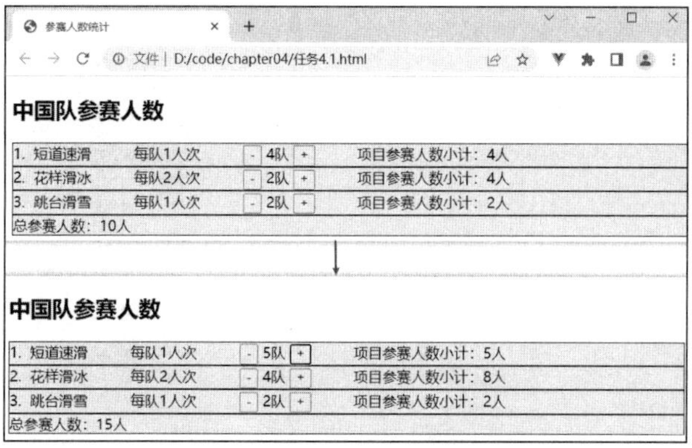

图 9-1　参赛人数统计页面效果

✏️ 任务分析

完成参赛人数统计页面需要以下几个步骤。

(1) 完成静态页面设计和代码编写。

(2) 创建 Vue 实例。

(3) 编写 data 选项，初始化 sports 数据属性。

(4) 编写 methods 选项，编写事件处理函数 reduce()、add()，在模板中通过@指令绑定 click 事件。

(5) 编写 computed 选项，编写计算属性 totalNum，依赖于 sports 对象中的 personNum 属性和 teamNum 属性，并将计算属性 totalNum 绑定到模板中。

📚 知识准备

Vue 中，用户通常会在模板中定义插值表达式，使用起来非常方便，但是插值表达式设计的初衷是用于简单运算。如果想要完成复杂计算时并不建议使用插值表达式，可以使用 Vue 中提供的计算属性来完成。

9.1.1　计算属性的定义

在模板中放入太多的逻辑会让模板繁杂且难以维护。例如：

```
<div id="app">
    <h2>冬奥会举办城市</h2>
```

```
    <p>{{ city.split('-').reverse().join('-') }}</p>
</div>
```

上面的例子里，插值表达式连续调用了 3 个方法实现字符串反转，逻辑复杂，如果在模板中多次包含此计算，会造成后期难以维护，此时应该使用计算属性。

修改上例，如下。

【例 9-1】实现冬奥会举办城市页面。具体代码如下：

```
<div id="app">
    <h2>冬奥会举办城市</h2>
    <p>从后往前排序: <input type="text" v-model="city"></p>
    <p>从前往后排序: {{ reverseCity }}</p>
</div>
<script>
    const vm = Vue.createApp({
      data() {
        return {
          city: '北京-平昌-索契-温哥华-都灵'
        }
      },
      computed:{
        reverseCity(){
          return this.city.split('-').reverse().join('-');
        }
      }
    }).mount('#app');
</script>
```

从例 9-1 中可以看到计算属性也是一个配置选项,其中定义了一个计算属性reverseCity,返回 city.split('-').reverse().join('-')的结果，并能像普通属性一样通过插值表达式将数据绑定到模板中。当在<input>输入框内输入数据时，其中绑定的 city 数据属性会发生变化，随之依赖于 city 数据的计算属性 reverseCity 也发生变化，如图 9-2 所示。

图 9-2　冬奥会举办城市的页面效果

这说明计算属性本质上就是一个 function 函数，它可以实时监听 data 中数据的变化，并返回一个计算后的新值，供组件渲染 DOM 时使用。

在控制台中修改计算属性 reverseCity，发现 reverseCity 属性的值并未真正改变，页面上的值也未改变，如图 9-3 所示。而修改数据属性 city 时，发现 reverseCity 的值相应发生改变，如图 9-4 所示。充分说明 vm.reverseCity 依赖于 vm.city，因此当 vm.city 发生改变时，所有依赖 vm.reverseCity 的绑定也会更新。

图 9-3　改变 reverseCity 计算属性的值

图 9-4　改变 city 数据属性的值

9.1.2　计算属性的缓存

不难发现，例 9-1 的效果也可以通过在表达式中调用方法来实现，如例 9-2。

【例 9-2】在表达式中调用方法。具体代码如下：

```html
<div id="app">
    <h2>冬奥会举办城市</h2>
    <p>从后往前排序：<input type="text" v-model="city"></p>
    <p>{{ reverseCity() }}</p>
</div>
<script>
    const vm = Vue.createApp({
        data() {
            return {
                city: '北京-平昌-索契-温哥华'
            }
        },
        methods:{
            reverseCity() {
                console.log('计算属性被调用了！');
                return this.city.split('-').reverse().join('-');
            }
        }
    }).mount('#app');
</script>
```

可以将同样的函数定义为一个方法，而不是一个计算属性。从最终结果来看，这两种实现方式是完全相同的。

修改例 9-1 中的代码如下：

```html
<!-- 模板中连续调用 3 次计算属性 reverseCity -->
<p>从前往后排序：{{ reverseCity }}</p>
<p>从前往后排序：{{ reverseCity }}</p>
```

```
<p>从前往后排序: {{ reverseCity }}</p>
//Vue 实例中修改计算属性,添加语句如下
computed: {
    reverseCity() {
        console.log('reverseCity 计算属性被调用了! ');
        return this.city.split('-').reverse().join('-');
    }
}
```

在 Vue 实例中 reverseCity 计算属性内添加控制台输出语句,测试 reverseCity 计算属性被调用的次数,在模板中调用 3 次 reverseCity 计算属性。结果很显然,页面输出了 3 次计算属性的结果,但控制台只输出了一次 reverseCity 计算属性的调用,运行效果如图 9-5 所示。

图 9-5　控制台中输出计算属性仅调用 1 次

修改例 9-2 的代码如下:

```
<!-- 模板中连续调用 3 次计算属性 reverseCity -->
<p>{{reverseCity()}}</p>
<p>{{reverseCity()}}</p>
<p>{{reverseCity()}}</p>
//Vue 实例中修改方法,添加语句如下
methods:{
    reverseCity() {
        console.log('reverseCity()方法被调用了! ');
        return this.city.split('-').reverse().join('-');
    }
}
```

在 Vue 实例中 reveseCity()方法中添加控制台输出语句,测试 reverseCity()方法被调用的次数,在模板中调用 3 次 reverseCity()方法。结果很显然,页面输出了 3 次 reverseCity()方法的返回结果,控制台也输出了 3 次 reverseCity()方法的调用,运行效果如图 9-6 所示。

图 9-6　控制台中输出 reverseCity()方法调用 3 次

这是因为计算属性基于它们的响应依赖关系缓存。如果依赖关系的值未发生变化,计

算属性不会重新求值，只需要从缓存中直接调出结果即可。这就意味着只要 city 没有发生改变，多次访问 reverseCity 时计算属性会立即返回之前的计算结果，而不必再次执行函数。

因此计算属性只会在初次读取和相关响应式依赖发生改变时求值，而调用方法将始终会再次执行函数，因此有了上面的不同结果。

这说明计算属性的本质是一个方法，但是在使用时把计算属性的名称直接当作属性来使用，并不会把计算属性当作方法调用。

需要缓存的原因是可以减少计算的次数，提高响应效率。如果没有缓存，我们将不可避免地多次执行，当然如果不希望有缓存，就使用 methods。

9.1.3　计算属性的 getter 方法和 setter 方法

计算属性实质上就是一个配置对象，其中的每一个属性对应的都是一个对象，这个对象默认只有一个 getter 方法，也就是获取计算属性方法，这种情况下通常简写，如例 9-1 中的计算属性写法。

默认情况下是不能直接修改计算属性的，如果想要修改计算属性，这时就需要使用 setter 方法。

【例 9-3】使用 getter 方法和 setter 方法。具体代码如下：

```
<div id="app">
    <h2>冬奥会项目介绍</h2>
    <p>竞赛项目: <input type="text" v-model="sport"></p>
    <p>竞赛类型: <input type="text" v-model="type"></p>
    <p>竞赛简介: {{sportInfo}}</p>
</div>
<script>
    const vm = Vue.createApp({
      data() {
        return {
          sport: '短道速滑',
          type: '个人赛'
        }
      },
      computed: {
        sportInfo: {
          get() {
            return this.sport + '-' + this.type;
          },
          set(newValue) {
            const newSport = newValue.split('-');
            this.sport = newSport[0];
            this.type = newSport[newSport.length - 1];
          }
        }
      }
    }).mount('#app');
</script>
```

运行后，修改 sport 或 type 的值，sportInfo 的值也会自动更新，这是在调用 getter 方法，

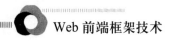
如图 9-7 所示。

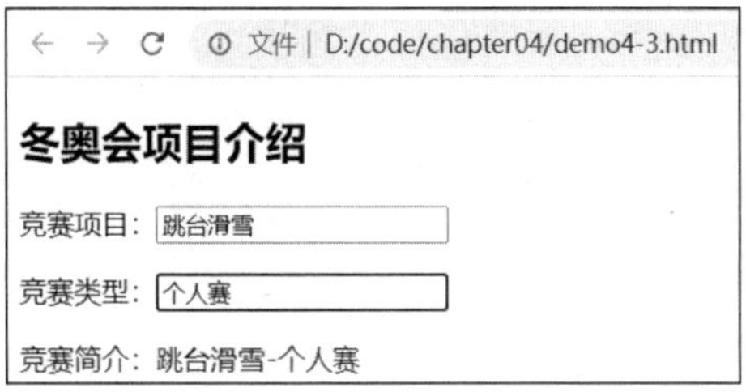

图 9-7　调用 getter 方法实现的页面效果

当在控制台输入 vm.sportInfo = '花样滑冰-团体赛'，修改 sportInfo 的值，相对应的 sport 和 type 的值也同时发生了改变，这是调用 setter 方法实现的，如图 9-8 所示。

图 9-8　调用 setter 方法实现的页面效果

任务实现

参赛人数统计页面的实现代码如下：

```html
<!DOCTYPE html>
<html lang="en">
<head>
  <meta charset="UTF-8">
  <meta http-equiv="X-UA-Compatible" content="IE=edge">
  <meta name="viewport" content="width=device-width, initial-scale=1.0">
  <title>参赛人数统计</title>
  <style>
    .list {
      width: 100%;
      background: #cfa;
      border: 1px solid #000;
    }
  </style>
  <script src="js/vue-3.2.31.js"></script>
</head>
<body>
  <div id="app">
    <h2>
      中国队参赛人数
    </h2>
    <template v-for="item in sports">
```

```
      <div class="list">
        <span>{{item.id}}.</span> 
        <span>{{item.sportName}}</span>
                
        <span>每队{{item.personNum}}人次</span>
                
        <button @click="reduce(item)">-</button>
        {{item.teamNum}}队
        <button @click="add(item)">+</button>
                
        <span>项目参赛人数小计：{{item.personNum * item.teamNum}}人</span>
      </div>
    </template>
    <div class="list">
      总参赛人数：{{totalNum}}人
    </div>
  </div>
  <script>
    const vm = Vue.createApp({
      data() {
        return {
          sports: [
            { id: 1, sportName: '短道速滑', personNum: 1, teamNum: 4 },
            { id: 2, sportName: '花样滑冰', personNum: 2, teamNum: 2 },
            { id: 3, sportName: '跳台滑雪', personNum: 1, teamNum: 2 }
          ]
        }
      },
      methods: {
        reduce(item) {
          return item.teamNum > 1 ? item.teamNum-- : 1
        },
        add(item) {
          return item.teamNum++;
        }
      },
      computed: {
        totalNum() {
          let total = 0;
          for (let item of this.sports) {
            total += item.personNum * item.teamNum;
          }
          return total;
        }
      }
    }).mount('#app');
  </script>
</body>
</html>
```

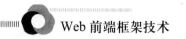

任务 9.2 侦 听 器

任务描述

本任务将完成包含复选框的参赛人数统计页面，在页面显示每个项目的名称、每队人次、队伍数量、项目参赛人数小计以及总参赛人数，单击"-"或"+"按钮，可以减少或增加参赛队伍数量，同时项目参赛人数小计相应发生改变。在项目列表的每项前边有一个复选框，选中的项目人数将计入总参赛人数，未选中的项目人数不计入，如图 9-9 所示。

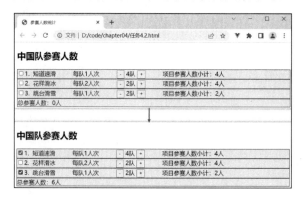

图 9-9 包含复选框的参赛人数统计页面效果

任务分析

完成包含复选框的参赛人数统计页面需要以下几个步骤。

(1) 完成静态页面设计和代码编写。

(2) 创建 Vue 实例。

(3) 编写 data 选项，初始化 sports 数据属性。

(4) 编写 methods 选项，编写事件处理函数 reduce()、add()，在模板中通过@指令绑定 click 事件。

(5) 在复选框上绑定 click 事件，更改 sports 对象中的 checked 属性值。

(6) 编写 watch 选项，编写侦听器 sports，并设置 deep 属性值为 true，侦听每个参赛项目的 checked 属性，如果 checked 属性值为 true，则将当前项的 item.personNum * item.teamNum 的结果返回给 totalNum 数据属性，从而获得参赛项目的总人数。

知识准备

虽然计算属性在大多数情况下更合适，但有时也需要一个自定义的侦听器。这就是为什么 Vue 通过 watch 选项提供一个更通用的方法来响应数据的变化。当需要在数据变化时执行异步或开销较大的操作时，这个方式是最有用的。

9.2.1 侦听属性

侦听属性在 Vue 实例的 watch 选项对象中定义，下面演示通过侦听器实现计时的换算，如例 9-4 所示。

【例 9-4】使用侦听器实现计时换算。具体代码如下：

```
<div id="app">
    <h2>计时换算</h2>
    <p><input type="text" v-model="second">秒</p>
    <p><input type="text" v-model="millisecond">毫秒</p>
  </div>
  <script>
    const vm = Vue.createApp({
      data() {
        return {
          second: 0,
          millisecond: 0
        }
      },
      watch: {
        second(val) {
          this.millisecond = val * 1000;
        },
        millisecond(val){
          this.second = val / 1000;
        }
      }
    }).mount('#app');
</script>
```

上例中在 watch 选项中编写了两个侦听器 second 和 millisecond，两个侦听器都有传递的参数，参数传入的是改变后的值。分别侦听数据属性 second 和 millisecond 的变化，当其中一个属性的值发生变化时，对应的侦听器就会被调用，经过计算响应后得到另一个数据属性的值。

运行后，在秒或毫秒的输入框内输入数据，另一个输入框的数据也会跟着改变，如图 9-10 所示。

图 9-10　侦听数据属性值的变化

⚠️注意

不要使用箭头函数定义侦听器函数，比如修改例 9-4 的代码如下：

```
second: (val) => {
    this.millisecond = val * 1000;
}
```

这时侦听器 second 就失效了，因为箭头函数绑定的是父级作用域的上下文，这里的 this

指向的是 window 对象而不是 Vue 实例，所以 this.millisecond 的值是 undefined，无法更改。

9.2.2 侦听器的其他形式

1. 侦听计算属性或方法

侦听器的定义除了直接侦听一个数据属性，也可以侦听计算属性或方法，比如下面的例子。

【例 9-5】男子举重级别的确定。具体代码如下：

```html
<div id="app">
    <h2>男子举重级别</h2>
    <p>公斤: <input type="text" v-model="weight"></p>
    <p>{{info}}</p>
    <button @click="add">公斤数增加 1</button>
</div>
<script>
    const vm = Vue.createApp({
      data() {
        return {
          weight:61
        }
      },
      computed:{
        info(){
          if(this.weight>=61 && this.weight < 67){
            return '体重为' + this.weight + ',请参加 61 公斤级举重项目';
          }else if(this.weight >= 67){
            return '体重为' + this.weight + ',请参加 67 公斤级举重项目';
          }
        }
      },
    methods: {
        add(){
          this.weight++;
        }
      },
    watch: {
        info(newValue,oldValue){
          console.log('info 计算属性被修改了',newValue,oldValue);
        }
      }
    }).mount('#app');
</script>
```

其中计算属性 info 是通过输入的体重来确定参与哪个公斤级举重项目，watch 选项中定义了 info 侦听器，用于侦听 info 的变化，其中 newValue 参数是新的 info 值，oldValue 参数是旧的 info 值，若无新值或旧值则为 undefined。

运行后，单击"公斤数增加 1"按钮或在输入框中改变公斤数，随之计算属性 info 也相应变化，侦听内容显示在控制台，如图 9-11 所示。

图 9-11　侦听计算属性 info

2. 侦听器的 immediate 属性

前面两个例子中侦听器的写法是简写，侦听器实质上仍是一个配置对象，这个对象默认使用的是 handler 方法，也就是数据变化时调用的监听函数。除了这个方法，还可以设置 immediate 属性和 deep 属性。

侦听器函数在初始渲染页面时不会被调用，只有在后续侦听的属性发生变化时才会被调用。如果需要侦听器函数在初始渲染页面时立即执行，就需要设置 immediate 属性值为 true，比如修改例 9-5 中的代码如下：

```
watch: {
   info: {
     immediate:true,
        handler(newValue, oldValue) {
           console.log('info 计算属性被修改了', newValue, oldValue);
        }
     }
}
```

不添加 immediate 属性，初始渲染页面时不执行侦听器函数，设置 immediate 属性值为 true 后，初始渲染页面时立即执行一次侦听器函数，如图 9-12 所示。

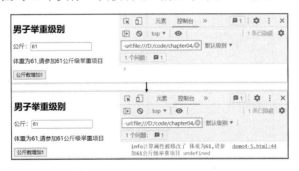

图 9-12　设置 immediate 属性前后对比

3. 侦听器的 deep 属性

当侦听的数据属性为一个对象的时候，想要通过对象的属性变化侦听到整个对象的变化时，就需要使用 deep 属性，将 deep 属性值设置为 true，表示无论该对象的属性在对象中的层级有多深，只要该对象的任意一个属性发生变化，就会被侦听到，比如下面的例子。

【例 9-6】记分牌的实现。具体代码如下：

```
<div id="app">
    <h2>记分牌</h2>
    <p>中国队：{{number.china}}</p>
    <button @click="number.china++">分数加 1</button>
    <p>俄罗斯队：{{number.russia}}</p>
    <button @click="number.russia++">分数加 1</button>
</div>
<script>
    const vm = Vue.createApp({
      data() {
        return {
          number: {
            china:0,
            russia:0
          }
        }
      },
      watch: {
        number: {
          handler(newValue, oldValue) {
            console.log('number 被修改了', newValue, oldValue);
          },
          deep:true
        }
      }
    }).mount('#app');
</script>
```

这个例子中侦听的数据属性是 number 对象，单击"分数加 1"按钮，改变 number 对象中的 china 属性或 russia 属性，如果在侦听器中不添加 deep 属性，则无法侦听到 number 对象的变化，添加 deep 属性并设置值为 true，才能侦听到 number 对象的变化，如图 9-13 所示。

图 9-13　设置 deep 属性前后对比

侦听对象属性时，由于有特殊字符点号"."，因此要使用单引号或双引号将其包裹起来。

9.2.3　实例方法$watch

除了在 watch 选项中定义侦听器外，还可以使用组件实例的$watch API 侦听组件实例中的数据属性或计算属性。

比如修改例 9-6 中的代码如下：

```
<script>
  const vm = Vue.createApp({
    data() {
      return {
        number: {
          china: 0,
          russia: 0
        }
      }
    }
  }).mount('#app');
  vm.$watch('number', {
    handler(newValue, oldValue) {
      console.log('number 被修改了', newValue, oldValue);
    },
    deep: true
  })
</script>
```

这种写法的运行结果与例 9-6 的运行结果一致。

任务实现

包含复选框的参赛人数统计页面的实现代码如下：

```
<!DOCTYPE html>
<html lang="en">
<head>
 <meta charset="UTF-8">
 <meta http-equiv="X-UA-Compatible" content="IE=edge">
 <meta name="viewport" content="width=device-width, initial-scale=1.0">
 <title>参赛人数统计</title>
 <style>
   .list {
     width: 100%;
     background: #cfa;
     border: 1px solid #000;
   }
 </style>
 <script src="js/vue-3.2.31.js"></script>
</head>
```

```
<body>
  <div id="app">
    <h2>
      中国队参赛人数
    </h2>
    <template v-for="item in sports">
      <div class="list">
        <input type="checkbox" @click="item.checked = !item.checked">
        <span>{{item.id}}.</span> 
        <span>{{item.sportName}}</span>
                
        <span>每队{{item.personNum}}人次</span>
                
        <button @click="reduce(item)">-</button>
        {{item.teamNum}}队
        <button @click="add(item)">+</button>
                
        <span>项目参赛人数小计: {{item.personNum * item.teamNum}}人</span>
      </div>
    </template>
    <div class="list">
      总参赛人数: {{totalNum}}人
    </div>
  </div>
  <script>
    const vm = Vue.createApp({
      data() {
        return {
          sports: [
            { checked: false, id: 1, sportName: '短道速滑', personNum: 1, teamNum: 4 },
            { checked: false, id: 2, sportName: '花样滑冰', personNum: 2, teamNum: 2 },
            { checked: false, id: 3, sportName: '跳台滑雪', personNum: 1, teamNum: 2 }
          ],
          totalNum: 0,
        }
      },
      methods: {
        reduce(item) {
          return item.teamNum > 1 ? item.teamNum-- : 1
        },
        add(item) {
          return item.teamNum++;
        }
      },
      watch: {
        sports: {
          handler(newValue, oldValue) {
            this.totalNum = 0;
            for (let item of newValue) {
              if (item.checked == true) {
                console.log(item.checked);
```

```
            this.totalNum += item.personNum * item.teamNum;
          }
        }
      },
      deep: true
    }
  }
}).mount('#app');
</script>
</body>
</html>
```

本 章 小 结

本章介绍了 Vue 中计算属性的定义、计算属性的缓存、计算属性的 getter 方法和 setter 方法，介绍了侦听器的定义、侦听器不同的侦听内容、侦听器中的 immediate 属性和 deep 属性的设置以及$watch 实例方法。下面对本章内容做一个小结。

(1) 计算属性使用 computed 选项实现，计算属性主要对现有数据属性进行复杂计算并返回一个新的数据，这个数据可以跟普通数据属性一样使用。

(2) 计算属性与 methods 方法相比，区别之一是前者具有缓存，如果依赖关系的值未发生变化，计算属性不会重新求值，只需要从缓存中直接调出结果即可。

(3) 默认情况下计算属性只用 getter 方法，不能直接修改计算属性，如果想要修改计算属性，这时就需要使用 setter 方法。

(4) Vue 为了及时观察和响应数据变动，提供了侦听器来进行监测，侦听器用 watch 选项实现，侦听器除了可以直接侦听一个数据属性，也可以侦听计算属性或方法。

(5) immediate 属性的设置是为了在初始渲染页面时就立即执行侦听器函数，deep 属性的设置是为了通过侦听对象内部属性变化而侦听到整个对象的变化。

(6) 除了在 watch 选项中定义侦听器外，还可以使用组件实例的$watch API 侦听组件实例中的数据属性或计算属性。

自 测 题

一、单选题

1. 以下代码中，添加 console.log(vm.totalPrice); 语句，执行后的结果是(　　)。

```
var vm = new Vue({
  el: '#app',
  data: {
    price: 20,
    num: 1
  },
  computed: {
    // 总价格 totalPrice
```

```
    totalPrice () {
      return this.price * this.num
    }
  }
})
```

A. 0　　　　　　　B. 2　　　　　　　C. 20　　　　　　　D. 1

2. 下列选项中，关于 computed 属性的说法错误的是(　　)。

A. 当有一些数据需要随着其他数据变动而变动时，就需要使用 computed 计算属性

B. computed 属性中函数可以通过 this 获取到初始数据

C. computed 属性中可以定义页面的事件处理函数

D. 实现了一种更通用的方式来观察和响应 Vue 实例上的数据变动

3. 在 Vue 中，可以通过(　　)来监听响应数据的变化。

A. computed　　　B. methods　　　C. watch　　　D. created

4. 下列选项中，关于 watch 选项的说法错误的是(　　)。

A. watch 选项中可以监听初始数据状态变化

B. 当 data 中数据状态发生变化时，会触发 watch 选项中对应的事件处理函数

C. watch 选项可以用来替代 computed 选项使用

D. watch 选项中函数接收的参数用来表示新值和旧值

5. 下列选项中，(　　)不是计算属性的特点。

A. 不依赖于数据，数据更新，处理结果不会自动更新

B. 计算属性内部 this 指向 Vue 实例

C. 一般计算属性默认使用 getter 方法，也可通过 setter 方法改变数值

D. 不管依赖的数据是否改变，methods 都会重新计算，但数据不变时，computed 直接从缓存中获取，不会重新计算

二、判断题

1. Vue 配置对象中，使用 watch 监听数据变化，并触发相应事件处理函数。　　(　　)

2. 计算属性本质上就是一个 function 函数，它可以实时监听 data 中数据的变化。(　　)

3. 计算属性相较 methods 方法没有缓存。　　　　　　　　　　　　　　(　　)

4. 侦听器的 deep 属性的设置是为了通过侦听对象内部属性变化而侦听到整个对象的变化。　　　　　　　　　　　　　　　　　　　　　　　　　　　　(　　)

三、实训题

1. 使用计算属性统计队服数量

需求说明：

(1) 如图 9-14 所示，使用 v-for 指令渲染运动项目列表，使用插值表达式渲染列表内容。

(2) 使用事件绑定指令实现男子人数、女子人数的加减，使用 JavaScript 表达式简单计算男子队服数量、女子队服数量小计。

(3) 使用计算属性实现参赛总人数、男子队服总量、女子队服总量的统计。

图 9-14　使用计算属性统计队服数量的渲染效果

实训要点：

(1) v-for 指令的使用。

(2) 事件绑定指令的使用。

(3) 计算属性的使用。

2. 使用侦听属性统计队服数量

需求说明：

(1) 如图 9-15 所示，使用 v-for 指令渲染运动项目列表，使用插值表达式渲染列表内容。

(2) 使用事件绑定指令实现男子人数、女子人数的加减，使用 JavaScript 表达式简单计算男子队服数量、女子队服数量小计。

(3) 使用侦听属性侦听运动项目是否被选中，从而计算被选中的参赛总人数、男子队服总量、女子队服总量。

图 9-15　使用侦听属性统计队服数量的渲染效果

实训要点：

(1) v-for 指令的使用。

(2) 事件绑定指令的使用。

(3) 侦听属性的使用。

第10章
组件基础

前面几章的内容都是 Vue 的基础知识，本章开始我们要学习 Vue 最核心的功能——组件。传统的前端开发中，我们会使用模块化开发，也就是通过在 HTML 文件中引入 CSS 文件、JS 文件的方式完成一个模块功能，当页面中的模块繁多且复杂时，会出现依赖关系繁杂混乱的问题。Vue 的组件就很好地解决了这个问题，它将页面相似的功能模块细分化，封装形成有名字的可复用实例，不仅达到了简化代码的目的，还可以复用和扩展。本章将着重介绍 Vue 的组件定义、组件注册、组件数据的传递、组件事件监听和插槽等内容。

【学习目标】
- 理解 Vue 组件定义
- 掌握 Vue 组件注册
- 掌握组件的数据传递
- 掌握组件的事件监听
- 掌握组件插槽

【素质教育目标】
- 引导学生学习社会主义核心价值观

任务 10.1　组件的定义

📖 任务描述

组件初体验，本任务将学习把开放大学项目页面(见图 10-1)中的功能细分为不同的组件，画出组件树。

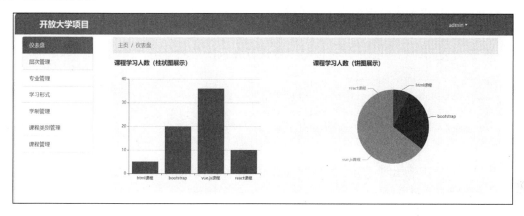

图 10-1　开放大学项目页面

✏️ 任务分析

完成组件树需要以下几个步骤。
(1) 分析页面功能模块。
(2) 每个模块可以实例化为一个组件。
(3) 画出组件树。

🏫 知识准备

以下是定义 Vue 组件的简单示例。
【例 10-1】定义 Vue 组件。具体代码如下：

```
// 创建一个 Vue 应用
const app = Vue.createApp({})
// 定义一个名为 button-counter 的新全局组件
app.component('button-counter', {
  data() {
    return {
      count: 0
    }
  },
  template: `
  <button @click="count++">
    You clicked me {{ count }} times.
  </button>`
})
```

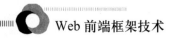

组件是带有名称的可复用实例，在这个例子中是 <button-counter>。我们可以把这个组件作为一个根实例中的自定义元素来使用：

```
<div id="components-demo">
  <button-counter></button-counter>
</div>
app.mount('#components-demo')
```

因为组件是可复用的实例，所以它们与根实例接收相同的选项，例如 data、computed、watch、methods 以及生命周期钩子函数等。

组件有以下两个主要特点。

(1) 组件复用。在 Vue 中，可以将组件进行任意次数的复用，比如：

```
<div id="components-demo">
  <button-counter></button-counter>
  <button-counter></button-counter>
  <button-counter></button-counter>
</div>
```

其中，当单击按钮时，每个组件都会独立维护各自的 count。因为每用一次组件，就会有一个它的新实例被创建。

(2) 组件通常会以一棵嵌套的组件树的形式来组织一个应用，比如一个应用中页头、侧边栏、内容区等组件，每个组件又包含了其他的比如导航链接、博文之类的组件，如图 10-2 所示。

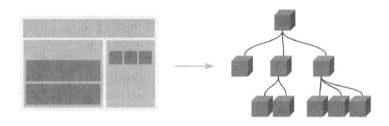

图 10-2　组件树

任务实现

开放大学项目首页页面组件树如图 10-3 所示。

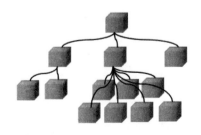

图 10-3　开放大学项目首页页面组件树

任务 10.2　组件的注册

📖 任务描述

本任务将完成"民主"模块局部注册组件，页面效果如图 10-4 所示。

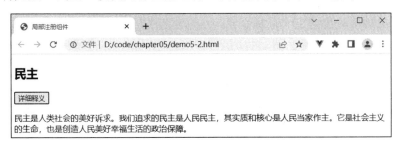

图 10-4　"民主"模块局部注册组件

✏️ 任务分析

完成"民主"模块局部注册组件需要以下几个步骤。

(1) 完成静态页面设计和代码编写。

(2) 创建 Vue 实例。

(3) 定义组件 myComponent。

(4) 在应用程序实例的 components 选项中注册想要使用的组件 myComponent。

📱 知识准备

为了能在模板中使用组件，因此组件在使用前必须先注册以便 Vue 能够识别。组件的注册类型有两种：全局注册和局部注册。

10.2.1　全局注册

例 10-1 中使用的就是组件的全局注册，全局注册的组件可以在应用中任何组件的模板中使用。

全局注册组件使用应用程序实例的 component()方法，语法如下：

```
const app = Vue.createApp({})
//注册一个名为my-component-name 的组件
app.component('my-component-name', { /*...*/ })
```

component()方法接收两个参数，第一个参数是组件的名字，第二个参数是一个函数对象或选项对象。

在注册一个组件的时候，我们始终需要给它一个名字。比如上例中组件名是 my-component-name，为组件命名与后期打算在哪使用它有关。在字符串模板或单文件组件中定义组件时，定义组件名的方式有以下两种。

(1) 短横线分隔命名，比如 my-component-name，当使用短横线分隔命名法定义一个组件时，在引用这个自定义组件时也必须使用短横线分隔命名法，例如<my-component-name>。

（2）驼峰式命名，比如 myComponentName，当使用驼峰式命名法定义一个组件时，在引用这个自定义组件时两种命名法都可以使用，也就是说在引用时<my-component-name>和<myComponentName>两种写法都可以。但是，直接在 DOM (即非字符串的模板) 中使用时只有短横线分隔命名法是有效的。

因此，当直接在 DOM 中(而不是在字符串模板或单文件组件中)使用一个组件时，强烈推荐遵循 W3C 规范来给自定义组件命名，一是全部小写，二是包含连字符 "-" (即有多个单词与连字符符号连接)，这样会帮助我们避免与当前以及未来的HTML 元素名称发生冲突。

组件全局注册后，可以用在任何新创建的组件实例的模板中。比如：

```
//创建应用程序实例
const app = Vue.createApp({})
//全局注册组件
app.component('component-a', {
  /* ... */
})
app.component('component-b', {
  /* ... */
})
app.component('component-c', {
  /* ... */
})
//在指定的 DOM 元素上装载应用程序实例的根组件
app.mount('#app')

<!-- 使用全局注册组件 -->
<div id="app">
  <component-a></component-a>
  <component-b></component-b>
  <component-c></component-c>
</div>
```

也可以用在所有子组件中，也就是说这三个组件在各自内部也都可以相互使用。

【例 10-2】全局注册组件。具体代码如下：

```
<div id="app">
    <!-- 使用全局注册组件 my-component -->
    <my-component></my-component>
</div>
<script>
    const vm = Vue.createApp({});
    vm.component('my-component', {
      data() {
        return {
          entry: '富强',
          explain: '富强即国富民强，是社会主义现代化国家经济建设的应然状态，是中华民族梦寐以求的美好夙愿，也是国家繁荣昌盛、人民幸福安康的物质基础。',
          flag: false
        }
      },
```

```
    template: `<h2>{{entry}}</h2>
  <button @click="flag = !flag">详细释义</button>
  <p v-if="flag == true">{{explain}}</p>`
  });
  vm.mount('#app');
</script>
```

其中，component()方法中的第二个参数是选项对象，data 选项定义组件的数据属性，template 选项定义组件在 HTML 模板中的内容，注意内容须写在反引号``中。运行效果如图 10-5 所示。

图 10-5　全局注册组件实例的运行结果

10.2.2　局部注册

全局注册往往是不够理想的。比如，如果使用一个像 Webpack 这样的构建系统，全局注册所有的组件意味着即便已经不再使用其中一个组件了，它仍然会被包含在最终的构建结果中，这将造成用户下载的 JavaScript 的无谓增加。

如果注册的组件只想在一个 Vue 实例中使用，这时可以选择局部注册的方式注册组件。通过一个普通的 JavaScript 对象来定义组件，语法如下：

```
const ComponentA = { /* ... */ }
const ComponentB = { /* ... */ }
```

然后在应用程序实例的 components 选项中注册想要使用的组件：

```
const app = Vue.createApp({
  components: {
    'component-a': ComponentA,
    'component-b': ComponentB
  }
})
```

对于 components 对象中的每个属性来说，其属性名就是自定义元素的名字，其属性值就是这个组件的选项对象。

> ⚠️**注意**
> 局部注册的组件在其子组件中不可用。

如果希望组件 ComponentA 在组件 ComponentB 中可用，则需要这样写：

```
const ComponentA = {
  /* ... */
}
```

```
const ComponentB = {
  components: {
    'component-a': ComponentA
  }
  // ...
}
```

或者如果通过 Babel 和 Webpack 使用 ES2015 模块，那么代码应做如下修改：

```
import ComponentA from './ComponentA.vue'
export default {
  components: {
    ComponentA
  }
  // ...
}
```

注意在 ES2015+中，对象中 ComponentA 的变量名其实是 ComponentA: ComponentA 的缩写，即这个变量名是用在模板中的自定义元素的名称，也是包含了这个组件选项的变量名。

如果通过 import/require 使用一个模块系统，需要注意以下一些特殊的使用说明和注意事项。

在使用了诸如 Babel 和 Webpack 的模块系统时，最好创建一个 components 目录，并将每个组件放置在其各自的文件中，在局部注册之前导入每个想使用的组件。

例如，假设在 ComponentB.js 或 ComponentB.vue 文件中：

```
import ComponentA from './ComponentA'
import ComponentC from './ComponentC'

export default {
  components: {
    ComponentA,
    ComponentC
  }
  // ...
}
```

现在组件 ComponentA 和组件 ComponentC 都可以在组件 ComponentB 的模板中使用了。

任务实现

"民主"模块局部注册组件的实现代码如下：

```
<div id="app">
  <my-component></my-component>
 </div>
 <script>
  const myComponent = {
    data() {
      return {
        entry: '民主',
```

```
    explain: '民主是人类社会的美好诉求。我们追求的民主是人民民主，其实质和核心是人民当
家作主。它是社会主义的生命，也是创造人民美好幸福生活的政治保障。',
    flag: false
  }
  },
  template: `<h2>{{entry}}</h2>
<button @click="flag = !flag">详细释义</button>
<p v-if="flag == true">{{explain}}</p>`
}
const vm = Vue.createApp({
  components: {
    'my-component': myComponent
  }
});
vm.mount('#app');
</script>
```

任务 10.3　通过 prop 向子组件传递数据

📖 任务描述

本任务将完成传递多个 prop 到子组件，动态地给子组件传递两个值，最终完成"文明"模块组件，页面效果如图 10-6 所示。

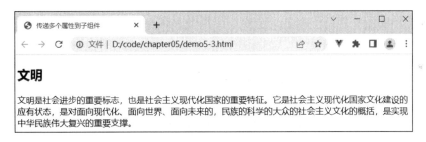

图 10-6　传递多个 prop 到子组件的页面效果

✏️ 任务分析

完成传递多个 prop 到子组件需要以下几个步骤。

(1) 完成静态页面设计和代码编写。

(2) 创建 Vue 实例。

(3) 编写 data 选项，定义两个 prop 属性分别是 entry 和 explain。

🏛️ 知识准备

组件在使用的时候类似于一个自定义元素，而元素一般都有属性，同样组件也可以有属性。那么如何为组件设置属性呢？在组件注册的同时我们可以注册一些自定义属性并称之为 prop，使用 props 选项将所有的 prop 包含在该选项列表中。

10.3.1　传递静态或动态的 prop

下面通过示例讲解自定义属性 prop 的基本用法。将例 10-2 中的"富强"标题，通过 prop 属性向子组件传递数据，那么在组件注册时需要在 props 选项中接收 prop 属性，并使用插值表达式在模板中渲染 prop 属性，修改例 10-2 的代码如下：

```
<!-- 使用全局注册组件 my-component -->
<my-component entry="富强"></my-component>

//script 代码修改如下
vm.component('my-component', {
    props:['entry'],
    data() {
      return {
        explain: '富强即国富民强，是社会主义现代化国家经济建设的应然状态，是中华民族梦寐以
求的美好夙愿，也是国家繁荣昌盛、人民幸福安康的物质基础。',
        flag: false
      }
    }
}
```

在上例中，当"富强"这个值被传递给一个 prop 属性 entry 时，它就成为该组件实例中的一个属性。该属性的值可以在模板中访问，就像任何其他组件属性一样。

一个组件可以拥有任意数量的 prop，并且在默认情况下，无论任何值都可以传递给 prop。如果想要传递的是一个动态的值，可以使用 v-bind 指令来动态传递 prop。这在一开始不清楚要渲染的具体内容的情况下，是非常有用的。

除了可以通过 Vue 实例父组件给子组件传递数据，通常情况下也会通过组件向组件传递数据，具体参考下面的例子。

【例 10-3】组件之间传递数据的实现。具体代码如下：

```
<div id="app">
   <component-content></component-content>
</div>
<script>
   const vm = Vue.createApp({});
   vm.component('component-content',{
     data() {
       return {
         entry: '和谐',
         explain: '和谐是中国传统文化的基本理念，集中体现了学有所教、劳有所得、病有所医、老
有所养、住有所居的生动局面。它是社会主义现代化国家在社会建设领域的价值诉求，是经济社会和谐稳定、
持续健康发展的重要保证。'
       }
     },
     template: `<my-component :entry="entry" :explain="explain"></my-component>`
   })
   vm.component('my-component', {
     props: ['entry', 'explain'],
     template: `<h2>{{entry}}</h2>
     <p>{{explain}}</p>`
```

```
  });
  vm.mount('#app');
</script>
```

以上代码的运行效果如图 10-7 所示。

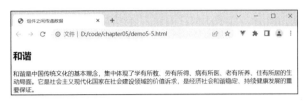

图 10-7 组件之间传递数据

上面几个例子都是向组件传入静态数据，如果数据属性是一个 entrys 数组，此时在页面中渲染数据时，需要使用 v-for 指令获取 entrys 数组中的每一个数据动态地传递给子组件进行渲染。

【例 10-4】传递动态的 prop 到子组件。具体代码如下：

```
<div id="app">
   <my-component v-for="item in entrys"
       :entry="item.entry" :explain="item.explain"></my-component>
</div>
<script>
   const vm = Vue.createApp({
     data() {
       return {
         entrys: [
         { entry: '富强', explain: '富强即国富民强，是社会主义现代化国家经济建设的应然状态，是中华民族梦寐以求的美好夙愿，也是国家繁荣昌盛、人民幸福安康的物质基础。' },
           { entry: '民主', explain: '民主是人类社会的美好诉求。我们追求的民主是人民民主，其实质和核心是人民当家作主。它是社会主义的生命，也是创造人民美好幸福生活的政治保障。' },
           { entry: '文明', explain: '文明是社会进步的重要标志，也是社会主义现代化国家的重要特征。它是社会主义现代化国家文化建设的应有状态，是对面向现代化、面向世界、面向未来的，民族的科学的大众的社会主义文化的概括，是实现中华民族伟大复兴的重要支撑。' },
           { entry: '和谐', explain: '和谐是中国传统文化的基本理念，集中体现了学有所教、劳有所得、病有所医、老有所养、住有所居的生动局面。它是社会主义现代化国家在社会建设领域的价值诉求，是经济社会和谐稳定、持续健康发展的重要保证。' }
         ]
       }
     }
   });
   vm.component('my-component', {
     props: ['entry','explain'],
     data() {
       flag: false
     },
     template: `<h2>{{entry}}</h2>
     <p>{{explain}}</p>`
   });
   vm.mount('#app');
</script>
```

在传递过程中，使用 item.entry、item.explain 变量进行动态赋值，运行结果如图 10-8 所示。

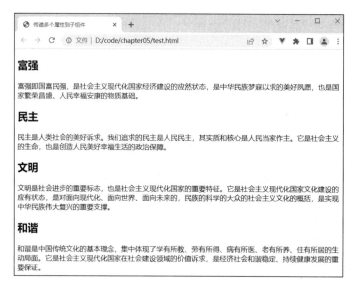

图 10-8　传递动态的 prop 到子组件

10.3.2　单向数据流

所有的父子组件的 prop 属性之间都是单向下行绑定：父级组件的 prop 属性的更新会向下流动到子组件中，但是反过来不行。这样会防止子组件意外变更父级组件的状态，从而导致应用的数据流向难以理解。

另外，每次父组件发生变更时，子组件中所有的 prop 属性都会刷新为最新值。这意味着不应该在子组件内部改变 prop，否则，Vue 会在浏览器的控制台中发出警告。

有以下两种常见的情况需要变更组件的 prop 属性。

(1) prop 用来传递一个初始值，子组件接下来希望将其作为一个本地的 prop 数据来使用。在这种情况下，最好定义一个本地的 data 属性并将这个 prop 作为其初始值：

```
props: ['initialCounter'],
data() {
  return {
    counter: this.initialCounter
  }
}
```

(2) prop 以一种原始的值传入且需要进行转换。在这种情况下，最好使用这个 prop 的值来定义一个计算属性：

```
props: ['size'],
computed: {
  normalizedSize() {
    return this.size.trim().toLowerCase()
  }
}
```

　　在 JavaScript 中对象和数组是通过引用传入的，所以对于一个数组或对象类型的 prop 来说，在子组件中改变这个对象或数组本身将会影响到父组件的状态，且 Vue 无法为此发出警告。作为一个通用规则，应该避免修改任何 prop，包括对象和数组，因为这种做法无视了单向数据绑定，且可能会导致意料之外的结果。

10.3.3　prop 的验证

　　当开发一个可复用的组件时，父组件希望通过 prop 属性传递的数据类型符合要求。例如，组件定义一个 prop 属性是对象类型，结果父组件传递的是一个字符串类型的值，此时明显不满足要求，此时 Vue 会在浏览器控制台中发出警告。因此，Vue 提供了 prop 属性的验证规则，在定义 props 选项时，为 props 选项中的值提供一个带有验证要求的对象，而不是一个字符串数组。例如：

```
app.component('my-component', {
 props: {
   // 基础的类型检查 (`null` 和 `undefined` 值会通过任何类型验证)
   propA: Number,
   // 多个可能的类型
   propB: [String, Number],
   // 必填的字符串
   propC: {
     type: String,
     required: true
   },
   // 带有默认值的数字
   propD: {
     type: Number,
     default: 100
   },
   // 带有默认值的对象
   propE: {
     type: Object,
     // 对象或数组的默认值必须从一个工厂函数返回
     default() {
       return { message: 'hello' }
     }
   },
   // 自定义验证函数
   propF: {
     validator(value) {
       // 这个值必须与下列字符串中的其中一个相匹配
       return ['success', 'warning', 'danger'].includes(value)
     }
   },
   // 具有默认值的函数
```

```
  propG: {
    type: Function,
    // 与对象或数组的默认值不同，这不是一个工厂函数，这是一个用作默认值的函数
    default() {
      return 'Default function'
    }
  }
 }
})
```

当 prop 验证失败的时候，(开发环境构建版本的) Vue 将会产生一个控制台警告。

⚠️**注意**

prop 会在一个组件实例创建之前进行验证，所以 Vue 实例的属性(如 data、computed 等)在 default 或 validator 函数中是不可用的。

上面代码中的 type 可以是下列原生构造函数中的任意一个：String、Number、Boolean、Array、Object、Date、Function、Symbol。

此外，type 还可以是一个自定义的构造函数，并且通过 instanceof 来进行检查确认。例如，给定下列现成的构造函数：

```
function Person(firstName, lastName) {
  this.firstName = firstName
  this.lastName = lastName
}
```

可以使用下面的代码来验证 author 的值是否是通过 new Person 创建的。

```
app.component('blog-post', {
  props: {
    author: Person
  }
})
```

10.3.4 非 prop 属性

在使用组件的时候，有时父组件可能会向子组件传递一个非 prop 的属性，也就是该组件并没有相应 props 选项定义的属性，常见的示例包括 class、style 和 id 属性。这样也是可以的，组件可以接收任意的属性，当组件返回单个根节点时，非 prop 的属性将自动添加到元素根节点的属性中。

例 10-5 中，<component-content>组件定义的 props 选项中仅有两个属性 title 和 src，组件根元素是<div>，在 DOM 模板中使用组件时使用了 class 属性和 style 属性，这两个属性都被添加到组件的根元素<div>上，渲染结果为<div class="bg1 bg2" style="border: 3px solid #000;">。其中，组件内部模板中没有使用 style 属性，因此渲染时直接添加，而组件内部模板中使用了 class 属性并设值 bg1，因此当在 DOM 模板中又给 class 属性设置了 bg2 这个值后，两个 class 属性值出现了合并。该实例的运行效果如图 10-9 所示。

图 10-9　传递非 prop 属性的实例运行结果

【例 10-5】传递非 prop 的属性。具体代码如下：

```
<style>
    .bg1 {background-color: #e11; }
    .bg2 {text-align: center; }
</style>
<div id="app">
    <component-content :title="title" :src="src" class="bg2" style="border: 3px
solid #000;"></component-content>
</div>
<script>
    const vm = Vue.createApp({
      data() {
        return {
          title: '社会主义核心价值观',
          src: 'img/jiazhiguan.jpg'
        }
      }
    });
    vm.component('component-content', {
      props: ['title', 'src'],
      template: `<div class="bg1"><h2>{{title}}</h2><img :src="src"></img></div>`
    });
    vm.mount('#app');
</script>
```

要注意的是，只有 class 属性和 style 属性的值会合并，对于其他属性而言，从外部提供给组件的值会替换掉组件内部设置好的值。

任务实现

"文明"模块组件的实现代码如下：

```
<!DOCTYPE html>
<html lang="en">
```

```
<head>
  <meta charset="UTF-8">
  <meta http-equiv="X-UA-Compatible" content="IE=edge">
  <meta name="viewport" content="width=device-width, initial-scale=1.0">
  <title>传递多个属性到子组件</title>
  <script src="js/vue-3.2.31.js"></script>
</head>
<body>
<div id="app">
  <my-component :entry="entry" :explain="explain"></my-component>
</div>
<script>
  const vm = Vue.createApp({
    data() {
      return {
        entry: '文明',
        explain: '文明是社会进步的重要标志，也是社会主义现代化国家的重要特征。它是社会主义
现代化国家文化建设的应有状态，是对面向现代化、面向世界、面向未来的，民族的科学的大众的社会主义
文化的概括，是实现中华民族伟大复兴的重要支撑。'
      }
    }
  });
  vm.component('my-component', {
    props: ['entry', 'explain'],

    template: `<h2>{{entry}}</h2>
    <p>{{explain}}</p>`
  });
  vm.mount('#app');
</script>
</body>
</html>
```

任务 10.4　监听子组件事件

任务描述

完成监听子组件任务，当单击页面上的子组件按钮后，触发子组件的自定义事件 show，并传递参数"爱国、敬业、诚信、友善"，弹出警告框，如图 10-10 所示。

图 10-10　监听子组件的页面效果

任务分析

完成监听子组件任务需要以下几个步骤。

(1) 完成静态页面设计和代码编写。

(2) 创建 Vue 实例。

(3) 创建子组件 child，调用内建的$emit()方法并传入事件名称 show 来触发自定义事件并传递参数。

(4) 在其父组件中，添加 showContent(content)方法来支持这个功能。

知识准备

前面介绍了父组件通过 prop 属性向子组件传递数据，那么反过来，子组件如果需要与父组件通信传递数据呢？

在 Vue 中，为了让父组件可以监听到子组件内的状态变化，需要使用自定义事件实现。子组件使用$emit()方法自定义触发事件，父组件使用 v-on 指令监听子组件的自定义事件，$emit()方法的语法格式如下：

```
$emit(eventName, […args])
```

其中 eventName 是事件名，args 是附加参数，这些参数回传给事件监听器的回调函数。如果子组件要向父组件传递数据，就可以通过第二个参数来传递。

10.4.1　使用事件抛出一个值

有时候用一个事件来抛出一个特定的值是非常有用的。例如我们要设置<blog-post>组件的文本放大多少倍，这时可以使用$emit()方法的第二个参数来设定这个值。

```
<button @click="$emit('enlargeText', 0.1)">
  Enlarge text
</button>
```

当在父级组件监听这个事件的时候，我们可以通过$event 访问到被抛出的这个值：

```
<blog-post ... @enlarge-text="postFontSize += $event"></blog-post>
```

或者，如果这个事件处理函数是一个方法：

```
<blog-post ... @enlarge-text="onEnlargeText"></blog-post>
```

那么这个值将会作为第一个参数传入这个方法：

```
methods: {
  onEnlargeText(enlargeAmount) {
    this.postFontSize += enlargeAmount
  }
}
```

我们还可以在组件的 emits 选项中列出已抛出的事件，如下：

```
vm.component('child', {
  emits: ['show'],
});
```

这将允许我们检查组件抛出的所有事件，还可以选择验证它们。

以下是需要注意的两点。

1. 事件名

与组件命名和 prop 命名一样，事件名提供了自动的大小写转换功能。如果在子组件中触发一个以驼峰式命名法命名的事件，将可以在父组件中添加一个以短横线分隔命名法命名的监听器。

```
this.$emit(' showContent')
<my-component @show-content="doSomething"></my-component>
```

与 prop 的命名一样，当使用 DOM 模板时，建议使用短横线分隔命名法命名事件监听器。如果使用的是字符串模板，就没有了这个限制。

2. 验证抛出的事件

与 prop 类型验证类似，如果使用对象语法而不是数组语法定义发出的事件，则可以对它进行验证。

要添加验证，为事件分配一个函数，该函数接收$emit()方法调用时传递的参数，并返回一个布尔值以指示事件是否有效。例如：

```
app.component('custom-form', {
  emits: {
    // 没有验证
    click: null,
    // 验证 submit 事件
    submit: ({ email, password }) => {
      if (email && password) {
        return true
      } else {
        console.warn('Invalid submit event payload!')
        return false
      }
    }
  },
  methods: {
    submitForm(email, password) {
      this.$emit('submit', { email, password })
    }
  }
})
```

10.4.2　在组件上使用 v-model 指令

自定义事件也可以用于创建支持 v-model 指令的自定义输入组件。比如：

```
<input v-model="searchText" />
```

等价于：

```
<input :value="searchText" @input="searchText = $event.target.value" />
```

当 v-model 指令用在组件上时，语法如下：

```
<custom-input :model-value="searchText" @update:model-value="searchText = $event">
</custom-input>
```

⚠注意

在这里使用的是 model-value，因为使用的是 DOM 模板中的短横线分隔命名法。可以在解析 DOM 模板时的注意事项部分找到关于短横线分隔命名法和驼峰式命名法的详细说明。

为了让它正常工作，必须将这个组件内<input>的 value 属性绑定到一个名叫 modelValue 的 prop 上，在其 input 事件被触发时，将新的值通过自定义的 update:modelValue 事件抛出，代码如下：

```
app.component('custom-input', {
  props: ['modelValue'],
  emits: ['update:modelValue'],
  template: `
   <input
     :value="modelValue"
     @input="$emit('update:modelValue', $event.target.value)"
   >

})
```

现在 v-model 指令就可以在这个组件上完美地工作起来了，代码如下：

```
<custom-input v-model="searchText"></custom-input>
```

在该组件中使用 v-model 指令的另一种方法是用计算属性的功能来定义 getter 方法和 setter 方法。get()方法应返回 modelValue，set()方法应该触发相应的事件。

```
app.component('custom-input', {
  props: ['modelValue'],
  emits: ['update:modelValue'],
  template: `
   <input v-model="value">
  `,
  computed: {
    value: {
      get() {
        return this.modelValue
      },
      set(value) {
        this.$emit('update:modelValue', value)
      }
    }
  }
})
```

任务实现

"公民基本道德规范"子组件监听的实现代码如下:

```html
<!DOCTYPE html>
<html lang="en">
<head>
  <meta charset="UTF-8">
  <meta http-equiv="X-UA-Compatible" content="IE=edge">
  <meta name="viewport" content="width=device-width, initial-scale=1.0">
  <title>监听子组件</title>
  <script src="js/vue-3.2.31.js"></script>
</head>
<body>
  <div id="app">
    <child @show="showContent"></child>
  </div>
  <script>
    constvm = Vue.createApp({
      methods: {
        // 自定义事件的附加参数会自动传入方法
        showContent(content){
          alert(content);
        }
      }
    });

    vm.component('child', {
      emits: ['show'],
      data: function () {
        return {
          content: '爱国、敬业、诚信、友善'
        }
      },
      methods: {
        handleClick(){
          this.$emit('show', this.content);
        }
      },
      template: `<button @click="handleClick">公民基本道德规范</button>`
    });
    vm.mount('#app');
  </script>
</body>
</html>
```

创建子组件 child,子组件模板中的按钮接收到 click 事件后,子组件可以通过调用内置的$emit()方法并传入事件名称来触发一个自定义事件并传递参数。在其父组件中,可以通过添加一个 showContent(content)方法来支持这个功能,弹出一个警告框显示子组件的数据,其中 content 就是事件抛出的一个值。父级组件可以像处理原生 DOM 事件一样通过 v-on

指令或@指令监听子组件实例的任意事件，在本例中，使用@指令监听 show 事件，自定义
事件的附加参数也会自动传入实例方法中。

任务 10.5　插　　槽

📖 任务描述

本任务将完成"公民基本道德规范"页面，使用插槽分发内容，在页面显示如图 10-11
所示内容。

图 10-11　"公民基本道德规范"页面效果图

✏️ 任务分析

完成"公民基本道德规范"页面需要以下几个步骤。

(1) 完成静态页面设计和代码编写。

(2) 创建 Vue 实例。

(3) 编写子组件，并在其模板内使用<slot>元素作为承载分发内容的出口。

(4) 在父组件中编写插槽内容。

📇 知识准备

组件类似于 HTML 元素，当作自定义元素使用，元素一定会有元素内容，如果需要向
一个组件传递内容，可以通过使用 Vue 的自定义<slot>元素来实现。

10.5.1　插槽内容

Vue 实现了一套内容分发的 API，这套 API 的设计灵感源自 Web Components 规范草案，

将<slot>元素作为承载分发内容的出口。

插槽可以是字符串，也可以包含任何模板代码，包括 HTML。当组件渲染的时候，<slot> 标签会被替换。

【例 10-6】使用插槽分发内容。具体代码如下：

```
<show-box>
 <a href="#">社会主义核心价值观！</a>
</show-box>
//script 代码
const vm = Vue.createApp({});
vm.component('show-box', {
    template: `<div class="demo-show-box">
    <strong>深入学习请点击：</strong>
    <slot></slot>
  </div>`
});
vm.mount('#app');
```

渲染效果如图 10-12 所示。注意，如果组件模板中没有包含 <slot> 元素，则该组件起始标签和结束标签之间的任何内容都会被抛弃。

图 10-12　插槽内容效果图

10.5.2　渲染作用域

插槽内容可以访问到父组件的数据作用域，却无法访问子组件的数据作用域，因为插槽内容本身是在父组件模板中定义的。Vue 模板中的表达式只能访问其定义时所处的作用域，这和 JavaScript 的词法作用域规则是一致的。举例来说，更改例 10-6，在<show-box> 中添加一个插值表达式{{title}}：

```
<show-box>
    {{title}}
    <a href="#">社会主义核心价值观！</a>
</show-box>
```

如果把 title 数据定义在父组件中，{{title}}可以渲染；如果把 title 数据定义在子组件中，{{title}}无法渲染。

因此，父组件模板中的表达式只能访问父组件的作用域；子组件模板中的表达式只能访问子组件的作用域。

10.5.3　默认内容

插槽可以指定备用内容(即默认内容)，在没有提供内容的时候渲染。比如在一个 <submit-button> 组件模板中的<slot>标签中给一个默认内容"提交"，那么这个<button>在不提供内容时会渲染"提交"文本。

```
<button type="submit">
  <slot>提交</slot>
</button>
```

当我们在一个父级组件中使用<submit-button>组件时，不提供任何插槽内容，如下：

```
<submit-button></submit-button>
```

备用内容"提交"将会被渲染：

```
<button type="submit">提交</button>
```

但是如果我们在使用组件时提供内容：

```
<submit-button>保存</submit-button>
```

则提供的内容将会被渲染从而取代备用内容：

```
<button type="submit"> 保存</button>
```

10.5.4　具名插槽

有时需要根据不同部分的内容使用多个插槽。对于这样的情况，<slot>元素有一个特殊的属性 name，也就是插槽的名称。通过它可以为不同的插槽分配独立的 id，也就能够以此来决定内容应该渲染到什么地方，从而实现分发多个部分的内容，如下：

```
<div class="container">
  <header>
    <slot name="header"></slot>
  </header>
  <main>
    <slot></slot>
  </main>
  <footer>
    <slot name="footer"></slot>
  </footer>
</div>
```

一个不带 name 属性的<slot>出口会带有隐含的名称 default，具名插槽匹配内容片段中有对应 name 属性的元素，具名插槽和匿名插槽可以共存。

在向具名插槽提供内容的时候，我们可以在一个<template>元素上使用 v-slot 指令，并以 v-slot 指令的参数的形式提供其名称，代码如下：

```
<base-layout>
  <template v-slot:header>
    <h1>头部内容在这里</h1>
  </template>
  <template v-slot:default>
    <p>主要内容段落 1 在这里</p>
    <p>主要内容段落 2 在这里</p>
  </template>
  <template v-slot:footer>
```

```
    <p>脚部内容在这里</p>
  </template>
</base-layout>
```

渲染所得的 HTML 代码如下所示：

```
<div class="container">
  <header>
    <h1>头部内容在这里</h1>
  </header>
  <main>
    <p>主要内容段落 1 在这里</p>
    <p>主要内容段落 2 在这里</p>
  </main>
  <footer>
    <p>脚部内容在这里</p>
  </footer>
</div>
```

⚠️**注意**

v-slot 指令只能添加在<template>元素中。

10.5.5 作用域插槽

前面提到插槽能够访问父组件的作用域，但是有时也需要让插槽内容能够访问子组件中的数据。比如当一个组件被用来渲染一个项目数组时，希望能够自定义每个项目的渲染方式，这时就需要使用作用域插槽。

【例 10-7】作用域插槽的使用。具体代码如下：

```
<div id="app">
  <list>
    <template v-slot:default="slotProps">
      <span>{{ slotProps.item }}</span>
    </template>
  </list>
</div>
<script>
  const vm = Vue.createApp({});
  vm.component('list', {
    data() {
      return {
        items: ['富强', '民主', '文明', '和谐', '自由', '平等', '公正', '法治', '爱国',
'敬业', '诚信', '友善']
      }
    },
    template: `<ul>
<li v-for="(item, index) in items"><slot :item="item"></slot></li>
</ul>`
  });
  vm.mount('#app');
</script>
```

要使 item 在父级提供的插槽内容上可用，我们可以添加一个 <slot> 元素并将 item 作为一个属性绑定，如上例中的<slot :item="item"></slot>，当然可以根据自己的需要将任意数量的属性绑定到<slot>上。

绑定在<slot>元素上的属性被称为插槽 prop。因此，在父级作用域中，我们可以使用带值的 v-slot 指令来定义我们提供的插槽 prop 的名字，如上例中的 v-slot:default="slotProps"，这里将包含所有插槽 prop 的对象命名为 slotProps，这个名字是自定义的。最终渲染效果如图 10-13 所示，作用域插槽中数据的获取关系如图 10-14 所示。

图 10-13　作用域插槽的使用效果图

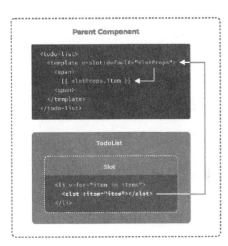

图 10-14　作用域插槽中数据的获取关系

任务实现

"公民基本道德规范"页面的实现代码如下：

```
<!DOCTYPE html>
<html lang="en">
<head>
  <meta charset="UTF-8">
  <meta http-equiv="X-UA-Compatible" content="IE=edge">
  <meta name="viewport" content="width=device-width, initial-scale=1.0">
  <title>插槽内容</title>
  <style>
    .box{text-align: center;}
  </style>
  <script src="js/vue-3.2.31.js"></script>
</head>
<body>
  <div id="app">
    <show-box>
      <h3>公民基本道德规范</h3>
      <img src="img/citizen.png" alt="您的图片走丢了！">
      <p><a href="#">学习详细内容</a></p>
    </show-box>
  </div>
  <script>
```

```
    const vm = Vue.createApp({});
    vm.component('show-box', {
      template: '<div class="box">
      <slot></slot>
    </div>'
    });
    vm.mount('#app');
  </script>
</body>
</html>
```

任务 10.6 动 态 组 件

📖 任务描述

本任务将完成选项卡切换展示。切换选项卡时，相应展示当前选项卡内的内容，不同选项卡的内容是不同的组件，页面效果如图 10-15 所示。

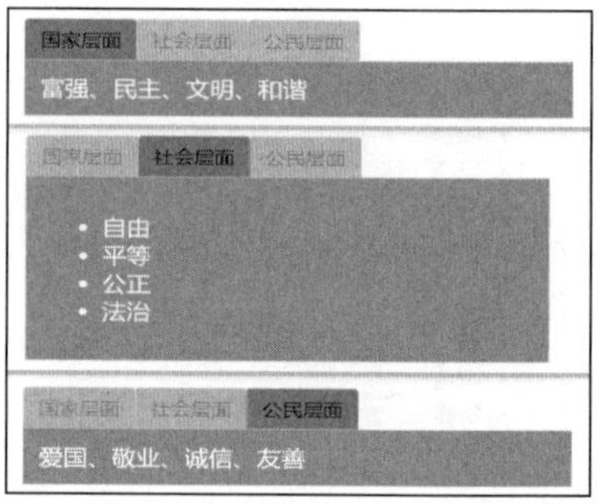

✏️ 任务分析

完成选项卡切换展示需要以下几个步骤。

(1) 完成静态页面设计和代码编写。

图 10-15 选项卡切换展示效果图

(2) 创建 Vue 实例。

(3) 分别创建子组件，为每个组件写不同的模板内容。

(4) 在 HTML 代码中编写<component>标签，为其设置 is 属性来判断要切换的组件。

(5) 编写计算属性实现不同组件的切换。

📇 知识准备

Vue 支持动态组件，多个组件使用同一挂载点，可以根据条件动态地切换这些组件。使用<component>标签并为其设置 is 属性来切换不同的组件，如下：

```
<component :is="currentTabComponent"></component>
```

这样既可保持这些组件的状态，还可以切换组件，避免反复渲染导致的性能问题。

【例 10-8】使用动态组件。具体代码如下：

```
<!-- HTML 代码段 -->
<div id="app" class="demo">
    <button v-for="tab in tabs" :key="tab" :class="['tab-button', { active:
currentTab === tab }]"
     @click="currentTab = tab">
     {{ tab }}
    </button>
    <component :is="currentTabComponent" class="tab"></component>
</div>
```

```
<script>
  const vm = Vue.createApp({
    data() {
      return {
        currentTab: 'Home',
        tabs: ['Home', 'Posts', 'Archive']
      }
    },
    computed: {
      currentTabComponent() {
        return 'tab-' + this.currentTab.toLowerCase()
      }
    }
  })
  vm.component('tab-home', {
    template: `<div class="demo-tab">Home</div>`
  })
  vm.component('tab-posts', {
    template: `<div class="demo-tab">Posts</div>`,
  })
  vm.component('tab-archive', {
    template: `<div class="demo-tab">Archive</div>`
  })
  vm.mount('#app');
</script>
```

切换不同的选项卡，会显示不同的组件内容，如图 10-16 所示。

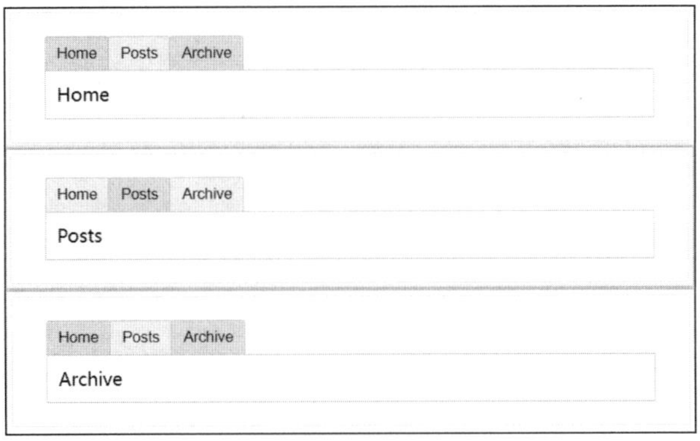

图 10-16　使用动态组件的显示效果

但是上例存在一个问题，当切换到 Archive 选项卡，然后再切换回 Posts 选项卡时，不会继续展示之前选择的文章。这是因为每次切换新选项卡的时候，Vue 都创建了一个新的 currentTabComponent 实例。

为了避免重复渲染，我们更希望那些选项卡的组件实例在它们第一次被创建的时候能够缓存下来。为了解决这个问题，我们可以用<keep-alive>元素将动态组件包裹起来。对上例做如下修改：

```
<keep-alive>
 <component :is="currentTabComponent" class="tab"></component>
</keep-alive>
```

任务实现

选项卡切换展示的实现代码如下：

```html
<!DOCTYPE html>
<html lang="en">
<head>
  <meta charset="UTF-8">
  <meta http-equiv="X-UA-Compatible" content="IE=edge">
  <meta name="viewport" content="width=device-width, initial-scale=1.0">
  <title>动态组件</title>
  <style>
    .demo {
      border-radius: 2px;
      padding: 20px 30px;
      margin: 0 auto;
      user-select: none;
      overflow-x: auto;
    }
    .tab-button {
      padding: 6px 10px;
      border-top-left-radius: 3px;
      border-top-right-radius: 3px;
      border: 1px solid #ccc;
      cursor: pointer;
      background: #f16b1d;
      margin-bottom: -1px;
      margin-right: -1px;
      opacity: 0.5;
    }
    .tab-button:hover {
      background: #f16b1d;
      opacity: 1;
    }
    .tab-button.active {
      background: #f16b1d;
      opacity: 1;
    }
    .demo-tab {
      border: 1px solid #ccc;
      padding: 10px;
      background: #f38748;
      color: #fff;
    }
  </style>
  <script src="js/vue-3.2.31.js"></script>
</head>
<body>
  <div id="app" class="demo">
    <div class="demo">
```

```
    <button v-for="tab in tabs" :key="tab" :class="['tab-button', { active:
currentTab === tab }]"
      @click="currentTab = tab">
      {{ tab }}
    </button>
    <keep-alive>
      <component :is="currentTabComponent" class="tab"></component>
    </keep-alive>

  </div>
 </div>
 <script>
   const vm = Vue.createApp({
     data() {
       return {
         currentTab: '国家层面',
         tabs: ['国家层面', '社会层面', '公民层面']
       }
     },
     computed: {
       currentTabComponent() {
         return 'tab-' + this.currentTab
       }
     }
   })
   vm.component('tab-国家层面', {
     template: `<div class="demo-tab">富强、民主、文明、和谐</div>`
   })
   vm.component('tab-社会层面', {
     template: `<div class="demo-tab">
     <ul>
       <li v-for="post in posts">
         {{ post }}
       </li>
     </ul>
   </div>`,
     data() {
       return {
         posts: ['自由', '平等', '公正', '法治']
       }
     }
   })
   vm.component('tab-公民层面', {
     template: `<div class="demo-tab">爱国、敬业、诚信、友善</div>`
   })
   vm.mount('#app');
 </script>
</body>
</html>
```

本 章 小 结

本章介绍了 Vue 的组件定义、组件注册、组件数据的传递、组件事件监听、插槽和动态组件等内容。下面对本章内容做一个小结。

(1) 组件是带有名称的可复用实例，组件有两个主要特点：组件复用和以一棵嵌套的组件树的形式来组织一个应用。

(2) 组件在使用前必须先注册以便 Vue 能够识别，组件的注册类型有两种：全局注册和局部注册。

(3) 组件在使用的时候类似于一个自定义元素，而元素一般都有属性，同样组件也可以有属性，在组件注册的同时我们可以注册一些自定义属性并称之为 prop，使用 props 选项将所有的 prop 包含在该选项列表中。

(4) 子组件如果需要与父组件通信传递数据，可以使用自定义事件实现。子组件使用 $emit()方法自定义触发事件，父组件使用 v-on 指令监听子组件的自定义事件。

(5) 组件当作自定义元素使用，元素一定会有元素内容，通过使用 Vue 的自定义<slot>元素向一个组件传递内容。插槽可以是字符串，也可以包含任何模板代码，包括 HTML。

(6) Vue 支持动态组件，多个组件使用同一挂载点，可以根据条件动态地切换这些组件。

自 测 题

一、单选题

1. 组件的全局注册可以传入(　　)参数。
   (1) 组件的名称　(2) props　(3) 组件的构造函数　(4) 自定义元素的名字
   A. (1) (3)　　　　　B. (1) (2) (3)　　　C. (1) (2) (3) (4)　　　D. (1) (4)

2. 子组件中修改父组件的状态会导致父组件与子组件高耦合，为避免子组件直接依赖父组件的数据，应当(　　)。
   A. 使用 this. $ parent 访问它的父组件
   B. 尽量显式地使用 props 传递数据
   C. 使用修饰符. sync
   D. 通过 v-on 指令或@指令监听子组件实例的任意事件

3. 有关动态组件，下面说法不正确的是(　　)。
   A. Vue 支持动态组件，多个组件使用同一挂载点，可以根据条件动态地切换这些组件
   B. <keep-alive>包裹动态组件时，会缓存不活动的组件实例，而不是销毁它们
   C. 动态组件切换中，每次切换会先将之前的组件加入缓存，然后渲染下一个组件
   D. 可以通过给 Vue 的<component>元素添加 is 属性来实现动态切换

4. 关于 vue 组件间的参数传递，说法不正确的是(　　)。
   A. 子组件给父组件传值，使用 $emit()方法

B.　父组件给子组件传值，子组件通过 props 接收数据

C.　子组件通过 $emit("Event")触发事件，父组件用@Event 监听事件

D.　父组件使用$broadcast()方法，事件会向下传导给第一个子组件

5.　关于插槽，下面说法正确的是(　　)。

A.　默认插槽可以放置在组件的任意位置,可以分发多个内容

B.　插槽可以设置备用内容，备用内容一般优先被渲染

C.　绑定在<slot>元素上的属性被称为插槽

D.　插槽能访问所在子组件的作用域

二、判断题

1.　一个组件默认可以拥有任意数量的 prop，任何值都可以传递给任何 prop。(　　)

2.　如果子组件的模板中包含<slot>元素，当组件渲染时，<slot>会与任何模板代码或其他组件一起渲染。　(　　)

3.　父级模板里的所有内容都是在父级作用域中编译的，子模板里的所有内容都是在子作用域中编译的。　(　　)

4.　$emit()主要用于父组件向子组件传递数据。　(　　)

5.　对于对象类型的 prop，Vue 会根据验证要求检查组件，验证的 type 类型可以是 String, Number, Boolean, Object, Array, Function。　(　　)

三、实训题

1. 使用 prop 传值方式实现导航栏组件

需求说明:

(1) 完成如图 10-17 所示导航栏组件，编写相应的 CSS 样式、模板以及组件。

(2) 使用 prop 向子组件传递导航栏导航内容。

图 10-17　导航栏组件效果图

实训要点:

(1) 组件的创建与使用。

(2) 传递静态 prop。

2. 使用插槽实现卡片组件

需求说明

(1) 完成如图 10-18 所示卡片组件，编写相应的 CSS 样式、模板、插槽等内容。

(2) 使用插槽完成卡片组件。

实训要点:

(1) 组件的创建与使用。

(2) 插槽的使用。

图 10-18　卡片组件的显示效果

第11章

Vue CLI

在开发大型单页面应用时，需要考虑项目的组织结构、项目构建、部署、热加载、代码单元测试等方面的问题，这些虽与核心业务逻辑并不相关，但对于项目中用到的构建工具、代码检查工具等每次都需要重复配置。显然，这不仅非常浪费时间，还影响开发效率。因此，在实际开发中会选择一些能够创建脚手架的工具，来快速搭建一个项目的框架，并进行一些项目依赖的初始配置。Vue 环境提供了脚手架工具也就是 Vue CLI，通过这个工具，可以自动生成一个基于 Vue 的单页面应用的脚手架项目，这样就可以把充沛的精力放在开发应用的核心业务上，不必耗费时间重复配置相关工具。

【学习目标】

● 了解脚手架 Vue CLI
● 掌握脚手架使用环境的搭建
● 掌握使用脚手架快速创建项目
● 掌握项目结构

【素质教育目标】

● 培养学生认真严谨的态度

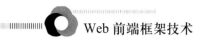

任务 11.1 Vue CLI 脚手架搭建

任务描述

本任务将学习搭建并配置脚手架环境，并创建一个项目。

任务分析

搭建并配置脚手架环境需要以下几个步骤。

(1) 搭建 Node.js 环境。

(2) 安装脚手架。

(3) 创建项目。

知识准备

11.1.1 Vue CLI 简介

Vue CLI 是一个基于 Vue 进行快速开发的完整系统，它提供以下功能。

(1) 交互式项目脚手架通过@vue/cli 搭建。

(2) 运行时依赖项@vue/cli-service，有以下特点：可升级；建立在 Webpack 之上，具有合理的默认值；可通过项目内的配置文件进行配置；可通过插件进行扩展。

(3) 丰富的官方插件集合，集成了前端生态系统中的最佳工具。

(4) 用于创建和管理 Vue 项目的完整图形用户界面。

Vue CLI 旨在成为 Vue 生态系统的标准工具基线。在 Vue 3.0 版本正式发布时，Vue CLI 将包名由原来的 vue-cli 改成了@vue/cli。

Vue CLI 有几个独立的部分，通过查看源代码，会发现它是一个包含许多单独发布的包的仓库。

1. CLI (@vue/cli)

CLI(@vue/cli)是一个全局安装的 npm 包，提供了终端 vue 命令(如 vue create、vue serve、vue ui 等)。可以通过 vue create 命令快速搭建新项目，或者直接通过 vue serve 命令构建新项目的原型，也可以使用 vue ui 命令调出一套图形化用户界面管理项目。

2. CLI 服务 (@vue/cli-service)

CLI 服务(@vue/cli-service)是一个开发依赖项，它是一个 npm 包，本地安装到通过@vue/cli 创建的项目中。CLI 服务建立在 Webpack 和 webpack-dev-server 之上。它包含以下功能。

(1) 加载其他 CLI 插件的核心服务。

(2) 提供针对大多数应用程序优化的内部 Webpack 配置。

(3) 项目中的 vue-cli-service 是二进制文件，带有基本的 serve、build 和 inspect 命令。@vue/cli-service 大致相当于 react-scripts，尽管功能集不同。

3. CLI 插件

CLI 插件是 npm 包，为 Vue CLI 项目提供可选功能，例如 Babel/TypeScript 转换、ESLint 集成、单元测试和端到端测试。Vue CLI 插件易懂且容易使用，它们的名称以 @vue/cli-plugin-(对于内置插件)或 vue-cli-plugin-(对于社区插件)开头。当在项目中使用 vue-cli-service 命令运行二进制文件时，它会自动解析并加载项目中的 package.json 列出的所有 CLI 插件。

插件可以作为项目创建过程的一部分包含在项目中，也可以稍后添加到项目中。它们也可以分组为可重复使用的预设。

11.1.2　Node.js 环境搭建

Vue 是大前端时代的产物，因此在 Vue 的开发过程中会涉及工程化的开发理念，也会经常用到打包工具比如 Webpack(node.js 中的构建工具)，所以在正式开发前需要安装 Node.js。

Node.js 是一个基于 Chrome V8 引擎的 JavaScript 运行环境，简单来说就是开发人员虽没有像 PHP、Python 或 Ruby 等动态编程语言开发经验，但通过 JavaScript 编程语言和 Node.js 运行环境即可快速、高效地创建自己的服务，所以说 Node.js 就是让 JavaScript 运行在服务端的开发平台。

1. Node.js 的下载

Node.js 的不同版本可以通过官方网站 https://nodejs.org/en/进行下载。下载步骤如下。

(1) 进入 Node.js 官方网站，如图 11-1 所示。

(2) 单击图 11-1 中的 16.14.2 LTS 选项，进行下载。从图 11-1 中可以看到，Node.js 有两个版本，LTS 版和 Current 版。LTS 版是长期维护版，版本稳定并提供长期支持，推荐多数用户使用；Current 版是最新尝鲜版，含有最新功能和特性，如果追求最新功能可以选择它。本书选用 LTS 版本进行下载。

图 11-1　Node.js 官网下载页面

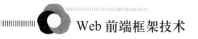

2. Node.js 的安装

(1) 下载完成后，双击 node-v16.14.2-x64.msi 安装文件，打开 Node.js 的安装界面，如图 11-2 所示。

(2) 单击图 11-2 所示界面中的 Next 按钮，进入同意许可协议界面，勾选 I accept the terms in the License Agreement 复选框。

(3) 单击图 11-3 所示界面中的 Next 按钮，打开 Node.js 的选择安装路径界面，如图 11-4 所示。在该界面中可以自定义 Node.js 的安装路径，在这里安装路径设置为 D:\nodejs\。

图 11-2　Node.js 安装界面　　　　图 11-3　Node.js 同意许可协议界面

(4) 单击图 11-4 所示界面中的 Next 按钮，进入定制安装界面，如图 11-5 所示，全部以默认状态安装即可。

(5) 单击图 11-5 所示界面中的 Next 按钮，进入设置本地模块工具界面，如图 11-6 所示，如果不需要安装 C/C++或 Python 等模块，无需勾选复选框。

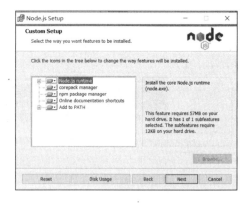

图 11-4　Node.js 选择安装路径界面　　　　图 11-5　Node.js 定制安装界面

(6) 单击图 11-6 所示界面中的 Next 按钮，进入准备安装界面，如图 11-7 所示。

(7) 单击图 11-7 所示界面中的 Install 按钮，进行安装。安装完成，单击 Finish 按钮结束安装程序。

(8) 检测 Node.js 是否成功安装，可以通过按 Win+R 组合键，打开"运行"对话框，输入 cmd 打开 Windows 终端，也可以通过 Visual Studio Code 内置终端，输入命令 node-v 或 node--version 查看 Node.js 的版本，如有版本信息则表示安装成功，如图 11-8 所示。

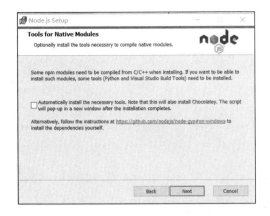

图 11-6　Node.js 设置本地模块工具界面

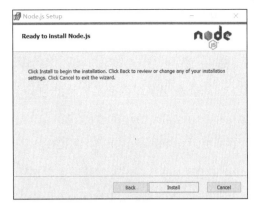

图 11-7　Node.js 准备安装界面

图 11-8　检查 Node.js 是否安装成功

11.1.3　安装脚手架

安装脚手架需要使用 npm 包管理工具，先来了解一下包管理工具。

新版的 Node.js 已经集成了 npm，所以 npm 包管理工具随 Node.js 一起安装，无须单独安装，为了解决 Node.js 代码部署上的诸多问题，npm 包管理工具主要的使用场景有以下几种。

(1) 允许用户从 npm 服务器下载他人编写的第三方包到本地使用。

(2) 允许用户从 npm 服务器下载并安装他人编写的命令行程序到本地使用。

(3) 允许用户将自己编写的包或命令行程序上传到 npm 服务器供他人使用。

同样可以通过输入 npm -v 命令来测试 npm 包管理工具是否成功安装，如图 11-9 所示。

图 11-9　检查 npm 包管理工具是否安装成功

npm 包管理工具提供了一系列操作包的命令，只要通过简单命令就可以方便快捷地管理第三方包，常用命令介绍如下。

(1) 安装命令。安装指定名称的包，需要配置 package.json 包管理配置文件，下面命令中的 express 表示指定包名(模块名称)，-g 表示全局安装。

```
npm install express        #本地安装
npm install express -g     #全局安装
```

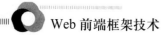

(2) 为当前项目生成 package.json 包管理配置文件命令。将安装好的全部包写入 package.json 文件,下面命令中的-y 表示确定写入。

```
npm init -y
```

(3) 卸载命令。卸载指定名称的包。

```
npm uninstall express
```

(4) 更新命令。更新指定名称的包。

```
npm update express
```

本书需要将 Node.js 中自带 8.5.0 版本的 npm 包管理工具升级至 8.5.5 版本,方便后期 Webpack 的安装,如图 11-10 所示进行升级。

(5) 项目启动命令。将项目运行起来并在本地调试,dev 表示项目服务。

```
npm run dev
```

(6) 项目构建命令。将整个项目整体打包。

```
npm run build
```

对 npm 包管理工具有了认知后,就可以安装 Vue CLI 脚手架了。

通过 Visual Studio Code 内置终端,输入如下命令安装脚手架:

```
npm install -g @vue/cli
```

脚手架成功安装后,可以使用 vue --version 命令检查安装的版本,如图 11-11 所示。

PS D:\code> npm install -g npm

added 1 package in 16s

图 11-10　升级 npm 包管理工具

PS D:\code> vue --version
@vue/cli 5.0.8

图 11-11　检查脚手架版本

11.1.4　创建项目

脚手架的环境配置完成后,就可以使用脚手架来快速创建项目了。

首先打开创建项目的路径,本书在 D:\code 这个路径下创建项目,项目名称为 myproject。具体步骤如下。

(1) 在 Visual Studio Code 内置终端窗口,输入命令 vue create myproject,按 Enter 键进行创建。此时会出现提示选择配置方式如图 11-12 所示,包括 Vue 2.x 默认配置、Vue 3.x 默认配置和手动配置,这里我们使用方向键选择 Vue 3.x 默认配置选项。

图 11-12　选择配置方式

(2) 选择 Vue 3.x 默认配置后按下 Enter 键,即可创建 myproject 项目,并显示创建过程,如图 11-13 所示。

(3) 项目创建完成,如图 11-14 所示,并可以在选定的路径中看到创建的项目文件夹,如图 11-15 所示。

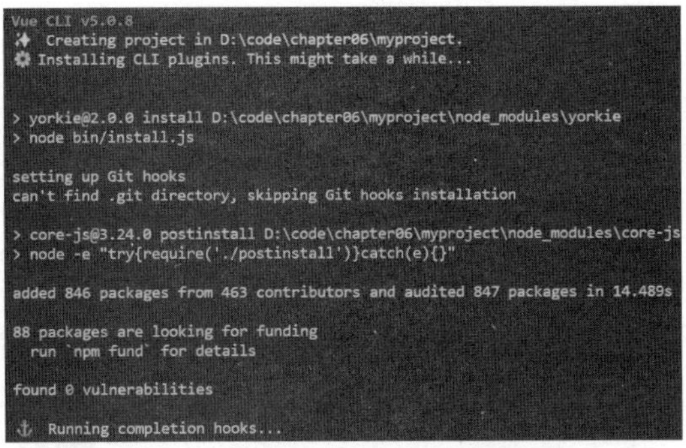

图 11-13　myproject 项目创建过程

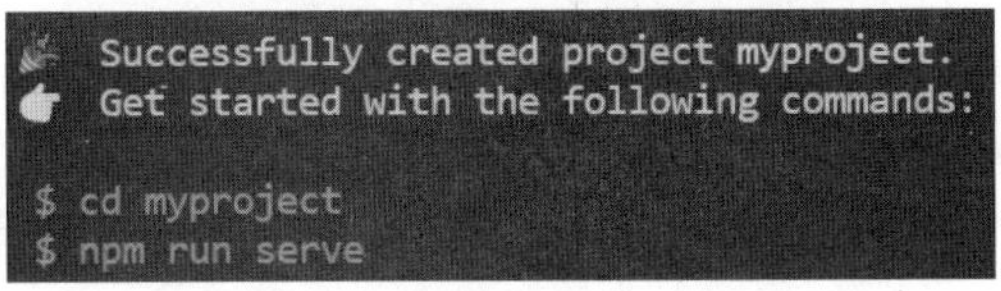

图 11-14　myproject 项目创建成功

图 11-15　创建的项目文件夹

(4) 项目创建完成后，可以启动项目。接着上面的步骤，在 Visual Studio Code 内置终端窗口输入 cd myproject 命令进入项目目录，然后输入脚手架提供的 npm run serve 命令启动项目，如图 11-16 所示。

(5) 项目启动成功后，会提供本地的测试域名，只需要在浏览器地址栏输入 http://localhost:8080/，即可打开项目，如图 11-17 所示。

图 11-16　启动项目

图 11-17　在浏览器打开项目效果图

11.1.5　项目结构

打开 myproject 目录，项目的目录结构如图 11-18 所示。

对项目目录下的文件夹和文件的作用做如下说明。

(1) node_modules 文件夹：项目依赖的模块。

(2) public 文件夹：该目录下的文件不会被 Webpack 编译压缩处理，这里会存放引用的第三库的 JS 文件。

(3) src 文件夹：项目的主目录。

(4) .gitignore：指定在 git 提交项目代码时忽略哪些文件或文件夹。

(5) babel.config.js：Babel 使用的配置文件。

(6) package.json：npm 的配置文件，其中设定了脚本和项目依赖的库。

图 11-18　项目目录结构

(7) package-lock.json：用于锁定项目实际安装的各个 npm 包的具体来源和版本号。

(8) REDAME.md：项目说明文件。

下面对项目中几个关键的文件代码进行分析。主目录 src 中的 App.vue 文件、main.js 文件和 public 文件夹中的 index.html 文件，以及配置文件 package.json。

1. App.vue 文件

该文件是一个单文件组件，包含了组件代码、模板代码和 CSS 样式规则。这里引入了 <Hello World>组件，然后在<template>中使用它。具体代码如下：

```
<template>
  <div id="app">
    <img alt="Vue logo" src="./assets/logo.png">
    <HelloWorld msg="Welcome to Your Vue.js App"/>
  </div>
</template>
<script>
import HelloWorld from './components/HelloWorld.vue'
export default {
  name: 'App',
  components: {
    HelloWorld
  }
}
</script>
<style>
#app {
  font-family: Avenir, Helvetica, Arial, sans-serif;
  -webkit-font-smoothing: antialiased;
  -moz-osx-font-smoothing: grayscale;
  text-align: center;
  color: #2c3e50;
  margin-top: 60px;
}
</style>
```

2. main.js 文件

该文件是程序的入口 JavaScript 文件，主要用于加载各种公共组件和项目所需要使用到的各种插件，并创建 Vue 的根实例。具体代码如下：

```
import Vue from 'vue'
import App from './App.vue'
Vue.config.productionTip = false
new Vue({
  render: h => h(App),
}).$mount('#app')
```

3. index.html 文件

该文件是项目的主文件，包含一个 id 属性为 app 的<div>元素，组件实例会自动挂载到该元素上，具体代码如下：

```
<!DOCTYPE html>
<html lang="">
  <head>
    <meta charset="utf-8">
    <meta http-equiv="X-UA-Compatible" content="IE=edge">
    <meta name="viewport" content="width=device-width,initial-scale=1.0">
    <link rel="icon" href="<%= BASE_URL %>favicon.ico">
    <title><%= htmlWebpackPlugin.options.title %></title>
  </head>
  <body>
    <noscript>
      <strong>We're sorry but <%= htmlWebpackPlugin.options.title %> doesn't work
properly without JavaScript enabled. Please enable it to continue.</strong>
    </noscript>
    <div id="app"></div>
    <!-- built files will be auto injected -->
  </body>
</html>
```

4. package.json 配置文件

package.json 是 JSON 格式的 npm 配置文件，定义了项目中需要的所有依赖，包括各种模块以及项目的配置信息。在项目开发中经常需要修改该文件的配置内容。package.json 的主要代码段和注释具体如下：

```
{
  "name": "myproject",        //项目文件的名称
  "version": "0.1.0",         //项目版本
  "private": true,            //项目是否为私有项目
  "scripts": {                //只是一个对象，里面设置了项目生命周期各个环节需要执行的命令
    "serve": "vue-cli-service serve",        //执行 npm run serve，运行项目
    "build": "vue-cli-service build",        //执行 npm run build，构建项目
    "lint": "vue-cli-service lint"           //执行 npm run lint，运行 ESLint 验证
  },
  "devDependencies": {        //包含了所有项目依赖，仅用于开发环境，不发布到生产环境
    "@babel/core": "^7.12.16",
    "@babel/eslint-parser": "^7.12.16",
    "@vue/cli-plugin-babel": "~5.0.0",
```

```
    "@vue/cli-plugin-eslint": "~5.0.0",
    "@vue/cli-service": "~5.0.0",
    "eslint": "^7.32.0",
    "eslint-plugin-vue": "^8.0.3",
    "vue-template-compiler": "^2.6.14"
}
```

任务实现

按照知识准备中讲解的步骤一步步地进行配置，即可完成脚手架的搭建。

本 章 小 结

本章介绍了 Vue 的自动化构建工具 Vue CLI 的相关知识、脚手架环境的搭建、如何下载安装 Node.js、如何使用 npm 包管理工具、如何使用脚手架创建项目以及构建好的项目结构。下面对本章内容做一个小结。

(1) Vue CLI 是一个基于 Vue 进行快速开发的完整系统，是一个包含许多单独发布的包的仓库。

(2) 安装脚手架需要使用 Node.js 和 npm 包管理工具。

(3) 使用脚手架可以快速创建项目，不必耗费时间重复配置相关工具，这样就可以把充沛的精力放在开发应用的核心业务上。

自 测 题

一、单选题

1. 下面选项中，表示一个 Node.js 的包管理工具，用来解决 Node.js 代码部署问题的是(   )。

    A. webpack   B. vue   C. Node   D. npm

2. 下面选项中，用于卸载指定包依赖的命令是(   )。

    A. npm uninstall   B. npm install   C. npm update   D. npm start

3. Windows 系统内置的命令行工具是(   )。

    A. npm   B. cmder   C. git-bash   D. cmd

4. 以下(   )文件夹是项目的主目录。

    A. src   B. components   C. node_modules D. public

5. 以下(   )文件是程序的入口 JavaScript 文件。

    A. Vue.js   B. main.js   C. index.html   D. package.json

二、判断题

1. vue-cli 是快速创建 Vue 项目的脚手架工具。   (   )

2. npm run serve 命令用来构建项目。   (   )

3. Node.js 还提供了交互式环境 REPL，类似 Chrome 浏览器的控制台。   (   )

4.　@代表源代码目录，一般情况下是 img 文件夹。　　　　　　　　　　(　　)

5.　Vue CLI 采用关注点分离的开发方式，不适合组件化开发。　　　　　(　　)

三、实训题

1. 简单描述 Vue CLI 的安装过程

实训要点：

(1) Node.js 环境的搭建。

(2) npm 包管理工具的使用。

(3) Vue CLI 环境的搭建。

2. 练习搭建脚手架环境并创建项目

实训要点：

(1) 使用 Vue CLI 创建项目。

(2) 清楚项目中主要文件。

第 12 章
Vue 路由和状态管理

在传统的多页面应用中，页面之间的跳转都需要向服务器发起请求，服务器处理请求后向浏览器推送页面。但是在单页面应用中，整个项目中只存在一个 HTML 文件，当用户切换页面时，只是通过对这个唯一的 HTML 文件进行动态重写，从而响应用户的请求。由于访问的页面并不是真实存在的，页面间的跳转都是在浏览器端完成的，从而就需要用到前端路由 Vue Router。

在实际项目开发中，也经常会遇到多个组件需要访问同一数据的情况，且都需要根据数据的变化做出响应，而这些组件之间可能还不是简单的父子组件的关系，这时候就需要一个全局的状态管理方案。Vuex 是一个专门为 Vue 应用程序开发的状态管理模式，可以集中存储管理应用中所有组件的数据，并以相应的规则保证数据以一种可预测的方式发生变化。

本章将重点学习官方的路由管理器 Vue Router 和状态管理核心库 Vuex。

【学习目标】

- 掌握 Vue 路由的基本使用
- 掌握嵌套路由的使用
- 掌握命名路由的使用
- 理解状态管理的概念
- 掌握 Vuex 的基本使用

【素质教育目标】

- 弘扬工匠精神
- 树立学生精益求精的专业精神

任务 12.1　Vue Router

任务描述

本任务将完成大国工匠网站，通过"剧集列表"链接跳转到剧集页面，通过"分集剧情"链接跳转到剧情介绍页面，通过"我要评论"链接跳转到评论页面，如图 12-1 所示。

图 12-1　大国工匠网站效果图

任务分析

完成大国工匠网站需要以下几个步骤。

(1) 新建项目并安装 Vue Router。

(2) 完成组件 App.vue、videos.vue、storys.vue、myComments.vue 几个文件的编写。

(3) 创建路由配置文件存放目录 router，在路由配置信息文件 index.js 中引入自定义组件，创建路由实例并输出。

(4) 在主程序入口文件 main.js 中，创建 Vue 实例，使用已定义好的路由。

(5) 运行项目。

知识准备

Vue Router 是 Vue 的官方路由管理器。它与 Vue 核心深度集成，从而使用 Vue 构建单页应用程序变得轻而易举。

12.1.1　路由的基本使用

1. Vue Router 的安装

Vue Router 提供了 CDN 引入、npm 命令安装等方式，用户可以根据项目需求选择其中之一进行安装。

(1) 可以直接通过 CDN 下载并引入到 HTML 文件中。如下：

```
<script src="https://unpkg.com/vue-router@4"></script>
```

unpkg.com 提供基于 npm 的 CDN 链接。上面的链接将始终指向 npm 上的最新版本。还可以通过 URL 指定特定的版本，如下：

```
<script src="https://unpkg.com/vue-router@4.0.5/dist/vue-router.global.js"></script>
```

(2) 如果使用模块化开发，则使用 npm 命令安装，如下：

```
npm install vue-router@4
```

2. 在项目中使用路由

使用 Vue+Vue Router 创建单页应用程序很常见，使用 Vue 的组件组合我们的应用程序，将 Vue Router 添加到组合中时，需要将组件映射到路由并让 Vue Router 知道在哪里渲染它们。以例 12-1 的前端路由配置为例进行讲解。

【例 12-1】使用 Vue Router 实现工匠精神网站的页面跳转。

前端路由的配置有如下的步骤。

(1) 使用 Vue CLI 新建一个 Vue 3.x 的脚手架项目，项目名为 demo12-1，创建方法具体见 11.1.3 小节的内容。

(2) 进入项目目录，打开终端窗口输入以下命令，为项目安装 Vue Router：

```
npm install vue-router@4
```

(3) 在 App.vue 中使用<router-link>组件设置导航链接，而不是使用常规的<a>标签。<router-link>允许 Vue Router 在不重新加载页面的情况下更改 URL，处理 URL 生成其编码。使用<router-view>组件指定在何处渲染显示与 URL 对应的组件。相关代码如下：

```
<template>
  <img alt="匠心精神" src="./assets/sprite.png" />
  <p>
    <router-link to="/">首页</router-link> |
    <router-link to="/videos">精彩视频</router-link> |
    <router-link to="/comments">评论区</router-link>
  </p>
  <router-view></router-view>
</template>
<script>
export default {
  name: 'App',
  components: {
  }
```

```
}
</script>
…
```

(4) 定义路由组件。在 components 目录下新建 myHome.vue 、 myVideos.vue 、
myComments.vue 三个文件。三个文件中的代码如下：

```
<!-- myHome.vue -->
<template>
  <div>首页内容</div>
</template>
<script>
export default {
  name: 'myHome',
}
</script>

<!-- myVideos.vue -->
<template>
  <div>视频列表</div>
</template>
<script>
export default {
  name: 'myVideos',
}
</script>

<!-- myComments.vue -->
<template>
  <div>评论内容</div>
</template>
<script>
export default {
  name: 'myComments',
}
</script>
```

(5) 想要在项目中使用路由，需要单独定义一个模块文件，配置路由信息。在 src 目录
下创建一个名为 router 的文件夹，在该目录下新建一个 index.js 文件，该文件中的代码如下：

```
// 引入 createRouter 和 createWebHashHistory
import { createRouter, createWebHashHistory } from "vue-router";
// 引入三个自定义路由组件
import myHome from '@/components/myHome'
import myVideos from '@/components/myVideos'
import myComments from '@/components/myComments'

//定义路由实例，将第(3)步中设置的导航链接 url 和组件一一对应起来
const router = createRouter({  // eslint-disable-line no-unused-vars
   history: createWebHashHistory(),
   routes:[
       {
```

```
        path:'/',
        component: myHome
    },
    {
        path:'/videos',
        component: myVideos
    },
    {
        path:'/comments',
        component: myComments
    },
    ]
})
// 作为默认路由输出
export default router
```

⚠️ **注意**

为了在 main.js 文件中成功导入路由，必须输出默认路由，因此 export default router 这句代码必不可少。

(6) 在程序入口文件 main.js 中，使用 router 实例让整个应用都有路由功能，代码如下：

```
import { createApp } from 'vue'
import App from './App.vue'
import router from './router'

createApp(App).use(router).mount('#app')
```

此时，前端路由全部配置完毕，打开终端窗口，输入 npm run serve 命令，运行项目，单击各个链接实现跳转，效果如图 12-2 所示。

图 12-2　前端路由切换效果图

在整个文档中，我们将经常使用该路由实例。在调用时，除了使用<router-link>标签，还可以在单击事件的处理函数中使用 this.$route.push('/videos')，其中 this.$route 是当前路由对象，push()方法是跳转，传入的参数是要跳转到的链接。

3. 动态匹配路由

实际项目开发中，很多时候我们需要将具有给定模式的路由映射到同一个组件。例如，在例 12-1 中，我们可能有一个 Video 组件，对于所有 ID 各不相同的视频，都使用这个组件来渲染，跳转链接分别为/video/1、/video/2。这时需要映射到相同的路由，在 Vue Router

中，可以在路径中使用动态段来实现，称之为动态路径参数，动态路径参数使用冒号 ":"
标记，如/video/:id。当路由匹配时，其参数的值会被设置到 this.$route.params 中，可以在每
个组件中接收该值。因此，我们可以通过更新模板来呈现当前视频 id。

对例 12-1 中的代码做如下修改。修改 App.vue 文件内容，使用<router-link>标签添加两
个导航链接，代码如下：

```
<template>
  …
  <p>
    <router-link to="/video/1">视频 1</router-link> |
    <router-link to="/video/2">视频 2</router-link>
  </p>
  <router-view></router-view>
</template>
```

在 components 目录下新建 Video.vue 文件，文件中的代码如下：

```
<!-- Video.vue -->
<template>
  <div>视频 ID: {{ this.$route.params.id }}</div>
</template>

<script>
export default {
    name: 'Video',
}
</script>
```

最后修改 router 目录下的 index.js 文件，导入 Video 组件，并添加动态路径/video/:id 的
路由配置，代码如下：

```
…
import Video from '@/components/Video'

const router = createRouter({   // eslint-disable-line no-unused-vars
    history: createWebHashHistory(),
    routes:[
      …,
      {
          path:'/video/:id',
          component:Video
      }
    ]
})
```

运行项目，效果如图 12-3 所示。

在同一个路由中可以有多个路径参数，它们将会映射到$route.params 中的相应字段，
如表 12-1 所示。

除了$route.params，该$route 对象还公开了其他有用的信息，例如$route.query(如果 URL
中有查询)、$route.hash 等。

图 12-3　动态路由匹配效果图

表 12-1　params 与路径的匹配关系表

格　式	匹配路径	$route.params
/users/:username	/users/eduardo	{ username: 'eduardo' }
/users/:username/posts/:postId	/users/eduardo/posts/123	{ username: 'eduardo', postId: '123' }

12.1.2　嵌套路由

某些应用程序的 UI 由嵌套在多个级别深度中的组件组成。在这种情况下，URL 的段对应于嵌套组件的某种结构是很常见的，例如：

```
/user/johnny/profile                      /user/johnny/posts
+------------------+                      +------------------+
| User             |                      | User             |
| +--------------+ |                      | +--------------+ |
| | Profile      | |  +--------------->  | | Posts        | |
| |              | |                      | |              | |
| +--------------+ |                      | +--------------+ |
+------------------+                      +------------------+
```

图 12-4　嵌套组件关系

使用 Vue Router，可以使用嵌套路由配置来表达这种关系。

例如，在 12.1.1 中的视频 1、视频 2 两个链接按逻辑不应与首页、精彩视频、评论区是同级关系，而是应与精彩视频是上下级关系。

重新对例 12-1 中的代码做如下修改。首先修改 myVideos.vue 组件，视频 1、视频 2 跳转链接仍然为/video/1、/video/2，在构建 URL 时，为了表达这两个地址应在/videos 后面，因此在此组件中又定义了两个<router-link>标签来表示嵌套子路由地址，添加一个<router-view>标签来表示嵌套子路由渲染节点，代码如下：

```
<template>
  <div>视频列表</div>
    <router-link to="/video/1">视频 1</router-link> |
    <router-link to="/video/2">视频 2</router-link> |
    <div>
      <router-view></router-view>
    </div>
</template>
```

同样在 components 目录下新建 Video.vue 文件，文件中的代码如下：

```
<!-- Video.vue -->
<template>
  <div>视频ID: {{ this.$route.params.id }}</div>
</template>

<script>
export default {
    name: 'Video',
}
</script>
```

最后修改 router 目录下的 index.js 文件，导入 Video 组件，在路径/videos 中添加 children 选项，将动态路径/video/:id 的路由配置嵌套其中，代码如下：

```
…
import Video from '@/components/Video'

const router = createRouter({   // eslint-disable-line no-unused-vars
    history: createWebHashHistory(),
    routes:[
        …,
        {
            path:'/videos',
            component:myVideos,
        //嵌套路由
            children:[{
                path:'/video/:id',
                component:Video,
            },{
                path:'/video/:id',
                component:Video,
            }]
        },
    ]
})
```

运行项目，效果如图 12-5 所示。

图 12-5　嵌套路由效果图

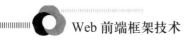

12.1.3 命名路由

某些时候，生成的路径可能会很长，在使用中会有些不便，这时候如果能通过一个名称来标识一个路由，在使用时将会更加方便。因此在 Vue Router 中，可以在创建 Router 实例时，在 routes 配置中给某个路由设置名称。

例如，在例 12-1 中再添加一个链接"工匠故事"，首先在 components 目录下新建 myStorys.vue 文件，文件中的代码如下：

```
<!-- myStorys.vue -->
<template>
  <div>工匠故事</div>
</template>

<script>
export default {
  name: 'myStorys',
}
</script>
```

然后修改 router 目录下的 index.js 文件，导入 myStorys 组件，在为路径/story 设置路由时为其设置名称 router1，代码如下：

```
…
import myStroys from '@/components/myStorys'

const router = createRouter({  // eslint-disable-line no-unused-vars
    history: createWebHashHistory(),
    routes:[
      …,
      {
          path:'/storys',
          name:'router1',
          component:myStroys
      },
    ]
})
```

最后修改 App.vue 文件，在使用了命名路由后，在需要使用<router-link>标签进行跳转时，可以为 to 属性传递一个对象，该对象内容就是命名路由的名称，这样就可以跳转到指定路由地址了，代码如下：

```
<template>
  …
  <p>
    <router-link :to="{name:'router1'}">工匠故事</router-link> |
  </p>
  <router-view></router-view>
</template>
```

运行项目，效果如图 12-6 所示。

图 12-6　命名路由效果图

任务实现

创建项目 task7.1，并为项目安装 vue-router。在 src 目录下创建 router 文件夹，并在该目录中创建 index.js 文件，在 components 目录下分别创建 videos.vue、storys.vue、myComments.vue 三个文件。整个项目的文档结构如图 12-7 所示。

其中 App.vue 文件中的关键代码如下：

图 12-7　task7.1 项目的文档结构

```html
<template>
  <div class="box">
    <div class="left-con">
      <img alt="大国工匠" src="./assets/sprite1.png" />
    </div>
    <div class="right-con">
      <ul>
        <li><router-link to="/">剧集列表</router-link></li>
        <li><router-link to="/story">分集剧情</router-link></li>
        <li><router-link to="/comments">我要评论</router-link></li>
      </ul>
      <router-view></router-view>
    </div>
  </div>

</template>

<script>
export default {
  name: 'App',
  components: {
  }
}
</script>

<style>
#app {
  font-family: Avenir, Helvetica, Arial, sans-serif;
```

```
 -webkit-font-smoothing: antialiased;
 -moz-osx-font-smoothing: grayscale;
 text-align: center;
 color: #2c3e50;
 margin-top: 30px;
}
.box{
 width: 600px;
}
.left-con{
 position: absolute;
 width: 20%;
}
.left-con img{
 width: 100%;
}
.right-con{
 position: absolute;
 left: 25%;
 width: 70%;
}
.right-con ul li{
 display: inline-block;
 width:33%;
 height: 40px;
 font-size: 24px;
 line-height: 40px;
}
}
</style>
```

videos.vue 文件中的关键代码如下：

```
<!-- videos.vue -->
<template>
  <div>
    <ul>
      <li>
        <img src="../assets/video1.png" alt="">
        <p>《大国工匠》 第一集 大勇不惧</p>
      </li>
      <li>
        <img src="../assets/video2.png" alt="">
        <p>《大国工匠》 第二集 大术无极</p>
      </li>
      <li>
        <img src="../assets/video2.png" alt="">
        <p>《大国工匠》 第三集 大巧破难</p>
      </li>
    </ul>
  </div>
</template>
```

storys.vue 文件中的关键代码如下：

```
<!-- storys.vue -->
<template>
  <h3>《大国工匠》 第一集 大勇不惧</h3>
  <p>本期节目主要内容： 川藏铁路属于国家的重点规划项目，铺设难度创造了新的世界之最。中铁二局二
公司隧道爆破高级技师彭祥华从 1994 年 7 月参加工作以来，二十多年如一日坚守在工程建设一线，参加了
横南铁路、朔黄铁路、菏日铁路、青藏铁路、川藏铁路 (拉林段) 等 10 余项国家重点工程建设。他多年战斗
在祖国偏远地区，不怕艰辛，为祖国建设付出了青春与热血。(《大国工匠》 第一集 大勇不惧)</p>
  <h3>《大国工匠》 第二集 大术无极</h3>
  <p>本期节目主要内容： 坦克集群，在辽阔的大地上风驰电掣，一往无前，现在中国的坦克制造能力已经
跻身世界第一方阵了。装甲是坦克的第一要件。中国兵器工业集团首席焊工卢仁峰的工作就是负责把坦克的
各种装甲钢板连缀为一体。这个左手残疾，仅靠右手练就一身电焊绝活的焊接工人，其手工电弧焊单面焊双
面成型技术堪称一绝。 (《大国工匠》 第二集 大术无极)</p>
</template>
```

myComments.vue 文件中的关键代码如下：

```
<!-- myComments.vue -->
<template>
  <h3>我要评论</h3>
  <textarea name="comment" id="comment" cols="100" rows="10"></textarea>
</template>
```

路由配置文件 index.js 文件中的关键代码如下：

```
import { createRouter, createWebHashHistory } from "vue-router";
import videos from '@/components/videos'
import storys from '@/components/storys'
import myComments from '@/components/myComments'

const router = createRouter({  // eslint-disable-line no-unused-vars
  history: createWebHashHistory(),
  routes:[
    {
      path:'/',
      component:videos
    },
    {
      path:'/story',
      component:storys,
    },
    {
      path:'/comments',
      component:myComments
    },
  ]
})
export default router
```

主程序入口 mani.js 文件中的关键代码如下：

```
import { createApp } from 'vue'
import App from './App.vue'
```

```
import router from './router'
createApp(App).use(router).mount('#app')
```

任务 12.2　状态管理——Vuex

📖 任务描述

本任务将完成大国工匠网站用户管理页面，该页面可以显示后端已存在的用户信息，还可以添加新的用户数据，并随时更新用户信息显示，如图 12-8 所示。

图 12-8　用户管理页面

✏️ 任务分析

完成大国工匠网站用户管理页面需要以下几个步骤。

(1) 新建项目并安装 Vuex。

(2) 在 src 目录下创建一个名为 store 的文件夹，在该目录下新建一个 index.js 文件，在其中创建 store 实例，并写好 state 对象和 mutation 对象。

(3) 完成组件 App.vue、UserManage.vue 两个文件的编写，在组件中提取状态管理中的数据。

(4) 在主程序入口文件 main.js 中，创建 Vue 实例，使用定义好的状态 store。

(5) 运行项目。

📚 知识准备

12.2.1　初识 Vuex

Vuex 是 Vue 应用程序的状态管理模式库。它采用集中式存储来管理应用程序中所有组件的状态，其规则是确保状态只能以可预测的方式进行更改。

从一个简单的 Vue 计数器应用程序开始理解 Vue 的单向数据流机制，代码如下：

```
const Counter = {
 // state
 data () {
  return { count: 0 }
 },
```

```
// view
template: `<div>{{ count }}</div>`,
// actions
methods: {
  increment () {
    this.count++
  }
}
}
createApp(Counter).mount('#app')
```

它是一个独立的应用程序，具有以下部分：

(1) state：驱动应用程序的数据来源；

(2) view：状态的声明性映射；

(3) actions：状态在响应视图中根据用户输入而改变的方式。

图 12-9 所示是单向数据流概念的简单表示。

但是，当我们有多个共享共同状态的组件时，这种简单性很快就会崩溃，会出现以下两个问题。

(1) 多个视图可能依赖于同一个状态。

(2) 来自不同视图的操作可能需要改变同一状态。

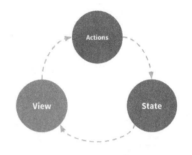

图 12-9　单向数据流

对于问题(1)，通过 props 传递对于深度嵌套的组件来说可能很烦琐，并且对于同级组件根本不起作用。对于问题(2)，我们经常发现自己诉诸解决方案，例如直接的父/子实例引用，或者尝试通过事件来改变和同步状态的多个副本。这两种模式都很脆弱，很快就会导致代码无法维护。

想要解决这些问题，我们可以从组件中提取共享状态，并在全局单例中对其进行管理。这样，组件树就变成了一个大的“视图”，任何组件都可以访问状态或触发操作，无论它们在树中的哪个位置。通过定义和分离状态管理中涉及的概念，并执行保持视图和状态之间独立性的规则，代码会变得更加结构化且易于维护。Vuex 的工作原理图如图 12-10 所示。

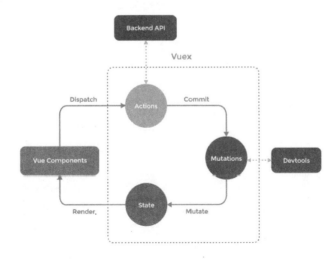

图 12-10　Vuex 工作原理图

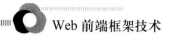

这就是 Vuex 工作的基本思想，与其他模式不同，Vuex 也是一个专门为 Vue 量身定制的库，实现 Vue 利用其粒度反应系统进行高效更新。

12.2.2 Vuex 的基本使用

1. Vuex 的安装

Vuex 提供了 CDN 引入、npm 命令安装等方式，用户可以根据项目需求选择其中之一进行安装。

(1) 可以直接通过 CDN 下载并引入到 HTML 文件中。如下：

```
<script src=" https://unpkg.com/vuex@next"></script>
```

unpkg.com 提供基于 npm 的 CDN 链接。上面的链接将始终指向 npm 上的最新版本。还可以通过 URL 指定特定的版本，如下：

```
<script src=" https://unpkg.com/vuex@4.0.0/dist/vuex.global.js"></script>
```

(2) 如果使用模块化开发，则使用 npm 命令安装，如下：

```
npm install vuex@next --save
```

2. 在项目中使用 Vuex

在实际项目开发中如何使用 Vuex，我们以例 12-2 中 Vuex 的配置为例进行讲解。

【例 12-2】使用 Vuex 实现用户管理。

Vuex 的配置有如下的步骤。

(1) 使用 Vue CLI 新建一个 Vue 3.x 的脚手架项目，项目名为 demo12-2，创建方法具体见 11.1.3 小节的内容。

(2) 进入项目目录，打开终端窗口输入以下命令，为项目安装 Vuex：

```
npm install vuex@next --save
```

(3) 在实际项目开发中，通常把状态管理的相关文件单独放到一个目录下，方便集中管理和配置。在 src 目录下创建一个名为 store 的文件夹，在该目录下新建一个 index.js 文件，该文件中的代码如下：

```
import { createStore } from "vuex";
const store = createStore({
  //状态数据通过 state()函数返回
    state(){
        return{  }
    }
})
export default store
```

(4) 在程序入口文件 main.js 中，使用 store 实例在整个应用中应用 Vuex 的状态管理功能，代码如下：

```
import { createApp } from 'vue'
import App from './App.vue'
```

```
import store from './store'

createApp(App).user(store).mount('#app')
```

此时 Vuex 在项目中就已经配置完成了，但这时候还没有数据，无法进行数据管理。在进行用户数据管理前我们还需要学习两个 Vuex 中的核心概念，再完善例 12-2。

3. state 对象

Vuex 使用单一状态树，也就是用一个对象包含全部的应用层级状态。因此它便作为一个唯一数据源(SSOT)而存在。这也意味着，每个应用将仅仅包含一个 store 实例。单一状态树让我们能够直接地定位任一特定的状态片段，在调试的过程中也能轻易地取得整个应用当前状态的快照。

那么我们如何在 Vue 组件中展示状态呢？由于 Vuex 的状态存储是响应式的，从 store 实例中读取状态最简单的方法就是在计算属性中返回某个状态，而 state 对象就是用来存储这个状态的。我们可以把共用的数据提取出来，放到用于状态管理的 state 对象中，之后 Vuex 通过 Vue 的插件系统将 store 实例从根组件注入到所有的子组件里，这样子组件能够通过 this.$store 访问到状态里的具体数据，例如 this.$store.state.xxx。

接下来我们为例 12-2 添加一些用户数据，并放到 store 中统一管理。在实际项目中，所有的用户信息都是从后端服务器得到的。这里为了方便演示，我们在前端硬编码一些用户数据，作为网站会员用户。在 src 目录下新建一个文件夹 data，在该目录下新建一个 users.js 文件，文件中的代码如下：

```
export default[
    {
        id:1,
        name:'user01',
        age:23,
        gender:'女'
    },
    {
        id:2,
        name:'user02',
        age:25,
        gender:'男'
    },
    {
        id:3,
        name:'user03',
        age:23,
        gender:'男'
    }
]
```

修改 store 目录下的 index.js 文件，代码如下：

```
const store = createStore({
    state() {
        return{
            items: users
```

```
        }
    }
})
```

此时，用户数据就创建完成并成功存放在 store 实例中了。接下来在 components 目录下新建一个自定义组件 UserManage.vue，用于访问 store 实例中的用户数据，代码如下：

```
<template>
    <table  border="1px">
        <tr>
            <th>用户 ID</th>
            <th>用户名</th>
            <th>年龄</th>
            <th>性别</th>
            <th>操作</th>
        </tr>
        <tr v-for="user in users" :key="user.id">
            <td>{{user.id}}</td>
            <td>{{user.name}}</td>
            <td>{{user.age}}</td>
            <td>{{user.gender}}</td>
            <td><button>删除</button></td>
        </tr>
    </table>
</template>

<script>
    export default {
        name: 'UserManage',
        computed:{
            users(){
                return this.$store.state.items;
            }
        },
    }
</script>
<!-- … 省略 CSS 样式 -->
```

组件中的模板内容是用于显示用户信息，组件中使用计算属性访问并更新从 store 实例中提取出来的用户数据。

在主组件 App.vue 中引入自定义组件，并使用它，代码如下：

```
<template>
  <UserManage></UserManage>
</template>

<script>
import UserManage from './components/UserManage.vue';
export default {
  name: 'App',
  components: {
    UserManage
```

```
    }
}
</script>
```

运行项目，效果如图 12-11 所示。

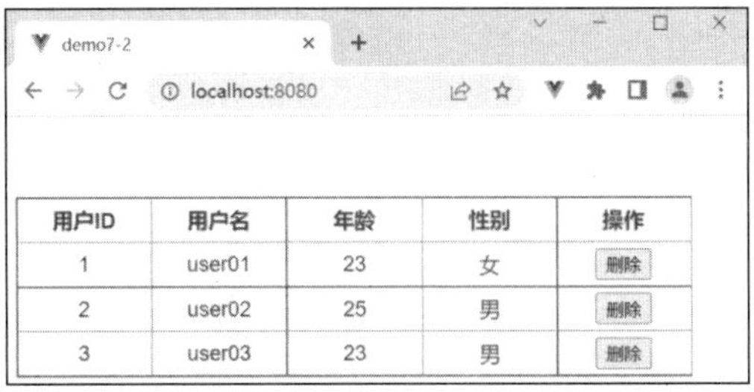

图 12-11　通过 state 对象访问用户数据

4. mutation

更改 Vuex 的 store 实例中状态的唯一方法是提交 mutation。Vuex 中的 mutation 非常类似于事件：每个 mutation 都有一个字符串类型的事件类型(type)和一个回调函数(handler)。这个回调函数就是我们实际进行状态更改的地方，并且它会接受 state 作为第一个参数。比如：

```
mutations: {
   increment (state) {
    // 变更状态
    state.count++
  }
}
```

mutation 里的处理函数定义好之后不能直接调用。这个选项更像是事件注册：当触发一个类型为 increment 的 mutation 时，调用此函数。要唤醒一个 mutation 处理函数，需要以相应的类型调用 store.commit()方法。代码如下：

```
store.commit(' increment ')
```

实际上，提交时指定的 mutation 类型就是我们在 mutations 选项中定义的 mutation 处理函数的名字。mutation 提交方式主要有以下几种。

1) 提交载荷

在使用 store.commit()方法提交 mutation 时，还可以传入额外的参数，即 mutation 处理函数的载荷(payload)，代码示例如下：

```
mutations: {
  increment (state, n) {
    state.count += n
  }
}
store.commit('increment', 10)
```

在大多数情况下，载荷应该是一个对象，这样可以包含多个字段并且记录的 mutation 会更易读，代码如下：

```
// ...
mutations: {
  increment (state, payload) {
    state.count += payload.amount
  }
}
store.commit('increment', {
  amount: 10
})
```

2) 对象风格的提交方式

提交 mutation 的另一种方式是直接使用包含 type 属性的对象：

```
store.commit({
  type: 'increment',
  amount: 10
})
```

当使用对象风格的提交方式，整个对象都作为载荷传给 mutation 函数，因此处理函数保持不变：

```
mutations: {
  increment (state, payload) {
    state.count += payload.amount
  }
}
```

3) 在组件中提交 mutation

在组件中可以使用 this.$store.commit('xxx')提交 mutation。

接下来，我们为例 12-2 中的"删除"按钮实现删除功能，修改 store 目录下的 index.js 文件，代码如下：

```
const store = createStore({
    state() {
        return{
            items: users
        }
    },
    mutations:{
        delItemFromUsers(state,index){
            state.items.splice(index,1)
        }
    }
})
```

其中，在 mutations 选项中定义修改状态的方法，也就是在具有删除功能的 delItemFromUsers()方法里传入两个参数，一个接收 state，另一个接收条目索引。splice()方法的功能是删除数据，参数 index 表示要删除的条目索引，参数 1 表示删除一个条目。

修改自定义组件 UserManage.vue 文件，代码如下：

```
<template>
    <table border="1px">
```

```
    …
        <tr v-for="(user,index) in users" :key="user.id">
            …
            <td><button @click="delUser(index)">删除</button></td>
        </tr>
    </table>
</template>

<script>
    export default {
        …
        methods:{
            delUser(index){
                this.$store.commit('delItemFromUsers', index)
            }
        }
    }
</script>
```

其中，在组件中编写 delUser() 方法用来提交 mutation，方法体内使用 this.$store.commit() 方法提交 mutation 时，传入额外的参数 index 来表示被删除的条目索引。之后在按钮上绑定单击事件调用 delUser() 方法，为了能够给 delUser() 方法传入正确的索引，给 v-for 指令添加第二个参数用于指定当前项索引。

运行项目，单击用户 user2 所在行的"删除"按钮，修改之后的数据将会重新渲染到组件中，效果如图 12-12 所示。

用户ID	用户名	年龄	性别	操作
1	user01	23	女	删除
3	user03	23	男	删除

图 12-12　通过 mutation 对象修改用户数据

任务实现

创建项目 task7.2，并为项目安装 Vuex。在 src 目录下创建 store 文件夹，并在该目录中创建 index.js 文件，在 src 目录下创建 data 文件夹，并在该目录中创建 users.js 数据文件，在 components 目录下创建组件 UserManage.vue 文件。整个项目的文档结构如图 12-13 所示。

其中，数据文件 users.js 中的关键代码如下：

图 12-13　task7.2 项目的文档结构

```
export default[
    {
        id:1,
        name:'user01',
```

```
        age:23,
        gender:'女'
    }
]
```

状态管理配置文件 index.js 中的关键代码如下：

```
import { createStore } from "vuex";
import users from '@/data/users.js'

const store = createStore({
    state() {
        return{
            items: users
        }
    },
    mutations:{
        addItemToUsers(state,user){
            state.items.push(user)
        }
    }
})
export default store
```

组件 App.vue 文件中的关键代码如下：

```
<template>
  <UserManage></UserManage>
</template>

<script>
import UserManage from './components/UserManage.vue';
export default {
  name: 'App',
  components: {
    UserManage
  }
}
</script>
```

组件 UserManage.vue 文件中的关键代码如下：

```
<template>
    <table border="1px">
        <tr>
            <td>用户 ID</td>
            <td><input type="text" v-model="id"></td>
        </tr>
        <tr>
            <td>用户名</td>
            <td><input type="text" v-model="name"></td>
        </tr>
        <tr>
            <td>年龄</td>
```

```
            <td><input type="text" v-model="age"></td>
        </tr>
        <tr>
            <td>性别</td>
            <td><input type="text" v-model="gender"></td>
        </tr>
        <tr>
            <td colspan="2"><button @click="addUser">添加用户</button></td>
        </tr>
    </table>
    <br/><br/><br/>
    <table border="1px">
        <tr>
            <th>用户 ID</th>
            <th>用户名</th>
            <th>年龄</th>
            <th>性别</th>
        </tr>
        <tr v-for="(user) in users" :key="user.id">
            <td>{{user.id}}</td>
            <td>{{user.name}}</td>
            <td>{{user.age}}</td>
            <td>{{user.gender}}</td>
        </tr>
    </table>
</template>

<script>
    export default {
        name: 'UserManage',
        computed:{
            users(){
                return this.$store.state.items;
            }
        },
        methods:{
            addUser(){
                this.$store.commit('addItemToUsers',{
                    id:this.id,
                    name:this.name,
                    age:this.age,
                    gender:this.gender
                })
                this.id='';
                this.name='';
                this.age='';
                this.gender='';
            }
        }
    }
</script>
```

```
<style>
    table{
        border-collapse: collapse;
    }
    table th,table td{
        width: 100px;
        height: 30px;
    }
</style>
```

主程序入口 main.js 文件中的关键代码如下：

```
import { createApp } from 'vue'
import App from './App.vue'
import store from './store'
createApp(App).use(store).mount('#app')
```

本 章 小 结

本章介绍了 Vue 路由概念、Vue Router 的安装与基本使用、嵌套路由、命名路由的概念和使用，介绍了 Vue 状态管理的概念、状态管理库 Vuex 的安装与基本使用、Vuex 中的常用 state 对象、mutation 对象。下面对本章内容做一个小结。

(1) Vue Router 是 Vue 的官方路由管理器。它与 Vue 核心深度集成，从而使用 Vue 构建单页应用程序变得轻而易举。

(2) Vue Router 除了可以定义固定路径路由，还可以动态匹配路由，针对组件的嵌套还可以设置嵌套路由，为解决长路径寻址繁琐的问题可以设置命名路由。

(3) Vuex 是 Vue 应用程序的状态管理模式库。它采用集中式存储来管理应用程序中所有组件的状态，其规则确保状态只能以可预测的方式进行更改。

(4) Vuex 使用单一状态树，也就是用一个对象包含全部的应用层级状态。因此，每个应用将仅仅包含一个 store 实例。state 对象的作用就是存储通过计算属性从 store 实例中读取并返回的某个状态。

(5) 更改 Vuex 的 store 实例中状态的唯一方法是提交 mutation。

自 测 题

一、单选题

1. 下列 vue-router 插件的安装命令，正确的是(　　)。
   A. npm install vue-router　　　　　　B. npm install vueRouter
   C. node install vue-router　　　　　　D. npm I vue-router
2. 下面选项中正确的是(　　)。
   A. 如果路由包含 params，则必须确保将其包含在绝对别名中
   B. 渲染的组件不可以包含自己的嵌套路由
   C. 常规参数只会匹配网址片段间被"/"分隔的字符

D. <router-link>标签默认会被渲染成<a>标签

3.　Vuex 库的基本创建，只需要提供一个初始状态对象和一些(　　)。

A. state　　　　　　B. getter　　　　　　C. mutation　　　　　D. action

4.　Vuex 的基本思想是通过定义和分离状态管理中设计的概念，并执行保证视图和状态之间独立性的规则，可以为代码提供更多的(　　)。

A. 结构和高维护性　　　　　　　　B. 结构和高可读性

C. 状态和高维护性　　　　　　　　D. 状态和高可读性

5.　更改 Vuex 的 store 实例中状态的唯一方法是提交(　　)对象。

A. state　　　　　　B. getter　　　　　　C. mutation　　　　　D. action

二、判断题

1.　前端路由的优点包括页面持久、前后端分离等。　　　　　　　　　(　　)

2.　动态路由分配主要通过 URL 将具有给定模式的多个路由映射到同一个组件。(　　)

3.　vue-router 只能通过 CDN 引入进行安装，安装后可以自动更新。　　(　　)

4.　当在 Vuex 实例对象中调用 store 时，一定会获取到 store 实例对象。　(　　)

5.　Vuex 作为应用中所有组件的状态集中管理仓库，其规则是确保只能以可预测的方式更改状态。　　　　　　　　　　　　　　　　　　　　　　　　　　(　　)

三、实训题

1.　"解读"页面

需求说明：

(1) 使用 Vue 路由相关知识实现工匠精神解读页面案例，效果如图 12-14 所示。

(2) 创建 3 个子路由，单击三个选项卡链接，分别能够跳转至敬业、专注、创新三个选项卡页面。

(3) 创建 3 个组件(分别是敬业、专注、创新三个选项卡)的页面内容。

实训要点：

(1) Vue 路由的安装与使用。

(2) Vue 路由的配置。

 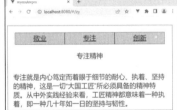 

图 12-14　工匠精神解读页面效果图

2.　"评论"页面

需求说明：

(1) 使用 Vuex 相关知识实现评论页面案例，效果如图 12-15 所示。

(2) 创建数据文件 comments.js，存放评论用户、评论时间、评论内容。

(3) 创建 store 目录及配置文件 index.js，在其中创建 store 实例，将数据文件内容导入状态中统一管理。

(4) 创建组件 ShowComments.vue 文件，用来显示状态中存储的数据。

图 12-15　评论页面效果图

实训要点：

(1) Vuex 的安装与使用。

(2) Vuex 状态管理的配置。

第 13 章

开放大学项目实战

项目简介：实现开放大学项目网站，包括登录页、首页页面、层次管理页面以及专业管理页面。登录页面功能包括：登录功能、验证用户名和密码功能、获取用户信息功能和退出登录功能；首页页面功能包括：展示网站所有功能，并能进行各功能间的跳转；层次管理页面功能包括：展示层次列表功能、添加层次功能、编辑层次功能、删除层次功能；专业管理页面功能包括：展示专业列表功能、添加专业功能、编辑专业功能、删除专业功能。

技术路线：HTML + CSS + Vue + Vue Router + Vuex + Bootstrap

【学习目标】

- 构建项目开发思路
- 掌握项目环境搭建、依赖的安装
- 掌握使用 Vue CLI、Vue Router、Vuex、Bootstrap 进行综合项目开发

【素质教育目标】

- 养成学生认真、细致的态度
- 增强学生专业、规范的意识

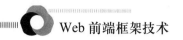

📖 任务描述

实现开放大学项目网站，包括登录页、首页页面、层次管理页面以及专业管理页面。运行项目，登录页面效果如图 13-1 所示；单击"登录"按钮后，跳转到首页页面，效果如图 13-2 所示；层次管理页面效果如图 13-3 所示，单击"添加"按钮，添加层次效果如图 13-4 所示，单击"修改"按钮，修改层次效果如图 13-5 所示；专业管理页面效果如图 13-6 所示，单击"添加"按钮，添加专业效果如图 13-7 所示，单击"修改"按钮，修改专业效果如图 13-8 所示。

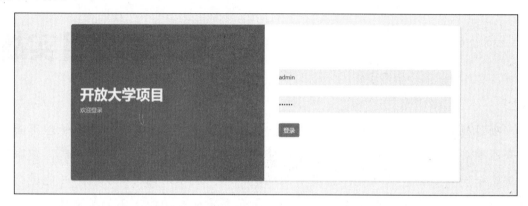

图 13-1　登录页面效果

图 13-2　首页页面效果

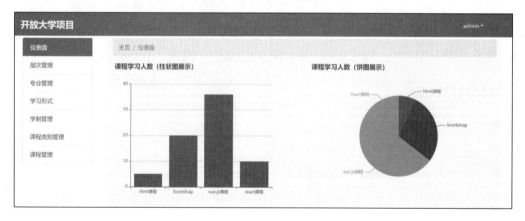

图 13-3　层次管理页面效果

图 13-4 添加层次效果

图 13-5 修改层次效果

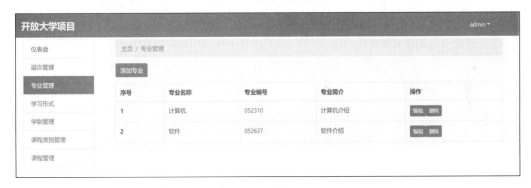

图 13-6 专业管理页面效果

图 13-7 添加专业效果

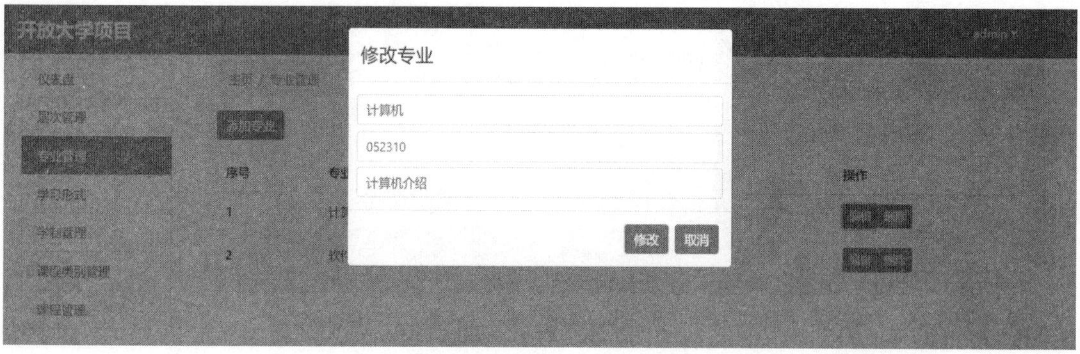

图 13-8　修改专业效果

✎ 任务分析

完成开放大学项目网站需要以下几个步骤。

(1) 项目环境搭建。

(2) 项目依赖安装与配置。

(3) 路由配置。

(4) 登录页面开发。

(5) 首页页面开发。

(6) 层次管理页面开发。

(7) 专业管理页面开发。

🏗 任务实现

1. 项目环境搭建

选择想要创建项目的目录，通过 Visual Studio Code 进入终端，输入命令：

```
vue create openuniversity
```

出现如图 13-9 所示的界面，选择第一项后，等待安装。

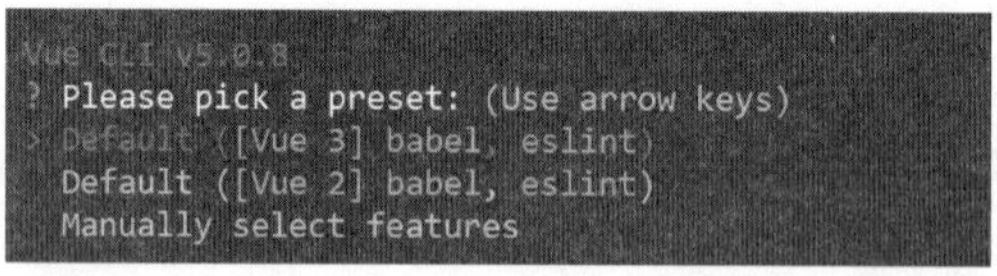

图 13-9　脚手架安装界面

2. 项目依赖安装与配置

项目会用到 Bootstrap、Vue Router 以及 Vuex 依赖，需要使用如下命令进行安装：

```
npm install bootstrap@4
npm install vue-router@4
npm install vuex@next
```

安装之后，项目 package.json 文件里会显示如下内容，如图 13-10 所示：

图 13-10　package.json 文件内容

接下来需要修改 main.js 文件，在 vue 项目中引入 bootstrap，修改之后的 main.js 文件如下：

```
import { createApp } from 'vue'
import App from './App.vue'
import 'bootstrap/dist/css/bootstrap.min.css'
createApp(App).mount('#app')
```

3. 路由配置

在 src 目录下，新建文件夹 router，在 router 文件夹下，新建文件 index.js，项目结构如图 13-11 所示。

index.js 文件的关键代码如下。(需要注意的是，需要提前在 views 文件夹内，创建 Home.vue、Major.vue、Arrangement.vue、Login.vue 文件，否则项目会报错。)

图 13-11　路由目录结构

```
import { createRouter, createWebHistory } from 'vue-router'
import Home from '../views/Home.vue'
import Major from '../views/Major.vue'
import Arrangement from '../views/Arrangement.vue'
import Login from '../views/Login.vue'
const routes = [
  {
    path: '/login',//登录页路由
    name: 'Login',
    component: Login
  },
  { path: '/', redirect: '/dashboard' },
  {
    path: '/home',//首页路由
    name: 'Home',
    component: Home,
    children: [
      {
        path: '/major',//专业管理页路由
```

```
      name: 'Major',
      component: Major
    },
    {
      path: '/arrangement',//层次管理页路由
      name: 'Arrangement',
      component: Arrangement
    }
  ]
  }
];
const router = createRouter({
  history: createWebHistory(),
  routes,
  linkActiveClass: 'active'
})
//判断是否进行路由拦截
router.beforeEach((to, from, next) => {
  //这里根据项目的实际情况添加是否登录的判断条件
  let username = sessionStorage.getItem('userinfo');
  if (to.name !== 'Login' && username == null) {
    next({ name: 'Login', query: { redirect: to.fullPath } });
  }
  else {
    next();
  }
})
export default router;
```

接下来，需要在 main.js 文件里引入 index.js 文件，修改之后的 main.js 文件代码如下：

```
import { createApp } from 'vue'
import App from './App.vue'
import 'bootstrap/dist/css/bootstrap.min.css'
import router from './router/index.js'
createApp(App).use(router).mount('#app')
```

修改 App.vue 文件代码如下：

```
<template>
  <router-view></router-view>
</template>
<script>
export default {
    name: 'App',
}
</script>
```

4. 登录页面的开发

登录页面的功能主要包括：登录功能、验证用户名和密码功能、获取用户信息功能和退出登录功能。在实际开发过程中，需要使用到 Vuex，在项目中配置 Vuex 的过程为：在 src 文件夹下，创建 store 文件夹，然后在该目录下新建 index.js 文件。关键代码如下：

```
import { createStore } from 'vuex'
// 创建一个新的 store 实例
const store = createStore({
    //用来设置存储状态
    state() {
        return {
            username: ''
        }
    },
//用来设置操作方法
    mutations: {
        setUser(state, username) {
            state.username = username
        },
        logout(state) {
            state.username = ''
        }
    }
})
export default store;
```

接下来，需要在 main.js 文件里修改代码，修改之后的 main.js 文件代码如下：

```
import { createApp } from 'vue'
import App from './App.vue'
import 'bootstrap/dist/css/bootstrap.min.css'
import router from './router/index.js'
import store from './store/index.js'
createApp(App).use(router).use(store).mount('#app')
```

在 views 文件夹下，打开文件 Login.vue，构建 Vue 模板，然后按照模板要求，修改相关内容。

Login.vue 文件中<template>关键代码如下：

```
<template>
  <div class="page login-page">
    <div class="container d-flex align-items-center">
      <div class="form-holder has-shadow">
        <div class="row">
          <!-- 使用Bootstrap 栅格系统实现登录页面布局 -->
          <div class="col-lg-6">
            <div class="info d-flex align-items-center">
              <div class="content">
                <div class="logo">
                  <h1>开放大学项目</h1>
                </div>
                <p>欢迎登录</p>
              </div>
            </div>
          </div>
          <!-- 设置表单详情    -->
          <div class="col-lg-6 bg-white">
```

```
        <div class="form d-flex align-items-center">
          <div class="content">
            <div class="form-validate">
              <div class="form-group">
                <input type="text" name="userName" required
                  data-msg="请输入用户名" placeholder="请输入用户名"
                          class="input-material" v-model="username" />
              </div>
              <div class="form-group">
                <input type="password" name="passWord" required
                  data-msg="请输入密码" placeholder="请输入密码"
                  class="input-material" v-model="password"/>
              </div>
              <!-- @click 表示给"登录"按钮绑定 click 事件 -->
              <button class="btn btn-primary" @click="login">登录</button>
            </div>
            <!-- <br />
            <small>没有账号?</small>
              <a href="register.html" class="signup"> 注册</a> -->
          </div>
        </div>
      </div>
    </div>
  </div>
</div>
</template>
```

Login.vue 文件中<script>关键代码如下:

```
<script>
export default {
  name: "Login",
  //声明 Vue 使用的数据
  data() {
    return {
      username: "",//用户名
      password: "",//密码
    };
  },
  //声明 Vue 使用的方法
  methods: {
    login() {
      if (this.username === "" || this.password === "") {
        alert("账号或密码不能为空! ");
      } else if (this.username == "admin" && this.password == "123456") {
        this.$store.commit("setUser", this.username);
        this.$router.push({ path: "/home" });
        //将用户名存储到 session 里面，方便后续 Vuex 进行获取
        window.sessionStorage.setItem(
          "userinfo",
          JSON.stringify(this.username)
```

```
        );
      } else {
        alert("账号或密码错误! ");
      }
    },
  },
};
</script>
```

5. 首页页面的开发

首页页面的功能主要包括：展示网站所有功能，并能进行各功能间的跳转。在 views 文件夹下，打开文件 Home.vue，构建 Vue 模板，然后按照模板要求，修改相关内容。

Home.vue 文件中<template>关键代码如下：

```
<template>
  <div>
    <nav class="navbar navbar-expand-lg bg-primary fixed-top">
      <div class="container">
        <a class="navbar-brand text-light" href="#" style="font-weight: bold;
font-size: 25px; margin-left: -130px">开放大学项目</a>
        <div class="collapse navbar-collapse justify-content-end">
          <ul class="navbar-nav">
            <li class="nav-item dropdown" style="margin-right: -100px">
              <a class="nav-link dropdown-toggle text-light" href="#" @click="showMenu" >
                {{ username }}
              </a>
              <!-- v-if 指令用来判断显示用户名或者显示"退出"按钮 -->
              <div class="dropdown-menu" v-if="quitstatus" style="min-width: 100px">
                <a class="dropdown-item" href="#" @click="logout">退出</a>
              </div>
            </li>
          </ul>
        </div>
      </div>
    </nav>
    <div class="container-fluid bottom">
      <div class="row">
        <div class="col-md-2">
        <div class="list-group pl-2">
<!-- router-link 标签用来配置路由跳转地址 -->
          <router-link to="/dashboard" class="list-group-item
list-group-item-action" > 仪表盘</router-link >
          <router-link to="/arrangement" class="list-group-item
list-group-item-action" > 层次管理</router-link>
          <router-link to="/major" class="list-group-item
list-group-item-action" > 专业管理</router-link >
          <router-link to="/learningway" href="#" class="list-group-item
list-group-item-action">学习形式</router-link>
          <router-link to="/schoolsystem" href="#" class="list-group-item
list-group-item-action" >学制管理</router-link>
```

```
            <router-link to="/coursesort" class="list-group-item
list-group-item-action"> 课程类别管理 </router-link>
            <router-link to="/course" class="list-group-item
list-group-item-action"> 课程管理 </router-link>
        </div>
      </div>
      <div class="col-md-10" style="height: 100vh">
        <div class="container-fluid">
          <div class="row">
            <div class="col-md-12">
              <router-view></router-view>
            </div>
          </div>
        </div>
      </div>
    </div>
  </div>
  <div class="container-fluid">
    <div class="row">
      <div class="col-md-12">
        <p class="text-center">Copyright © 2022 开放大学项目</p>
      </div>
    </div>
  </div>
  </div>
</template>
```

Home.vue 文件中<script>关键代码如下：

```
<script>
export default {
  name: "Home",
  //声明 Vue 使用的数据
  data() {
    return {
      quitstatus: false, //控制"退出"按钮显示的状态
      username: "",//存储用户名
    };
  },
  //生命周期钩子函数，表示挂载之后执行的方法
  mounted() {
    if (this.$store.state.username.length == 0 && this.username.length == 0) {
      this.username = JSON.parse(window.sessionStorage.getItem("userinfo"));
    } else {
      this.username = this.$store.state.username;
    }
  },
  //声明 Vue 使用到的方法
  methods: {
    showMenu() {
      this.quitstatus = !this.quitstatus;
    },
    logout() {
```

```
    //执行 Vuex 里面的 logout()方法
    this.$store.commit("logout");
    //从 session 里面移除用户信息
    window.sessionStorage.removeItem("userinfo");
    this.$router.push("/login");
  },
 },
};
</script>
```

6. 层次管理页面的开发

层次管理页面的功能主要包括：展示层次列表功能、添加层次功能、编辑层次功能、删除层次功能。在 views 文件夹下，打开文件 Arrangement.vue，构建 Vue 模板，然后按照模板要求，修改相关内容。

Arrangement.vue 文件中<template>关键代码如下：

```
<template>
  <section class="bg-light">
    <div class="container-fluid">
      <div class="row">
        <div class="col-md-12">
          <nav aria-label="breadcrumb">
            <ol class="breadcrumb">
              <li class="breadcrumb-item">
                <router-link to="/">主页</router-link></li>
              <li class="breadcrumb-item active" aria-current="page">
                层次管理 </li>
            </ol>
          </nav>
        </div>
        <div class="col-md-2">
          <button type="button" class="btn btn-primary" @click=
"handleArrangement"> 添加层次 </button>
        </div>
        <div class="col-md-12">
          <table class="table table-bordered mt-3">
            <thead>
              <tr>
                <th scope="col">序号</th>
                <th scope="col">层次名称</th>
                <th scope="col">学习年限</th>
                <th scope="col">操作</th>
              </tr>
            </thead>
            <tbody>
              <!-- 使用 v-for 指令遍历层次数组，实现列表数据的显示操作 -->
              <tr v-for="(item, index) in arrangementlist" :key="index">
                <th scope="row">{{ index + 1 }}</th>
                <td>{{ item.name }}</td>
                <td>{{ item.years }}</td>
```

```
              <td>
                <button type="button" class="btn btn-primary btn-sm" @click="edit(index)">
                    编辑 </button>
                <button type="button" class="btn btn-primary btn-sm" @click="del(index)">
                    删除 </button>
              </td>
            </tr>
          </tbody>
        </table>
      </div>
    </div>
  </div>
  <div v-if="showModal">
    <div class="modal">
      <div class="modal-dialog">
        <div class="modal-content">
          <div class="modal-header">
            <h4 class="modal-title">
              <span v-if="!editStatus">添加层次</span>
              <span v-else>修改层次</span>
            </h4>
          </div>
          <div class="modal-body">
            <form>
              <div class="form-row">
                <input type="text" class="form-control"
                  placeholder="请输入层次名称" v-model="arrangement.name"/>
                <input type="text" class="form-control mt-3"
                  placeholder="请输入学习年限" v-model="arrangement.years"/>
              </div>
            </form>
          </div>
          <div class="modal-footer">
            <button type="button" class="btn btn-primary" @click="add">
              <span v-if="!editStatus">添加</span>
              <span v-else>修改</span>
            </button>
            <button type="button" class="btn btn-primary"
            @click="showModal = false"> 取消 </button>
          </div>
        </div>
      </div>
    </div>
    <div class="modal-backdrop show"></div>
  </div>
  </section>
</template>
```

Arrangement.vue 文件中\<script\>关键代码如下:

```
<script>
export default {
```

```
    name: "Arrangement",
    //声明 Vue 使用的数据
    data() {
      return {
        searchvalue: "",
        editIndex: 0,
        showModal: false,
        editStatus: false,
        arrangement: {
          name: "",
          years: "",
        },
        arrangementlist: [
          {
            name: "专科",
            years: "3 年",
          },
          {
            name: "本科",
            years: "4 年",
          },
        ],
      };
    },
    //声明 Vue 使用的方法
    methods: {
      // "添加层次" 对话框的显示
      handleArrangement() {
        this.showModal = true;
      },
      //添加层次的操作
      add() {
        if (!this.editStatus) {
          this.arrangementlist.push({
            name: this.arrangement.name,
            years: this.arrangement.years,
          });
        } else {
          this.arrangementlist[this.editIndex].name = this.arrangement.name;
          this.arrangementlist[this.editIndex].years = this.arrangement.years;
          this.editStatus = false;
        }
        this.showModal = false;
        this.arrangement.name = "";
        this.arrangement.years = "";
      },
      //编辑层次相关信息
      edit(index) {
        this.arrangement.name = this.arrangementlist[index].name;
        this.arrangement.years = this.arrangementlist[index].years;
        this.editIndex = index;
```

```
    this.editStatus = true;
    this.showModal = true;
  },
  //删除层次相关信息
  del(index) {
    this.arrangementlist.splice(index, 1);
  },
  },
};
</script>
```

7. 专业管理页面的开发

专业管理页面的功能主要包括：展示专业列表功能、添加专业功能、编辑专业功能、删除专业功能；在 views 文件夹下，打开文件 Major.vue，构建 Vue 模板，然后按照模板要求，修改相关内容。

Major.vue 文件中<template>关键代码如下：

```
<template>
  <section class="bg-light">
    <div class="container-fluid">
      <div class="row">
        <div class="col-md-12">
          <nav aria-label="breadcrumb">
            <ol class="breadcrumb">
              <li class="breadcrumb-item">
                <router-link to="/">主页</router-link>
              </li>
              <li class="breadcrumb-item active" aria-current="page">
                专业管理
              </li>
            </ol>
          </nav>
        </div>
        <div class="col-md-2">
          <button type="button" class="btn btn-primary" @click="handleMajor">
            添加专业
          </button>
        </div>
        <div class="col-md-12">
          <table class="table table-bordered mt-3">
            <thead>
              <tr>
                <th scope="col">序号</th>
                <th scope="col">专业名称</th>
                <th scope="col">专业编号</th>
                <th scope="col">专业简介</th>
                <th scope="col">操作</th>
              </tr>
            </thead>
            <tbody>
```

```html
<!-- 使用 v-for 指令遍历层次数组，实现列表数据的显示操作 -->
          <tr v-for="(item, index) in majorlist" :key="index">
          <th scope="row">{{ index + 1 }}</th>
          <td>{{ item.name }}</td>
          <td>{{ item.majorno }}</td>
          <td>{{ item.description }}</td>
          <td>
           <button type="button" class="btn btn-primary btn-sm" @click="edit(index)">
              编辑
           </button>
           <button type="button" class="btn btn-primary btn-sm" @click="del(index)">
              删除
           </button>
          </td>
          </tr>
         </tbody>
        </table>
       </div>
      </div>
     </div>
     <div v-if="showModal">
      <div class="modal">
       <div class="modal-dialog">
        <div class="modal-content">
         <div class="modal-header">
          <h4 class="modal-title">
           <span v-if="!editStatus">添加专业</span>
           <span v-else>修改专业</span>
          </h4>
         </div>
         <div class="modal-body">
          <form>
           <div class="form-row">
            <input type="text" class="form-control"
              placeholder="请输入专业名称" v-model="major.name"/>
            <input type="text" class="form-control mt-2"
              placeholder="请输入专业编号" v-model="major.majorno"/>
            <input type="text" class="form-control mt-2"
              placeholder="请输入专业简介" v-model="major.description"/>
           </div>
          </form>
         </div>
         <div class="modal-footer">
          <button type="button" class="btn btn-primary" @click="add">
           <span v-if="!editStatus">添加</span>
           <span v-else>修改</span>
          </button>
          <button type="button" class="btn btn-primary"
          @click="showModal = false"> 取消 </button>
         </div>
        </div>
```

```
      </div>
    </div>
    <div class="modal-backdrop show"></div>
  </div>
 </section>
</template>
```

Major.vue 文件中<script>关键代码如下：

```
<script>
export default {
 name: "Major",
//声明Vue使用的数据
 data() {
   return {
     searchvalue: "",
     editIndex: 0,
     showModal: false,
     editStatus: false,
     major: {
       name: "",
       majorno: "",
       description: "",
     },
     majorlist: [
       {
         name: "计算机",
         majorno: "052310",
         description: "计算机介绍",
       },
       {
         name: "软件",
         majorno: "052637",
         description: "软件介绍",
       },
     ],
   };
 },
//声明Vue使用的方法
 methods: {
   // "添加专业"对话框的显示
   handleMajor() {
     this.showModal = true;
   },
   //添加专业相关信息
   add() {
     if (!this.editStatus) {
       this.majorlist.push({
         name: this.major.name,
         majorno: this.major.majorno,
         description: this.major.description,
       });
```

```
      } else {
        this.majorlist[this.editIndex].name = this.major.name;
        this.majorlist[this.editIndex].majorno = this.major.majorno;
        this.majorlist[this.editIndex].description = this.major.description;
        this.editStatus = false;
      }
      this.showModal = false;
      this.major.name = "";
      this.major.years = "";
      this.major.years = "";
    },
    //编辑专业相关信息
    edit(index) {
      this.major.name = this.majorlist[index].name;
      this.major.majorno = this.majorlist[index].majorno;
      this.major.description = this.majorlist[index].description;
      this.editIndex = index;
      this.editStatus = true;
      this.showModal = true;
    },
    //删除专业相关信息
    del(index) {
      this.majorlist.splice(index, 1);
    },
  },
};
</script>
```

本 章 小 结

本章实现了开放大学项目网站，主要功能包括：登录功能、首页展示导航列表功能、层次管理的增删改查功能以及专业管理的增删改查功能。下面对本章内容做一个小结。

(1) 使用 Vue CLI 脚手架能够快速构建 Vue 项目，在这个基础上，开发者只需要关注业务逻辑即可，不用配置各类启动项。

(2) 使用 Vue Router 能够快速实现 Vue 项目的路由配置，路由能够保证 Vue 项目中不同页面的跳转。

(3) 使用 Vuex 能够实现状态管理，实现 Vue 所有组件的集中式存储，其规则是确保状态只能以可预测的方式进行更改。

自 测 题

一、单选题

1. 用于监听 DOM 事件的指令是(　　)。
   A. v-on　　　　　　B. v-model　　　　　　C. v-bind　　　　　　D. v-html

2. 下列关于 v-model 指令的说法，(　　)是不正确的。

A. v-model 指令能实现双向绑定

B. v-model 指令本质上是语法糖，它负责监听用户的输入事件以更新数据

C. v-model 是内置指令，不能用在自定义组件上

D. 对<input>使用 v-model 指令，实际上是指定其 :value 和 :input

3. 以下获取动态路由 { path: '/user/:id' } 中 id 的值正确的是(　　)。

A. this.$route.params.id
B. this.route.params.id

C. this.$router.params.id
D. this.router.params.id

4. 关于 Vue 组件间的参数传递，下列(　　)是不正确的。

A. 若子组件给父组件传值，可使用 $emit()方法

B. 祖孙组件之间可以使用 provide 和 inject 方式跨层级相互传值

C. 若子组件使用 $emit('say')派发事件，父组件可使用 @say 监听

D. 若父组件给子组件传值，子组件可通过 props 接收数据

5. 下列关于 Vuex 的描述，不正确的是(　　)。

A. Vuex 通过 Vue 实现响应式状态，因此只能用于 Vue

B. Vuex 是一个状态管理模式

C. Vuex 主要用于多视图间状态全局共享与管理

D. 在 Vuex 中改变状态，可以通过 mutations 和 actions

二、判断题

1. 使用 Vue CLI 脚手架构建项目，启动项目命令可以在 package.json 文件中配置。

(　　)

2. .vue 文件，主要包括三部分：<template>、<script>、<style>。 (　　)

3. Vue Router 不能够实现嵌套路由。 (　　)

4. 在 Vue 组件中，声明使用的 data 是对象类型。 (　　)

5. <router-view>标签用来加载配置的路由组件。 (　　)

三、实训题

1. 学习形式页面的开发

需求说明：

(1) 完成如图 13-12 所示的学习形式页面的开发。

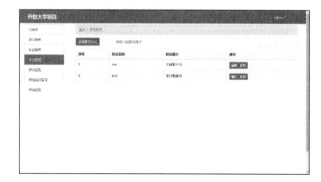

图 13-12　学习形式页面效果

图 13-12　学习形式页面效果(续)

(2) 在 views 文件夹下，打开文件 LeariningWay.vue，构建 Vue 模板，然后按照模板要求，修改相关内容。

实训要点：

(1) Vue 路由的使用。

(2) Vue 组件的运用。

2. 课程类别管理页面的开发

需求说明：

(1) 完成如图 13-13 所示的课程类别管理页面的开发。

(2) 在 views 文件夹下，打开文件 CourseSort.vue，构建 Vue 模板，然后按照模板要求，修改相关内容。

图 13-13　课程类别管理页面效果

图 13-13　课程类别管理页面效果(续)

实训要点:

(1) Vue 路由的使用。

(2) Vue 组件的运用。

第 3 篇

React

 微课视频

扫一扫，获取本篇相关微课视频。

 React 概述与安装

 React 的基本使用

 React 脚手架的基本使用

 React 组件

第 14 章
初识 React

随着互联网技术的快速发展，涌现出了许多新技术，如前端开发领域的 React(即 React.js)。React 是开发 UI 组件的一种新方法，它是新一代的表现层库，与模型和路由库一起配合，React 可以在 Web 和移动技术栈中取代 Angular、Backbone 或 Ember。React 的模板引擎是特定领域的，甚至不再是 JavaScript，许多 JavaScript 模板库已被用来尝试解决复杂用户界面(UI)的问题。但是，它们仍需要开发人员坚持原来的关注点，即网站开发分离原则——分离样式(使用 CSS)、数据和结构(使用 HTML)以及动态交互(使用 JavaScript)，而它们并不能满足现代网站开发需求。

相比之下，React 提供了一种简化前端开发的新方法。React 是一个功能强大的 UI 库，提供了许多大公司(如 Facebook、Netflix 和 Airbnb)已经采纳和认定的替代方法。React 允许使用 JavaScript 创建可重用的 UI 组件，而不是为 UI 定义一次性的模板，可以在网站中反复使用这些组件。因此，在 Web 开发领域，越来越多的开发者和团队都将目光投向了 Web 全栈开发这一新兴领域。本章将着重介绍什么是 React、React 的开发环境、React 脚手架的使用以及 React JSX 。

【学习目标】

● 理解什么是 React
● 掌握 React 的特点
● 掌握 React 开发环境的搭建
● 掌握 React 脚手架的使用
● 创建第一个 React 应用：Hello World
● 理解掌握什么是 JSX

【素质教育目标】

● 弘扬中华古诗词文化
● 弘扬中华传统文化

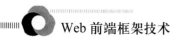

任务 14.1　React 概述及基本使用

📖 任务描述

　　以鼓励学生传承中华文化，激发爱国之情为目的，本任务将完成一个唐诗欣赏页面，在这个实例中将综合运用以前所学的 HTML 知识对普通文字进行格式化。显示效果如图 14-1 所示。完成本页面需要完成下面几个功能：①显示"唐诗欣赏"标题；②显示唐诗：静夜思；③显示简析部分内容。

唐诗欣赏

静夜思

李白

床前明月光，
疑是地上霜。
举头望明月，
低头思故乡。

【简析】
　　这是表达远客思乡之情的诗，诗以明白如话的语言雕琢出明静醉人的秋夜的意境。它不追求想象的新颖奇特，也摒弃了辞藻的精工华美；它以清新朴素的笔触，抒写了丰富深刻的内容。境是境，情是情，那么逼真，那么动人，百读不厌，耐人寻味。无怪乎有人赞它是"妙绝古今"。

图 14-1　唐诗欣赏

✏️ 任务分析

　　完成唐诗欣赏页面需要以下几个步骤。

　　(1) 完成静态页面设计，编写静态页面需要的标签，编写处理文字内容的样式类。

　　(2) 创建 React 实例，引入 CSS 样式，引入 React，编写 render()函数渲染页面内容。

　　(3) 在 App.css 文件中编写样式对象，通过属性指令绑定样式对象，完成样式渲染。

📠 知识准备

14.1.1　React 概述

　　React 是一个 UI 组件库。这些 UI 组件通过 React 使用 JavaScript，这种方法被称为"创建可组合的 UI"，它是 React 的理念基础。

　　React UI 组件是高度自包含、有特定关注点的功能单元，例如，日期、验证码、地址和邮政编码等选择器组件，这些组件具有视觉展示属性。React 的某些组件甚至可以自己与服务器通信。

React 主要用来写 HTML 页面或构建 Web 应用，如果从 MVC 的角度来看，React 仅仅是视图层(V)，也就是只负责视图的渲染，并不提供完整的 M 和 C 的功能。

React 起源于 Facebook 的内部项目，后来又被用来架设 Instagram 的网站，2013 年 5 月，React 在美国 JSConf 开源。自那以后，全世界的开发者都很快地将 React 投入到生产环境中，像 Trello、Slack、Docker、Airbnb、Khan Academy、New York Times 这些公司都冲在了前列。

14.1.2　React 的特点

jQuery 诞生后，同使用原生 JavaScript 编写跨浏览器代码相比，jQuery 是一次跳跃式的提升。一个 AJAX 调用需要编写多行代码，而且还必须考虑浏览器兼容问题。而使用 jQuery，只需要一个调用。过去，jQuery 被称为一个框架，但事实上它不是传统意义上的框架。现在，框架是一个更大且更强的概念。

每个新生代 JavaScript 框架都会带来很多新的优点，React 带来的革新是它挑战了大多数流行的前端框架所使用的一些核心概念，例如，需要拥有模板的想法。

React 最早起源于 Facebook，后来因为其独特的设计思路，出众的性能以及简单的代码逻辑，深受前端开发者的喜爱，目前已成为 Web 前端主流的开发工具。下面具体介绍 React 的特点。

1. JSX

JSX 代表 Javascript XML，它是 Javascript 和 HTML 的融合。它是一种类似于 HTML 的标记语法，用于描述应用程序的 UI 外观。总体上使代码易于理解和调试，避免了复杂的 javascript DOM 结构。我们也可以用纯粹的 JavaScript 编写，这会使开发更快更容易。

2. 高效

Virtual DOM 表示一个原始 DOM，它允许 React 在其虚拟内存中复制网页。它具有真实 DOM 的所有属性，并且只更新更改的组件，而不是所有组件。这就是 DOM 操作比任何其他框架都快的原因。

3. 组件

ReactJS 是一个基于组件的架构。应用程序是使用组件构建的，其中每个组件都有其逻辑和控件。组件的逻辑是用 Javascript 编写的，而不是在模板中，因此很容易通过应用程序传递数据而不会中断 DOM。

4. 单向数据绑定

顾名思义，数据在整个应用程序中仅沿一个方向流动。单向数据流由 Flux 管理，这是一种 Javascript 架构，可提供更高的灵活性并提高应用程序的效率。

单向数据绑定的显著优势在于它在应用程序中提供了更好的控制。

5. 声明式用户界面

ReactJS 为 Web 和移动应用程序创建了一个非常动态的交互式用户界面。声明式 UI 使代码更易于调试。

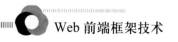

6. React Native

React Native 是一个基于 ReactJS 的框架，它使用原生组件来开发移动应用程序。React Native 的功能是使 React 代码可以在 iOS 系统和 Android 系统中工作。

7. TypeScript

TypeScript 是 JavaScript 的超集，它允许使用 TypeScript 语法编写最终编译为普通的 JavaScript。它在前端开发人员中也很受欢迎，因为它可以帮助开发人员将类型信息添加到代码中，从而让他们更快地发现和解决错误。

14.1.3 React 的安装

React 是用于构建用户界面的 JavaScript 库。只需要对 HTML 和 JavaScript 有简单了解就可以使用 React 进行开发。因此，React 作为前端开发工具越来越受到开发者的欢迎。

安装 React 有两种方式，一种是使用 CDN 链接；另一种是使用 create-react-app 工具。本书中使用的是 create-react-app 工具，也是 React 团队推荐的工具，下面介绍使用 create-react-app 工具安装 React。

通过该工具无须任何配置就能快速构建 React 开发环境。它在内部使用 Babel 和 Webpack，但读者无须了解它们的任何细节。要使用该工具，需要确保已安装 Node.js。

Node.js 是一个基于 Chrome V8 引擎的 JavaScript 运行环境。它是一种轻量级、可扩展、跨平台的代码执行方式。

> **小知识**
>
> Chrome V8 是一个由 Google 开发的开源 JavaScript 引擎，用于 Google Chrome 及 Chromium 中。Chrome V8 在运行之前会将 JavaScript 代码编译成机器代码而非字节码，以此提升程序性能。更进一步，Chrome V8 使用了如内联缓存(inline caching)等方法来提高性能。有了这些功能，JavaScript 程序在 Chrome V8 引擎下的运行速度可媲美二进制编译的程序。

选择 Node.js 进行开发的优点主要包括：

(1) 使用 JavaScript 语言开发，便于前端开发者快速学习和掌握；

(2) 易于快速构建实时应用程序(例如：开发聊天室应用)；

(3) 快速发展的 NPM 扩展包提供了丰富的工具和模块，极大地提高了开发效率；

(4) 基于事件驱动的非阻塞 I/O 模型，使其具有很高的并发执行效率。

下面介绍 Node.js 的几种安装方式及安装过程。

Node.js 的安装有如下几种方式：

(1) 通过源码编译安装；

(2) 通过安装包安装；

(3) 通过系统包管理器安装；

(4) 通过 Node 版本管理工具安装。

1. 安装包

访问 Node.js 的官方下载地址(https://nodejs.org/zh-cn/download/)进行下载。

(1) 下载指定系统的安装包，如图 14-2 所示。

图 14-2 Node.js 官网下载页面

(2) 单击图 14-2 中的"长期维护版"选项,下面以 windows 安装包系统为例,介绍通过安装包安装 Node.js 的过程。从图 14-2 中可以看到,Node.js 有两个版本,长期维护版和最新尝鲜版。长期维护版使用起来稳定并提供长期支持,在此推荐多数用户使用;最新尝鲜版含有最新功能和特性,如果追求最新功能可以选择它。本书选用长期维护版本并进行下载。

2. Node.js 的安装过程

(1) 安装包下载完成后,双击 node-v16.14.2-x64.msi 安装文件,会打开 Node.js 的安装界面(具体安装步骤请参见本书 11.2.2 小节中的内容)。

(2) 检测 Node.js 是否安装成功,可以通过按 Win+R 组合键,打开"运行"对话框,输入 cmd 打开 Windows 终端,也可以通过 Visual Studio Code 内置终端,输入命令 node -v 或 node --version 查看 Node.js 的版本,如有版本信息则表示安装成功。具体操作命令如图 14-3 所示。

图 14-3 检查 Node.js 是否安装成功

在 React 开发过程中,我们需要编写和调试代码,本书选用 Visual Studio Code(简称 VS Code)编辑器。VS Code 是由 Microsoft 开发,是一款适用于多种语言和多个平台的开发"神器"。它具有以下特点:

(1) 开源、免费;

(2) 智能提示;

(3) 内置 Git 命令;

(4) 强大的调试功能;

(5) 可扩展、可定制。

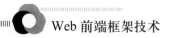

下面我们一起来了解这款功能强大的编辑器。

首先，访问 VS Code 官网(https://codevisualstudio.com/)下载相应系统的安装包。

在下载安装包时，会发现有 Stable 和 Insiders 两个版本。其中 Stable 版本是稳定的发行版，Insiders 版本是每日构建的版本，因此 Insiders 版会包含很多有趣的新功能，但是稳定性相比 Stable 版稍微差一些。如果想体验新功能，可以安装 Insiders 版本，但实际项目开发中还是推荐使用 Stable 稳定版。

安装包下载完成后，双击打开安装文件，然后根据提示安装即可(具体安装步骤请参见 1.2.1 小节)。安装成功后，打开 VS Code，界面如图 14-4 所示。

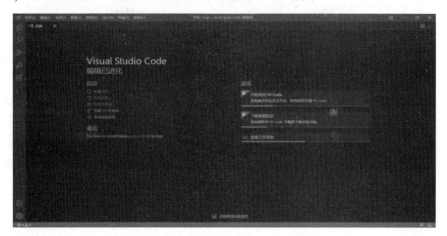

图 14-4　Visual Studio Code 欢迎界面

VS Code 的强大，很大一部分体现在其拥有许多优秀的插件，可以帮助我们实现很多功能。下面介绍几款开发中常用的插件。

vscode-icons(https://github.com/vscode-icons/vscode-icons)：文件图标插件。

Path Intellisense(https://github.com/ChristianKohler/PathIntellisense)：当引入文件和书写文件路径时，可自动填充文件。

Auto Rename Tag(https://github.com/formulahendry/vscode-auto-rename-tag)：修改 HTML 标签时，自动完成闭合标签的同步修改。

Open in Browser(https://github.com/SudoKillMe/vscode-extensions-open-in-browser)：右击 HTML 文件，选择 Open In Default Browser 命令，就会在默认浏览器中打开 HTML 文件。

GitLens(https://github.com/eamodio/vscode-gitlens)：增强了 VS Code 中内置的 Git 功能，可以查看当前文件在什么时候被谁修改过，以及这个文件被多少人修改过。

Settings Sync(https://github.com/shanalikhan/code-settings-sync)：将 VS Code 的所有配置通过 GitHub 同步，这样可以做到不同计算机上的 VS Code 配置完全一致。

除了上述插件，读者可以访问网址 https://marketplace.visualstudio.com/自行下载安装所需插件。

接下来就是 React 的安装，其安装命令是：npm i react react-dom，其中 react 包是核心，提供创建元素、组件等功能；react-dom 包提供 DOM 相关功能等。

基于 React 开发前端，再配合 Node 开发服务端应用，其优势如下所述。

(1) JavaScript 语言可以同时用于客户端和服务端的开发，这也让前后端开发变得容易，扫清了开发语言上的障碍。

(2) 使用 JavaScript 语言及 Node 开发环境和生态，让团队的技术能够实现最大化的共享，减少协作沟通的代价。

(3) 随着技术学习和迁移难度的降低，企业招聘、培训和用人等综合成本也开始下降。

14.1.4　React 的使用

本节将介绍如何使用 React，并为学习后续章节打下基础。理解 React 中的概念(例如元素和组件的关系)至关重要。简言之，元素是组件(也称为组件类)的实例。

1. 引入文件

引入 react 和 react-dom 两个 JS 文件，其前后顺序不能变。

```
<script src="./node_modules/react/umd/react.development.js"></script>
<script src="./node_modules/react-dom/umd/react-dom.development.js"></script>
```

2. 创建 React 元素

创建 React 元素使用的是 React.createElement()方法。例如，可以创建如下所示的案例元素：

```
const linkReactElement = React.createElement('a',
{href:'http://www.baidu.com'},'www.baidu.com')
)
```

现实中大多数 UI 都具有多个元素，如界面中有按钮、视频缩略图和播放器。

以分层方式创建更复杂的结构时使用内嵌元素。通过创建 React 元素<h1>并使用 ReactDOM.render()方法将其渲染到 DOM 中，如：

```
const title = React.createElement('h1', null, 'Hello world!')
ReactDOM.render(h1,
document.getElementById('content')
)
```

值得注意的是，ReactDOM.render()方法只使用一个元素作为参数，示例中为 h1。当需要渲染两个同级别元素时，会出现问题。在这种情况下，可以将同级别的元素包裹在视觉中性的元素中，如<div>、<span>容器。

可以将数量不限的参数传递给 React.createElement()方法。接下来，我们使用 React.createElement()方法创建具有两个<h1>子元素的<div>元素。

创建一个拥有两个<h1>子元素的<div>元素，代码如下：

```
const title =React.createElement('h1', null,'Hello world!') //如果 React.createElement()
方法的第三个参数是一个字符串，那么它指定了将被创建的元素内部的文本内容
ReactDOM.render(
React.createElement('div', null, h1, h1), document.getElementById('content') )
// 如果第三个参数和后续参数不是文本，那么它们指定了要创建元素的子元素
```

React.createElement()方法说明：

返回：React 元素。

第一个参数：创建的 React 元素的名称。

第二个参数：该 React 元素的属性。

第三个及以后的参数：该 React 元素的子节点。

3. 渲染 React 元素到页面中

其代码如下：

```
<div id="root"></div>
<script>
const title = React.createElement('h1', null,'Hello world')
ReactDOM.render(title,document.getElementById('root'))</script>
```

ReactDOM.render()方法说明：

第一个参数：要渲染的 React 元素。

第二个参数：DOM 对象，用于指定渲染到页面中的位置。

14.1.5 React 脚手架的使用

1. React 脚手架意义

(1) 脚手架是开发现代 Web 应用的必备。

(2) 充分利用 Webpack、Babel、ESLint 等工具辅助项目开发。

(3) 零配置，无须手动配置烦琐的工具即可使用。

(4) 使开发者更关注业务，而不是工具配置。

2. 使用 React 脚手架初始化项目

(1) 初始化项目，使用命令 npx create-react-app my-app，其中 my-app 是项目名称，根据需要命名即可。

(2) 启动项目，在项目根目录执行命令 npm start 或者 yarn start。

小知识

在 Node 环境搭建和开发的过程中，经常需要用到的工具有 npm 和 yarn。因此，在学习 Node 开发之前，还需要熟练掌握包管理工具的使用。安装 Node 时同时会安装 npm，它主要有如下命令：

初始化 Node 项目，生成 package.json 文件：npm init

查看本地安装目录：npm root

安装本地依赖包：npm install

安装运行依赖包，并且将其保存至 package.json 文件中：npm install --save

安装开发依赖包，并且将其保存至 package.json 文件中：npm install --save-dev

更新本地依赖包：npm update

查看本地依赖包：npm ls

卸载本地依赖包：npm uninstall

查看全局安装目录：npm root -g

安装全局依赖包：npm install -g

更新全局依赖包：npm update -g

查看全局依赖包：npm ls -g
卸载全局依赖包：npm uninstall -g
查看依赖包信息：npm info
执行 scripts 配置的命令：npm run

如果记不住这么多命令，可以使用 npm 的帮助命令，具体如下：

npm help 或 npm h

除了 npm 外，还可以使用 yarn 包管理工具。

yarn 是 Facebook 等公司开发的用于替代 npm 的包管理工具。yarn 的使用和 npm 一样，非常容易上手，表 14-1 所示是常用的 yarn 命令。

表 14-1　常用的 yarn 命令

操　作	命　令
初始化 Node 项目	yarn init
安装本地依赖包	yarn 或 yarn install
安装运行依赖包，并且保存至 package.json 文件中	yarn add
安装开发依赖包，并且保存至 package.json 文件中	yarn add --dev
更新本地依赖包	yarn upgrade
卸载本地依赖包	yarn remove
安装全局依赖包	yarn global add
更新全局依赖包	yarn global upgrade
查看全局依赖包	yarn global list
卸载全局依赖包	yarn global remove

项目初始化完毕，服务启动后会在浏览器中自动打开 http://localhost:3000，效果如图 14-5 所示。

图 14-5　使用 React 脚手架初始化项目工具的效果图

3. 在脚手架中使用 React

(1) 导入 react 和 react-dom 两个包。

```
import React from "react"
import ReactDoM from "react-dom"
```

(2) 调用 React.createElement() 方法创建 React 元素。

(3) 调用 ReactDOM.render() 方法渲染 React 元素到页面中。

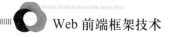

下面我们通过例 14-1 熟悉 React 的使用。

【例 14-1】加载 React 库和代码，创建和渲染<title>元素(index.html)

```
<!DOCTYPE html>
<html>
<head>
  <script src="js/react.js"></script>          //导入 React 库
  <script src="js/react-dom.js"></script>    //导入 ReactDOM 库
</head>
<body>
  <div id="content"></div>        //定义一个空的<div>元素以便挂载 ReactUI
  <script type="text/javascript"> //开始编写 Hello World 视图的 React 代码
  const title = React.createElement('h1', null, 'Hello world!');    //创建和保存一
个存储在变量 title 中的 React 元素
  ReactDOM.render(title, document.getElementById('content'));  //在 ID 为 content
的 DOM 元素中渲染<title>元素
</script>
</body>
</html>
```

上面代码清单获取 title 类型的 React 元素，并将该对象引用存储到 title 变量中。title 变量不是实际的 DOM 节点，而是 React 的<title>组件(元素)的实例,可以以任意方式命名它。

⚠️注意

title 变量名是随意命名的。可以将其命名为任何想要的内容(例如 bananza)，只需要在 ReactDOM.render()方法中使用相同的变量即可。

在浏览器中打开网页，会在网页上看到"Hello world!"，如图 14-6 所示。

图 14-6　效果展示

🖼️ 任务实现

唐诗欣赏页面实现代码如下。

项目初始化完成后，要进行具体代码编写，./src/App.jsx 文件的代码如下：

```
import './App.css';//引入 css 样式
import React from 'react';//引入 React
class App extends React.Component {//类组件继承 Component 组件
  render(){//渲染函数
    return (
      <div className="w">
        <h3 className='enjoy'>唐诗欣赏</h3>
        <hr />
        <h5 className='title'>静夜思</h5>
        <div className='author'>  李白</div>
```

```
        <div className='paragraph'>
            <p>床前明月光，</p>
            <p>疑是地上霜。</p>
            <p>举头望明月，</p>
            <p>低头思故乡。</p>
        </div>
        <hr />
        <div className='analysis'>
            <div className="title">【简析】</div>
            <p className="content">这是表达远客思乡之情的诗，诗以明白如话的语言雕琢出明静醉
人的秋夜的意境。它不追求想象的新颖奇特，也摒弃了辞藻的精工华美；它以清新朴素的笔触，抒写了丰富深
刻的内容。境是境，情是情，那么逼真，那么动人，百读不厌，耐人寻味。无怪乎有人赞它是"妙绝古今"。</p>
        </div>
    </div>
    );
  }
}
```

页面中设置文字效果的 App.css 文件的代码如下：

```
* {//清除内外边距
  margin: 0;
  padding: 0;
}
body,html,#root {//设置宽高
  width: 100%;
  height: 100%;
}
.w {
  width: 800px;//设置宽度
  text-align: center;//文本内容居中
  margin: 0 auto;//对于父元素的居中位置
  margin-top: 80px;//向下偏移 80px
  padding: 40px 10px;//设置内边距
  border: 4px solid #ccc;//设置边框
  box-sizing: border-box;//元素的总高度和宽度包含内边距和边框(padding 与 border)
}
.enjoy {
  line-height: 80px;//设置行高
  font-size: 21px;//设置字体大小
}
.title {
  line-height: 40px;//设置行高
  font-size: 18px;
}
.author {
  line-height: 60px;
}
.paragraph {
  font-weight: 600;//设置字体宽度
  margin-bottom: 40px;
}
.paragraph > p {
  letter-spacing: 4px;//减少字符间距
```

```
}
.analysis {
  text-align: left;
}
.analysis .content {
  text-indent: 2em;//文字缩进
}
```

任务 14.2   JSX 简介

任务描述

本任务将完成用循环语句遍历数组，在页面中显示两列：书名和作者，每加一本书相应信息会显示在页面上，显示效果如图 14-7 所示。

图 14-7   页面效果图

任务分析

完成上述页面需要以下几个步骤。

(1) 完成静态页面设计，内容部分在页面中居中显示，设置显示标题"书名"和"作者"、显示内容、设置显示背景颜色。

(2) 完成静态页面样式设计。

(3) 创建 React 实例。

(4) 编写 data 数组，渲染 render()函数。

知识准备

14.2.1   JSX 概述

React 中的 JSX 并不是一门新语言，而是 Facebook 提出的语法方案。一种可以在

JavaScript 代码中直接书写 HTML 标签的语法糖，是 JavaScript 的一种扩展，为函数调用和对象构造提供了语法糖，特别是 React.createElement()方法。JSX 看起来可能更像是模板引擎或 HTML，但它不是。使用 JSX 可以创建 React 元素，同时还可以充分利用 JavaScript 的全部功能。

JSX 是 JavaScript XML 的简写，表示在 JavaScript 代码中写 XML(HTML)格式代码，有以下优点。

(1) 声明式语法，代码更易读。可以更好地表示嵌套的声明式结构，使结构看起来更加直观。

(2) 非正式开发人员也可以很容易地修改代码，因为 JSX 与 HTML 结构相同。

(3) 开发人员需要编写的代码量变得更少，降低了学习成本，提升了开发效率。

虽然 JSX 并不是 React 框架所必需的，但它非常适合和 React 一起使用。

实质上，JSX 是一种类 XML 语法的小语言，但它改变了 UI 组件的编写方式。以前，开发人员以类似 MVC 的模式为控制器和视图编写 HTML 和 JS 代码，在各种文件之间跳转切换。这源于早期对关注点的分离，当 Web 应用只是为了使文本闪烁，并由静态 HTML、少量 CSS 代码和少量 JS 代码组成时，这种方法可以运作得很好。

如今时过境迁，我们需要构建具备强交互性的 UI，需要 JS 和 HTML 紧密结合以实现各种功能。React 通过集成 UI 描述和 JS 逻辑来修复已然破损的关注点分离(separation of concern，SoC)原则。使用 JSX，代码看起来很像 HTML，并且更易于开发者阅读和编写。

使用 JSX 的主要原因是：许多人发现使用尖括号(<>)比使用很多 React.createElement() 方法编写代码要更容易阅读。一旦习惯不把<name/>看成 XML(HTML)，而是把它作为 JavaScript 代码的别名，就会克服 JSX 语法带来的怪异感。当开发 React 组件及强大的 React 应用时，了解和使用 JSX 会带来很大不同。

14.2.2 JSX 的语法

1. 使用 JSX 创建元素

JSX 是 JavaScript XML 的缩写，在 JS 代码中书写 XML 结构，JSX 不是标准的 JS 语法，是 JS 的语法扩展。脚手架内置了 Babel 编译包，React 用它来创建 UI(HTML)结构。

使用 JSX 创建 ReactElement 对象非常简单。在 JSX 代码中，属性及其值来自 createElement()的第二个参数，我们可以编写没有属性的 JSX 元素示例还可以将 JSX 语法创建的对象存储在变量中，因为 JSX 只是 React.createElement()的语法糖，下面是一个将对 Element 对象的引用存储在变量中的例题。

【例 14-2】将对 Element 对象的引用存储在变量中。

```
let helloWorldReactElement = <h1>Hello world!</h1>
ReactDOM.render(
helloWorldReactElement,document.getElementById('content')
)
```

📺小知识：使用 Babel 设置 JSX 转译器

为了执行 JSX，需要将其转换为普通的 JavaScript 代码。这个过程被称为转译，有非常多的工具可以用来完成这个过程。以下是推荐的方法：

（1）Babel 命令行接口(command-line interface，CLI)工具：babel-cli 包提供了一个用于转译的命令。这种方法需要的设置较少，最易于启动。

（2）Node.js 或浏览器 JavaScript 脚本(API 方法):脚本可以导入 babel-core 包并以编程的方式转译 JSX(babel.transform)。这种方法拥有更低阶的控制能力，并且移除了对构建工具及其插件的抽象以及依赖项。

（3）构建工具:诸如 Grunt、Gulp 或 Webpack，这些工具可以使用 Babel 插件，这也是最受欢迎的方法。

所有这些方法都以不同的方式使用 Babel，Babel 主要是一个将 ES6 代码转为 ES5 代码的转码器，但它也能把 JSX 转换成 JavaScript。实际上，React 团队已经停止开发自己的 JSX 转译器，并推荐使用 Babel。

2. 在组件中使用 JSX

在前面的例子中使用了 JSX 标签<h1>，也是一个标准的 HTML 标签。使用组件时语法相同，唯一区别在于组件类名必须以大写字母开头，关于组件的介绍详见本书第 15 章 React 组件。

在这里，将创建一个新的组件类并使用 JSX 创建元素。例中使用 JSX 重写的 Hello world。代码如下：

【例 14-3】创建一个新的组件类并使用 JSX 创建元素。具体代码如下：

```
class HelloWorld extends React.Component {
  render() {
    return (
      <div>
        <h1>1. Hello world!</h1>
        <h1>2. Hello world!</h1>
      </div>
    )
  }
}
ReactDOM.render(
  <HelloWorld/>,document.getElementById(content')
)
```

注意上述代码中 return 后面的圆括号。如果不打算再在同一行中输入任何内容，则必须加上它们。如果在新行的开始输入根元素<div>，则必须在其外面包裹圆括号，否则，JavaScript 不会返回任何内容。

3. 在 JSX 中输出变量

React 的变量可以定义在 state 这个 json 对象中，然后把 state 绑定在 this 上。其调用方式是：在 DOM 树中需要用到的地方以{this.state.}方式进行调用。

Web 前端是通过事件去操作界面的，所以在开发的过程中会用到大量的事件，我们可以通过事件来操作变量值的变化。

在 JSX 中，可以使用花括号{}来动态输出变量，这可以极大地拟制代码量。变量可以是 props，但不限于是本地定义的变量，也可以在花括号{}中执行 JavaScript 表达式或任何 JS 代码。例如，格式化日期：

```
<p>{new Date(Date.now()).toLocaleTimeString()}</p>
```

4. 在 JSX 中使用属性

JSX 元素的属性可分为动态属性和静态属性，动态属性可以理解为一个属性的值与声明式变量(state)有关。当 JSX 元素的属性是动态属性时，其属性值要用花括号 {} 括起来。静态属性可以理解为一个属性的值与声明式变量无关。

如果需要传递属性，可以像在正常 HTML 中那样在 JSX 中编写它们。另外，渲染标准 HTML 属性也是通过设置元素的属性来实现的。渲染标准元素(<h>、<p>、<a>等)时，React 会从 HTML 规范中渲染所有属性，并忽略所有其他不属于规范的属性。这不是 JSX 的行为，而是 React 的行为。但有时你会想要添加自定义数据作为属性，但用户并不需要，这时我们通常就把这些信息放在 DOM 元素中作为属性。

当打算传递所有属性时，JSX 提供了一种扩展运算符(...)的解决方案，下例中演示了具体用法。

【例 14-4】传递所有属性时，JSX 提供了一种扩展运算符的解决方案。具体代码如下：

```
class HelloWorld extends React.Component {
  render() {
    return (
      <h1 {...this.properties}>
      Hello {this.props.frameworkName} world!!!
      </h1>
    )
  }
}
ReactDOM.render(
  <div>
    <HelloWorld
    id='ember
    frameworkName='Ember.js'
    title='A framework for creating ambitious web applications.'/>
    <HelloWorld
    id='backbone'
    frameworkName='Backbone.js'
    title= 'Backbone.js gives structure to web applications...'/>
    <HelloWorld
    id='angular'
    frameworkName='Angular.js'
    title= 'Superheroic JavaScript MVW Framework'/>
  </div>,
  document.getElementById(content')
)
```

借助{...this.properties}，可以把每一个属性传递给子组件。

14.2.3　JSX 中使用 JavaScript 表达式

1. 注释

为了便于调试和维护代码，JSX 也支持注释。JSX 中的注释与普通 JavaScript 注释类似，

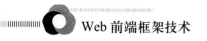
要在 JSX 中添加注释，可以使用{/* */}包裹需要注释的内容，如下所示：

```
let content =(
  <div>
    {/* Just like a JS comment */}
  </div>
)
```

也可以像下面这样使用//添加注释：

```
let content=(
  <div>
    <Post name={window.isLoggedIn ? window.name : ''}   // We are inside of Jsx />
  </div>
)
```
对于多行注释，推荐使用/* */将注释内容包裹起来，例如：
```
<div className="shopping-list">
  <h1>Shopping List</h1>
  <ul>
    /*<li>Instagram</li>
    <li>WhatsApp</li>*/
  </ul>
</div>
```

2. JavaScript 表达式

JSX 中可以使用花括号内置任何有效的 JavaScript 表达式，例如：

(1) 四则运算：12*2；

(2) 点运算符：user.firstName；

(3) 函数调用：getName(user)。

因此，可以在 JSX 中引入变量和逻辑语句，这也是 JSX 相比 HTML 的优势之一。

【例 14-5】使用 JavaScript 表达式完成如图 14-8 所示效果。

图 14-8　效果图

项目初始化完成后，要进行具体代码编写，./src/App.jsx 文件的代码如下：

```jsx
import React, { Component } from "react";//引入 React 和 Component
import './App.css'//引入 CSS 样式
import test1 from './image/229d50379eeeb2865c9db2f794ef6be.jpg'//引入图片
import test2 from './image/ccaf9e9fa4318c15f7caf171a22ffcf.jpg'//引入图片
function LoginButton(props) { //创建函数组件
  return (
    <div onClick={props.onClick}>
      <span>健康出行，低碳生活</span>
      <img src={test1} alt="" />//胡子语法绑定图片 1 路径
    </div>
  );
}
function LoginButton(props) {//创建函数组件
  return (
    <div onClick={props.onClick}>
      <span>绿色出行，从我做起</span>
      <img src={test2} alt="" />//胡子语法绑定图片 2 路径
    </div>
  );
}

export default class App extends Component {
  constructor(props) {
    super(props);
    this.handleLoginClick = this.handleLoginClick.bind(this);
    this.handleLogoutClick = this.handleLogoutClick.bind(this);
    this.state = { isLoggedIn: false };
  }
  handleLoginClick() {
    this.setState({ isLoggedIn: true });
  }

  handleLogoutClick() {
    this.setState({ isLoggedIn: false });
  }
  render() {
    const isLoggedIn = this.state.isLoggedIn;
    return (
      <div className="container">
        <div>点击图片进行切换</div>
        {isLoggedIn
          ? <LogoutButton onClick={this.handleLogoutClick} />
          : <LoginButton onClick={this.handleLoginClick} />
        }
      </div>
    );
  }
}
```

设置页面中文字效果的 App.css 文件的代码如下：

```
img {
  width: 270px;
  height: 360px;
}
div {
  display: flex;//采用 flex 布局
  flex-direction: column;
}
div > span {
  padding: 10px;
  font-size: 20px;
}
div > img {
  border-radius: 5px;
}
.container {//图片居中
  width: 270px;
  height: 360px;
  position: absolute;
  transform: translate(-50%,-50%);
  top: 50%;
  left: 50%;
}
```

⚠️**注意**
- 数据存储在 JavaScript 表达式中；
- 语法格式：{JavaScript 表达式}；

14.2.4 JSX 的条件渲染

在 React 中，可以创建不同的组件来封装各种行为，还可以根据应用的状态变化只渲染其中一部分。

React 中的条件渲染和 JavaScript 中的一致，根据条件渲染特定的 JSX 结构，可以使用 if/else 操作符、三元运算符或逻辑与运算符来创建渲染。

下面我们通过案例来讲解运用各种操作符条件渲染 JSX。

【例 14-6】if/else 操作符的使用。具体代码如下：

```
const isloading=true
const loadingData =()=> {
  if(isLoading){
    return<div>loading...</div>
  }
  else return(
    <div>数据加载完成。</div>
  )
}
const content=(
  <h1>
```

```
条件渲染：
{loadingData()}
</h1>
)
ReactDom.render(content,document.getElementById('root'))
```

　　上述代码中变量 isloading 值为 true 时，执行 if 语句块，isloading 值为 false 时，执行 else 语句块。需要注意的是函数 loadingData()也是表达式的一种，所以调用也使用{loadingData()} 的形式。

　　运行结果如图 14-9 所示。

图 14-9　例 14-6 对应代码的运行结果

【例 14-7】三元运算符的使用。

将上面的案例效果使用三元运算符实现，具体代码如下：

```
const isloading=true
const loadingData =()=> {
  return isloading ? (<div>loading...</div> ):(<div>数据加载完成。</div>)
}
const content=(
  <h1>
  条件渲染：
  {loadingData()}
  </h1>
)
```

⚠️**注意**

　　如果 isloading 值为 true，那么 loadingData()函数将返回"loading..."，isloading 值为 false，loadingData()函数返回"数据加载完成。"

　　运行结果如图 14-10 所示。

图 14-10　例 14-7 对应代码的运行结果

　　某些情况下，三元运算符是 if/else 操作符的简短版本。但是，如果使用逻辑与运算符

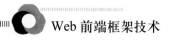

作为表达式，它们之间有很大的区别。

与运算符 &&

用与运算符实现上述条件渲染，代码如下：

```
const isloading=true
const loadingData =()=> {
  return isloading &&(<div>数据加载中，请稍后...</div> )
}
const content=(
  <div>
  {loadingData()}
  </div>
)
```

在 JavaScript 中，true && expression 总是返回 expression，而 false && expression 总是返回 false。

因此，如果条件是 true，&& 运算符右侧的元素就会被渲染，如果是 false，React 会忽略&&运算符右侧的元素并跳过它。

14.2.5　JSX 的列表渲染

我们可以使用 JavaScript 的 map()方法来创建列表，如果要渲染一组数据，应该使用数组的 map()方法。

【例 14-8】使用 map()方法遍历数组生成一个列表。具体代码如下：

```
const songs=[
  {id:1, name:'痴心绝对'},
  {id:2, name:'像我这样的人'},
  {id:3, name:'后来'},
  {id:4, name:'好大一棵树'},
  {id:5, name:'红豆'},
]

const list=(
  <ul>
  {songs.map (item => <li >{item.name}</li>)}
  </ul>
)
```

通过运行上述代码我们会发现一个 warning 警告，如图 14-11 所示：

Warning: Each child in a list should have a unique "key" prop.

图 14-11　warning 警告

该 warning 警告意思是每个列表元素需分配一个唯一的 key。通常，我们使用来自数据的 id 作为元素的 key 属性值，在上述代码中做以下修改：

```
{songs.map (item => <li key={item.id} >{item.name}</li>)}
```

运行结果如图 14-12 所示。

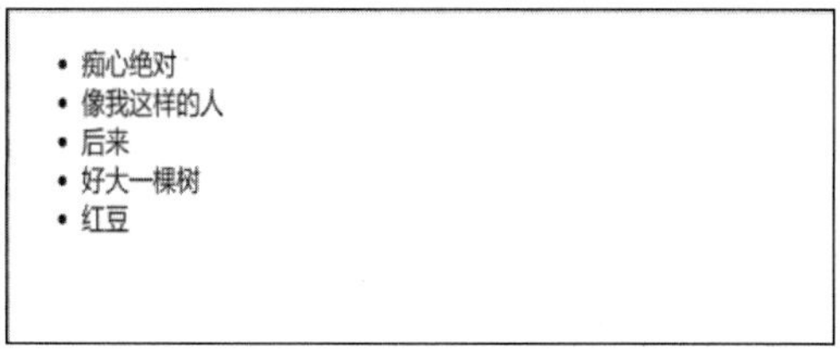

- 痴心绝对
- 像我这样的人
- 后来
- 好大一棵树
- 红豆

图 14-12　map()方法的运行结果

当元素没有确定的 id 时，可以使用它的序列号索引 index 作为 key 属性值。如果列表需要重新排序，不建议使用索引来进行排序，因为这会导致渲染变得很慢。

14.2.6　JSX 的样式处理

JSX 的样式处理有两种方式：一种是定义标签的 style 属性；另一种是使用类名 className设置样式。这跟 HTML 中的样式处理方式几乎一模一样，但是，JSX 中的 style 属性和普通的 HTML 不同。在 JSX 中需要传递 JavaScript 对象而不是字符串，CSS 属性命名必须使用驼峰式命名法。

例如：

background-color　变成　backgroundColor

font-size　变成 fontSize

text-align 变成 textAlign

可以定义一个变量来存储这个 JavaScript 对象，或者以内联方式在双花括号{{...}}中渲染它。这里需要使用双花括号，有一对是 JSX 需要的，另一对用于包裹 JavaScript 对象自变量。

1. 定义标签的 style 属性

这是最简单的样式处理方法，不过利用这种方法处理样式，效果只可以控制该 JSX 结构，无法做到通用和共享。

基本语法：

```
<标签 sytle={{属性 1：属性值 1,属性 2：属性值 2,...}}>
```

2. 使用类名 className 处理样式

React 和 JSX 接受任何标准的 HTML 属性，除了 class 属性和 for 属性，这两个单词是JavaScript 和 ECMAScript 的保留字。React 使用 className 和 htmlFor 来代替它们。

使用类名 className 这种 JSX 的样式处理方式需要我们导入外部样式表，基本语法如下：

```
import '外部样式表的文件名称'
```

其中，外部样式表的文件名称是要嵌入的样式表文件名称，后缀为 css。

【例 14-9】以下代码调用外部样式表文件 style.css。

```
import React from 'react'
import ReactDom from 'react-dom
```

```
// 引入 CSS
import './css/style.css '
/*JSX 的样式处理*/
const list =(
 <p className="p1">
 此行文字被 style 属性定义为蓝色显示
 </p >
)
```

示例代码调用的外部 style.css 文件的内容如下：

```
.p1{ fontSize:18px;color:blue }
```

运行结果如图 14-13 所示。

此行文字被style属性定义为蓝色显示

此行文字没有被style属性定义

图 14-13 例 14-9 的运行结果

任务实现

项目初始化完成后，要进行具体代码编写，./src/Test.jsx 文件的代码如下：

```
import React, { Component } from 'react'//引入 react 和 component
import './Test.css'//引入样式
const data = [//初始化数组
    {
        title: '《论某民主》',
        name: '作者',
    },
    {
        title: '《某 1 论》和《某 2 论》',
        name: '西方 东方',
    },
    {
        title: '《环境某论》和《环保某论》',
        name: '世界',
    },
    {
        title: '《大趋势：中国下一步》',
        name: '郑永年',
    },
    {
        title: '《当代中国社会分层》',
        name: '社会学著作',
    },
    {
        title: '《劳动关系政府职能论》',
        name: '劳动关系多元复杂',
    },
```

```
    {
        title: '《小镇喧嚣》',
        name: '某镇的调查报告',
    }
];

export default class DetailChartTable extends Component {
    render() {
        let items = [];
        for (var i = 0; i < data.length; i++) {//循环遍历数组
            items.push(<div
key={i}>{data[i].title}<span>{data[i].name}</span></div>)
        }
        return (
            <div className='container'>
                <div className='title'><span>书名</span><span>作者</span></div>
                {items}
            </div>
        )
    }
}
```

设置页面中文字效果的 Test.css 文件的代码如下：

```
.container {
  position: absolute;
  width: 440px;
  padding: 20px;
  border: 1px solid #ccc;
  top: 15%;
  left: 50%;
  transform: translateX(-50%);
  display: flex;
  flex-direction: column;
  background-color: rgb(48, 126, 236);
  border-radius: 10px;
}
.container > div {
  width: 400px;
  display: flex;
  justify-content: space-between;
  line-height: 40px;
  color: #fff;

}
.title {
  font-weight: 700;
  padding: 0 10px;
}
```

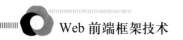

本 章 小 结

本章介绍了什么是 React、React 的特点、React 的安装以及 React 的使用，在此基础上详细讲解了 JSX，JSX 是 JavaScript 的语法扩展。JSX 可以很好地创建具备强交互性的 UI。JSX 将 XML 语法直接加入 JS 中，之后通过转译器将 JSX 转换为纯 JS 代码，再由浏览器执行。在实际开发中，JSX 在产品打包阶段就已经编译成了纯 JavaScript 代码，JSX 的语法不会带来任何性能影响。另外，由于 JSX 只是一种语法，因此 JavaScript 的关键字 class、for 等也不能出现在 JSX 中，而要使用 className 和 htmlFor 代替。本章还通过可运行的网页案例演示了 React 的基本使用及相应的原理。

自 测 题

一、单选题

1. 要把 React 组件渲染到 DOM 中，使用下列(　　)方法。
   A. ReactDOM.renderComponent()　　　　B. React.render()
   C. ReactDOM.append()　　　　　　　　　D. ReactDOM.render()
2. React 通过以下(　　)方法来改变状态。
   A. setState()　　　　B. State()　　　　C. setStatus()　　　　D. Status()
3. 要创建一个 React 组件类，可以使用以下(　　)方法。
   A. createComponent()　　　　　　　　　B. createElement()
   C. class NAME extends ReactComponent　　　D. class NAME extends ReactClass
4. React 组件的唯一必需属性或方法是(　　)。
   A. function　　　　B. return　　　　C. name　　　　D .render
5. 要访问组件的 url 属性，可以使用(　　)。
   A. this.properties.url　　　　　　　　　B. this.data.url
   C. this.props.url　　　　　　　　　　　D. url
6. 要在 JSX 中输出一个 JavaScript 变量，使用(　　)。
   A. =　　　　　　　B. <%=%>　　　　C. {}　　　　　D. <?=?>
7. JSX 可以将许多现有编程代码组合在一起，但是不包括(　　)。
   A. HTML　　　　B. Java　　　　C. CSS　　　　D. JavaScript
8. 如果需要在 React 组件中添加 class,可以使用以下(　　)属性。
   A. class　　　　B. className　　　　C. classStyle　　　　D. forClass

二、判断题

1. 声明式编程不允许存储的值发生改变，这就是"要做什么"，而不是命令式编程的"怎么做"。　　　　　　　　　　　　　　　　　　　　　　　　　　　　(　　)
2. 必须在服务器上使用 Node.js 才能在 SPA 中使用 React。　　　　　　　(　　)
3. 必须包含 react-dom.js 文件才能在网页上渲染 React 元素。　　　　　　(　　)

4. React 解决的问题是在数据变更时更新视图。 　　　　　　　　　（　　）

5. React 的属性在当前组件的上下文中是不可变的。 　　　　　　　（　　）

6. React 的组件类允许开发人员创建可复用的 UI。 　　　　　　　（　　）

7. 在 JSX 中不允许有 class 属性。 　　　　　　　　　　　　　　（　　）

8. 没有赋值的属性的默认值是 false。 　　　　　　　　　　　　　（　　）

9. JSX 中的内联样式属性是 JavaScript 对象，并且不是类似字符串的属性。（　　）

10. 如果需要在 JSX 中使用 if/else 逻辑语句块，可以在{}中使用。 （　　）

11. JSX 的全称是 JavaScript XML。 　　　　　　　　　　　　　（　　）

三、实训题

1. 图文混排网页

需求说明:

(1) 掌握 VS Code 环境的使用。

(2) 学会创建 React 元素。

(3) 完成如图 14-14 所示效果。

图 14-14　图文混排网页

实训要点:

(1) 使用标题标签显示图片所示标题。

(2) 设置图片与文字的显示位置。

(3) 设置段落表现文章的层次。

第 15 章
React 组件

如果没有状态，React 组件只是一堆静态模板。React 状态是组件内部的可变数据存储，从功能上看，是 UI 与逻辑的核心。可变意味着状态值可以改变。通过在视图中使用状态并更改其值，可以影响视图的展现。

状态和属性之间最主要的区别是：状态可变，属性不可变。另外一个区别是：属性可以从父组件传递给子组件，状态在组件内部定义而非在父组件中定义。

React 元素的事件处理和 DOM 元素类似，但也有语法上的不同。事件处理是前端开发过程中非常重要的一部分，通过事件处理，我们可以响应用户的各种操作，从而实现一个富有交互的应用。

了解了 React 组件的创建和使用后，接下来我们需要掌握组件的生命周期。通常来说，React 组件不会在整个应用中一直存在，它会经历挂载、卸载和更新的过程。React 中提供了对应的生命周期函数，可以让开发者在不同的生命周期阶段做相应处理。

【学习目标】

- 理解掌握组件的定义
- 能够使用函数创建组件
- 能够使用类创建组件
- 能够给 React 元素绑定事件
- 掌握 React 事件处理
- 理解掌握组件生命周期的定义
- 掌握在 React 中定义表单及响应事件

【素质教育目标】

- 弘扬学生爱国主义情怀
- 培养学生奉献敬业精神

任务 15.1　React 组件概述

任务描述

学习雷锋，发现现实生活中的雷锋精神，讲文明、树新风共建和谐校园。本任务将完成雷锋同志名人名言页面，在这个实例中我们将要运用 React 组件。运行效果如图 15-1 所示。

图 15-1　名人名言页面

任务分析

完成名人名言页面需要以下几个步骤。

(1) 完成静态页面设计，编写静态页面需要的标签，编写处理图片和文字内容的样式类。

(2) 创建 React 实例，在 state 中设置 time 属性，配合 setState()函数更新视图。

(3) 渲染 render()函数，动态生成 3 张图片，添加到 items 数组中。

(4) 创建组件，使用组件添加两个按钮，完成添加和还原功能。

知识准备

15.1.1　组件的定义

组件是 React 中的重要组成部分，可以说所有的 React 应用都离不开组件。组件允许开发者将应用程序拆分为独立可复用的代码片段，每个代码片段单独编写实现。

React 推出后，出于不同的原因先后出现三种定义 React 组件的方式，具体如下：

(1) 函数式定义无状态组件；

(2) 通过 React.createClass()方法定义组件；

(3) 通过 ES6 class 形式的继承 React.Component 类定义组件。

那么这三种定义 React 组件的方式有什么不同呢？下面就进行简单介绍。

创建是从 React 0.14 版本开始的。它是为了创建纯展示组件，这种组件只负责根据传入的 props 来展示内容，不涉及到 state 状态的操作。

无状态函数式组件形式上表现为只带一个 render()方法的组件类，通过函数形式或者 ES6 箭头函数的形式创建，并且该组件是无 state 状态的。具体的创建格式如下：

```
function HelloComponent(props, /* context */) {
  return <div>Hello {props.name}</div>
}
ReactDOM.render(<HelloComponent name="Sebastian" />, mountNode)
```

说明：函数名必须以大写字母开头，函数式组件必须有返回值；如果返回值为 null,表示不渲染任何内容。

无状态组件的创建形式使代码的可读性更好，并且减少了大量冗余的代码，精简至只有一个 render()方法，大大提高了编写组件的效率。

使用 React.createClass()方法定义组件是 React 刚诞生时推荐的创建组件的方式，这是使用 ES5 的原生 JavaScript 来创建 React 组件，与无状态组件相比，React.createClass()方法和后面要描述的 React.Component 都是创建有状态的组件，这些组件是要被实例化的，并且可以访问组件的生命周期方法。

但是随着 React 的发展，使用 React.createClass()方法定义组件的自身问题就出现了。

(1) React.createClass()方法会自绑定函数导致不必要的性能开销，增加代码失效的可能性。

(2) React.createClass()方法的 mixins 不够自然、直观。

通过继承 React.Component 类定义组件是以 ES6 的形式来创建 React 组件的，是 React 目前极为推荐的创建有状态组件的方式。

使用 React.createClass()方法与继承 React.Component 类，二者除了定义组件的语法格式不同之外，还有以下几点区别。

(1) 函数 this 自绑定。使用 React.createClass()方法创建的组件，其每一个成员函数的 this 都由 React 自动绑定，在使用时，直接通过 this.method 调用即可，函数中的 this 会被正确设置。通过继承 React.Component 类创建的组件，其成员函数不会自动绑定 this，需要开发者手动绑定，否则 this 不能获取当前组件实例对象。

(2) 组件属性类型 propTypes 及其默认 props 属性 defaultProps 配置不同。使用 React.createClass()方法在创建组件时，有关组件 props 的属性类型及组件默认的属性会作为组件实例的属性来配置，其中 defaultProps 是使用 getDefaultProps 的方法来获取默认组件属性。而通过继承 React.Component 在创建组件配置这两个对应信息时，他们是作为组件类的属性，不是组件实例的属性，也就是作为所谓的类静态属性来配置的。

(3) 组件初始状态 state 的配置不同。使用 React.createClass()方法创建的组件，其状态 state 是通过 getInitialState()方法来配置的。通过继承 React.Component 类创建的组件，其状态 state 是在 constructor 中像初始化组件属性一样声明的。

(4) mixins 的支持不同。mixins(混入)是面向对象编程的一种实现，其作用是为了复用共有的代码，将共有的代码通过抽取为一个对象，然后通过 mixins 对该对象实现代码复用。在使用 React.createClass()方法创建组件时可以使用 mixins 属性，以数组的形式来混合类的集合。

15.1.2　组件的特点

组件具有如下特点。

(1) 为了提高代码利用率，组件可复用。

(2) 组件的属性 props 是只读的，调用时可以传递参数到 props 对象中定义属性。

(3) 在 React 组件中，使用 props 可以从父组件向子组件传递数据。

(4) 组件必须有返回值。

(5) 组件中 state 为私有属性，是可变的。

(6) 组件允许开发者将应用程序拆分为独立可复用的代码片段,可以组合多个组件实现完整的页面功能。

15.1.3　React 组件的两种创建方式

1. 使用函数创建无状态组件

所谓无状态组件就是没有状态或没有任何 React 生命周期的事件/方法。无状态组件设计的目的只是渲染视图，它唯一能做的就是使用属性做一些事情。它其实是一种输入为属性、输出为 UI 元素的简单函数。

无状态组件的优点是可预测，因为唯一输入决定了唯一输出。可预测性意味着更容易理解、维护和调试。

React 为无状态组件提供了一种简单的函数风格语法，使用此语法可以创建一个带属性参数的函数并返回视图。无状态组件的渲染和其他组件如出一辙。

【例 15-1】编写一个简单的 Hello()函数。具体代码如下：

```
//创建无状态组件
function Hello(props){
 return(
   <div className="tea">
     <ul>
       <li>红茶</li>
       <li>绿茶</li>
       <li>花茶</li>
     </ul>
   </div>
 )
}
//无状态组件的渲染
ReactDOM.render(<Hello  />,document.getElementById('root'))
```

在无状态组件中，不能拥有状态，但可以有两个属性：propTypes 和 defaultProps,可以在组件对象上设置它们。

> ⚠**注意**
> 1. 函数名称必须为大写字母开头，React 通过这个特点来判断是不是一个组件。
> 2. 函数必须有返回值，返回值可以是 JSX 对象或 null。
> 3. 组件的返回值使用圆括号()包裹，避免换行问题

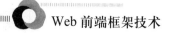

为什么要使用无状态组件？当只需要渲染一些 HTML 元素而无须创建实例和具有生命周期的组件时，无状态组件更具声明性且运行得更好。基本上，当只需要将一些属性和元素组合到 HTML 中时，无状态组件可以减少冗余，并提供更好的语法和便捷性。

2. 使用类创建有状态组件

所谓的有状态组件，指的是用类创建的组件。类组件有自己的状态，它负责数据的更新变化，也就是负责更新页面，让页面"动"起来。假如用户执行了某个操作，导致数据发生了变化，那么这时就用类组件。

React 官方团队推荐尽可能使用无状态组件替代普通的 React 组件。但是，这并非总是可行的，有时候不得不使用有状态组件。因此，在顶层结构上会有一些有状态组件来处理 UI 状态、交互和其他应用逻辑(例如从远程服务器加载数据)。

下面通过一个例子演示使用类创建有状态组件，然后说明使用类创建有状态组件时的几点注意事项。

【例 15-2】使用类创建有状态组件。具体代码如下：

```
import React from 'react'
import ReactDOM from 'react-dom'
//创建类组件
class Hello extends React.Component {
  render() {
    return(
      <div>这是我的第一个类组件</div>
    )
  }
}
//渲染组件
ReactDOM.render(<Hello />, document.getElementById('root'))
```

使用类创建有状态组件需要注意以下几点。

(1) 类组件是使用 ES6 的类创建组件。

(2) 类名称也必须以大写字母开头。

(3) 类组件应该继承 React.Component 父类，从而可以使用父类中提供的方法或属性。

(4) 类组件必须包含 render()方法。

(5) render()方法必须有返回值，返回该组件的结构。

15.1.4 React 事件处理

1. 与 DOM 事件处理的不同之处

React 元素的事件处理和 DOM 元素类似，但是有一点语法上的不同。

(1) React 事件绑定属性的命名以驼峰式命名法命名，而 DOM 采用小写方式。例如：

DOM 的命名：onclick onmouseover

React 的命名：onClick onMouseOver

(2) React 事件处理函数是以对象的方式赋值,而不是以字符串的方式赋值。例如：

DOM 以字符串方式赋值：onclick = "handleClick()"

React 以对象方式赋值：onClick = { handleClick }

（3）在 React 中不能使用返回 false 的方式阻止默认行为，必须明确使用 preventDefault，如例 15-3 所示。

【例 15-3】使用 preventDefault 阻止默认行为。具体代码如下：

```
//通常我们在 HTML 中阻止默认打开一个新页面的链接，可以这样写：
<a href="www.qq.com" onclick="console.log('点击链接'); return false">QQ</a>
//在 React 中我们需要写成：
function Link() {
  function handleClick(e) {
    e.preventDefault();
    console.log('链接被点击');
  }
  return (<a href="www.qq.com" onClick={handleClick}> QQ </a>)
}
```

实例中 e 是一个合成事件。

2. React 中事件处理函数及支持的 DOM 事件

React 中必须谨慎对待 JSX 回调函数中的 this，在 JavaScript 中，class(类)的方法默认不会绑定 this。如果忘记绑定 this.textChange 并把它传入 onChange，当调用这个函数的时候，this 的值为 undefined。如果觉得使用 bind 麻烦，还可以使用箭头函数。

在 render()函数中使用箭头函数，其优点是不用在构造函数中绑定 this，缺点是当函数的逻辑比较复杂时，render()就显得臃肿，无法直观地看到组件的 UI 结构，代码可读性差。

在构造函数中将事件处理函数作为类的成员函数进行绑定，这样做的优点是在调用 render()函数时不需要重新创建事件处理函数，其缺点是当事件处理函数很多时，构造函数就显得很烦琐。

在 render()函数中绑定 this，其优点是在调用事件处理函数时,传参比较方便，缺点是每次调用 render 函数时都重新绑定,导致性能下降。

表 15-1 列出了 React 支持的事件类型。注意在事件名称中使用驼峰式命名法，与 React 中的其他属性命名方法一致。

表 15-1　React 支持的 DOM 事件

事件组	React 支持的事件
鼠标事件	onClick、onContextMenu、onDoubleClick、onDrag、onDragEnd、onDragEnter、onDragExit、onDragLeave、onDragOver、onDragStart、onDrop、onMouseDown、onMouseEnter、onMouseLeave、onMouseMove、onMouseOut、onMouseOver、onMouseUp
键盘事件	onKeyDown、onKeyPress、onKeyUp
剪贴板事件	onCopy、onCut、onPaste
表单事件	onChange、onInput、onSubmit
焦点事件	onFocus、onBlur
触摸事件	onTouchCancel、onTouchEnd、onTouchMove、onTouchStart
UI 事件	onScroll

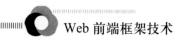
续表

事件组	React 支持的事件
滚轮事件	onWheel
选择事件	onSelect
图片事件	onLoad、onError
动画事件	onAnimationStart、onAnimationEnd、onAnimationIteration
过渡事件	onTransitionEnd

如上表可见，React 支持多种类型的标准事件，并且将来肯定会支持更多的事件。那么，React 有哪些不支持的 DOM 事件呢？例如，resize 事件，在浏览器窗口被调整时触发。有一种简单的方法可以绑定一些不受支持的事件和需要支持的自定义元素，那就是使用 React 组件生命周期事件。我们也将在本章讲述 React 组件生命周期。

3. 向事件处理程序传递参数

通常我们会为事件处理程序传递额外的参数。例如，想要删除索引为 id 的行，以下两种方式都可以向事件处理程序传递参数：

```
<button onClick={(e) => this.deleteRow(id, e)}>Delete Row</button>
<button onClick={this.deleteRow.bind(this, id)}>Delete Row</button>
```

上述两种方式是等价的。

在上述两种方式中，参数 e 作为 React 事件对象被作为第二个参数进行传递。通过箭头函数的方式，事件对象必须显式地进行传递，但是通过 bind()方法，事件对象以及更多的参数将会被隐式地进行传递。值得注意的是，在箭头函数中调用事件处理函数时不需要绑定 this。

通过 bind()方法向监听函数传递参数，在类组件中定义的监听函数，事件对象 e 要排在所传递参数的后面。

【例 15-4】通过 bind()方法传递参数。具体代码如下：

```
class Hello extends React.Component {
  constructor() {
    super()
    this.state = {name:'happy'}
  }
  preventPop(name, e) { //事件对象 e 要放在最后
    e.preventDefault()
    alert(name)
  }
  render(){
    return (
      <div>
        <p>hello</p>
        {/* 通过 bind() 方法传递参数。 */}
        <a href="www.qq.com" onClick={this.preventPop.bind(this,this.state.name)}>
点我</a>
      </div>
```

```
        )
    }
}
```

4. 事件对象

React 合成事件对象——SyntheticEvent 类，是 React 开发中经常遇到的概念。SyntheticEvent 类是对原生事件对象的包装，提供了部分与原生事件对象相同的接口，如 stopPropagation() 与 preventDefault()。

使用 DOM 事件时，传递给事件处理程序的事件对象可能具有不同的属性和方法。当编写事件处理程序时，可能会导致跨浏览器兼容问题，React 提出了一个解决方案，那就是封装浏览器的原生事件。这确保了事件与 W3C 规范一致，从而无论页面运行在何种浏览器上，React 在底层使用自己的特殊类(SyntheticEvent)来定义合成事件。SyntheticEvent 类的实例会被传递给事件处理程序。

React 的事件与大多数原生浏览器事件具有相同的属性和方法，如 stopPropagation()、preventDefault()、target 和 currentTarget。如果找不到原生事件的属性或方法，可以通过 nativeEvent 访问浏览器原生事件对象。

下面是 React v15 中 SyntheticEvent 的一些属性和方法。

(1) currentTarget：DOMEventTarget，捕获事件的元素。

(2) target：DOMEventTarget，触发事件的元素。

(3) nativeEvent：DOMEvent，浏览器原生事件对象。

(4) preventDefault()：阻止浏览器的默认行为。

(5) isDefaultPrevented()：布尔值，如果默认行为被阻止，则返回 true。

(6) stopPropagation()：阻止事件的传播。

(7) isPropagationStopped()：布尔值，如果事件传播被阻止，则返回 true。

(8) type：标签名字符串。

(9) persist()：从事件池中删除合成事件，并允许用户代码保留其引用。

(10) IsPersistence()：布尔值，如果 SyntheticEvent 被移除事件池，则返回 true。

(11) 一旦事件处理程序执行结束，合成事件将被取消，如果在事件处理程序结束后需要合成事件，则要使用 event.persisit() 方法。使用 event.persisit() 方法事件对象将不会被重用和取消。

(12) 虽然 React 事件是合成事件，但是在事件处理中可以获取事件对象。

(13) 可以通过事件处理程序的参数获取到事件对象。

(14) React 中的事件对象叫做合成事件对象。

(15) 合成事件：兼容所有浏览器，无须担心跨浏览器兼容性问题。

15.1.5　组件中的 props

组件在概念上类似于函数，所以可以将 props 理解为组件的参数。组件接收这组参数，并返回用来描述页面内容的 React 元素。

在 React 组件中，使用 props 可以从父组件向子组件传递数据。

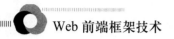

【例 15-5】父组件向子组件传递数据。具体代码如下：

```
class Father extends React.Component {
  render() {
    return (
      <div>
        <Son name='Jack' age={25}/>
      </div>
    )
  }
}
```

上述代码展示了 Father 父组件向 Son 子组件传递 props 的过程，Father 父组件向 Son 子组件传递了名字和年龄两个属性。Props 的写法类似于 HTML 中标签的属性写法，只需要保证 props 的值符合 JSX 语法规则即可。

同时，Son 组件的代码如下：

```
class Son extends React.Component {
  render() {
    return (
      <div>
        I am {this.props.name} and I am {this.props.age} years old!
      </div>
    )
  }
}
```

上述代码展示了 Son 组件接收和使用 props 的过程。使用 ES6 类创建的组件，可以通过 this.props 获取父组件传入的 props。而在函数组件中，props 通过函数参数的形式传递。

```
const Son=(props)=>(
  <div>
    I am {props.name} and I am {props.age} years old!
  </div>
);
```

需要注意的是，对于 React 组件来说，props 是只读的，也就是不能修改 props。

15.1.6 组件中的 state

对于数据驱动渲染方式的 React，props 不可变意味着不能通过这种方式对数据进行任何修改。要解决这个问题，需要掌握 React 的另一个重要概念——状态(state)。

React 把组件看成是一个状态机(StateMachines)：通过与用户的交互，实现不同的状态，然后渲染 UI，让用户界面和数据保持一致。每当组件的 state 更新时，React 会根据新的 state 重新渲染用户界面，而不需要手动操纵 DOM。

下面我们通过案例来了解 state 的使用。

【例 15-6】state 的使用。具体代码如下：

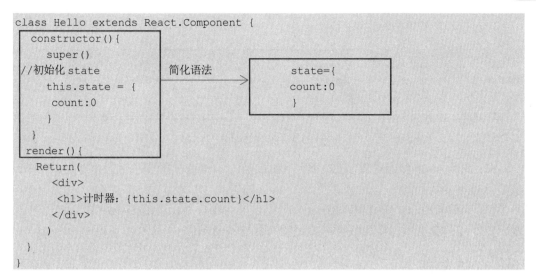

在上例中需要注意以下两点。

(1) state 是组件内部的私有数据，只能在组件内部使用。

(2) 获取状态通过 this.state。

在组件中通过 this.state 获取 state，而更新 state 使用的是 React 组件的内置方法 setState()。
下面我们通过实现单击按钮对计时器加 1 来了解 setState() 方法的使用。

【例 15-7】setState() 方法的使用。具体代码如下：

```
class Clock extends React.Component {
    state = {
        count:0
    }
    render()  {
        return(
            <div>
            <h1>计数器:{this.state.count } </h1>
            <button onclick={() =>{
                this.setstate({
                    count:this.state.count +1
                })
            }
            }>+1
            </button>
            </div>
        )
    }
}
```

通过上例我们发现 setState() 方法的使用语法是 this.sctState({要修改的数据})，运行结果
如图 15-2 所示。

关于 state 的更新，需要注意以下三点。

(1) 不要直接修改 state。直接修改 state 可以给组件的 state 重新赋值，但是无法触发组
件的重新渲染。例如：

```
this.state.count +=1
```

图 15-2　例 15-7 的运行结果

（2）更新 state 可能是异步的，这意味着使用 setState()方法可能不会立刻改变 state 的值，因此不要依赖前一个 state 对下一个 state 的更改。

（3）调用 setState()方法时，React 会把提供的对象合并到当前的 state 中。这里的合并是浅合并，即只会更新修改的状态，其他状态保持不变。

任务实现

雷锋同志名人名言页面的实现。

项目初始化完成后，要进行具体代码编写，./src/App.jsx 文件的代码如下：

```
import './App.css';//引入样式
import React from 'react';//引入 react
import lf from './image/lf.jpg'//引入图片
class HelloComponent extends React.Component {
  state = {//在 state 中设置 time 属性，配合 setState()函数实现 time 属性值的改变并更新视图
    time:3
  };
  render() { //渲染
    let items = [];
    for (var i = 0 ; i < this.state.time; i++) {//动态生成 3 张图片，添加到 items 数组
      items.push(<div className='item' key={i}>
      <img src={lf} alt="" />
      </div>)
    }
    return <div>
    <div className='title'>
      <button onClick={()=>this.clickComponent()}>新增</button>//绑定单击事件
      <button onClick={()=>this.clearComponent()}>还原</button>//绑定单击事件
    </div>
    <div className='list'>
      {items}
    </div>
  </div>
  };
  clickComponent() {
    this.setState({
      time: this.state.time + 1//当单击时让 state 中的 tiem 属性值 + 1
    })
  }
  clearComponent() {
    this.setState({
```

```
      time:  3//当单击时回到初始值
    })
  }
}
//创建组件

function App() {
  return (
    <div className="w">
      使用组件:
      <HelloComponent />
    </div>
  );
}
```

设置页面修饰效果的 App.css 文件的代码如下：

```
* {
  margin: 0;
  padding: 0;
}
body,html,#root {
  width: 100%;
  height: 100%;
}
.w {
  width: 800px;
  margin: 0 auto;
  margin-top: 80px;
  padding: 40px 10px;
  box-sizing: border-box;
  padding: 20 20px;
  box-sizing: border-box;
}
.title {
  font-size: 20px;
  line-height: 40px;
}
.title  button{
  padding: 5px 7px;
  margin-right: 10px;
}
.list {
  width: 100%;
  display: flex;
  padding: 10px 10px;
  flex-wrap: wrap;//flex 默认不换行
}
.item {
  width: 31%;
  margin-left: 2%;
  margin-top: 2%;
```

```
}
.item img{
  width: 100%;
  height: 100%
}
```

任务 15.2　React 组件的生命周期

📖 任务描述

本任务将完成一个新闻发布页面，实例中涉及贯穿组件整个
生命周期的三个阶段。显示效果如图 15-3 所示。

✏️ 任务分析

完成新闻发布页面需要以下几个步骤。

(1) 完成静态页面设计，编写静态页面需要的标签，内容在
页面中居中显示，并且需要设置背景颜色。

(2) 创建 React 实例，引入 React、引入样式，创建组件。

图 15-3　新闻发布页面

(3) 在 state 对象中添加 newsArr 属性，当 state 中属性改变之后触发生命周期函数，让
其跟随内容滚动。

(4) 在 JSX 中遍历数组，显示新闻内容。

🏫 知识准备

15.2.1　组件生命周期

组件的生命周期是指 React 的工作过程，是组件从创建到销毁经历的一些特定的阶段。
每个组件在网页中都会经历被创建、更新和删除，如同有生命的机体一样。

React 组件的生命周期可以分为三个过程。

(1) 装载(挂载)过程(mount)：就是组件第一次在 DOM 树中渲染的过程。

(2) 更新过程(update)：组件被重新渲染的过程。

(3) 卸载过程(unmount)：组件从 DOM 中被移除的过程。

React 组件的生命周期基本上要经历的过程如图 15-4 所示。

1. 挂载时

挂载时依次调用如下钩子函数。

constructor()：就是 ES6 里的构造函数，创建一个组件类的实例。在这一过程中要进行
初始化 state 和绑定成员函数的 this 环境两步操作。

componentWillMount()：在组件生命周期中仅调用一次。这个函数在调用 render()函数
前执行，由于这一过程通常只能在浏览器端执行，所以我们在这里获取异步数据。

render()：render()是 React 组件中最为重要的一个函数。这是 React 中唯一不可忽略的
函数，在 render()函数中，只能有一个父元素。render()函数是一个纯函数，它并不进行实际

上的渲染动作，它只是一个 JSX 描述的结构，最终由 React 来进行渲染过程，render()函数中不应该有任何操作，对页面的描述完全取决于 this.state 和 this.props 的返回结果，不能在render()函数中调用 this.setState()。

componentDidMount()：会在初始化渲染之后被调用。这个函数在调用 render()函数之后执行,这一过程通常只能在浏览器端执行,不会在服务器端执行,而且在 componentDidMount()调用的时候，组件已经被装载到 DOM 树上了。

2. 更新时

更新时依次调用如下钩子函数。

shouldComponentUpdate()：判断组件是否需要重新渲染，返回一个布尔值，这一过程可以提高性能，忽略掉没有必要重新渲染的过程。

componentWillUpdate()和 componentDidUpdate()：和挂载时的执行过程不同，这里的componentDidUpdate()，既可以在浏览器端执行，也可以在服务器端执行。

render()：在 React 中，触发 render()函数有如下四种情况。

以下假设 shouldComponentUpdate()都是按照默认返回 true。

(1) 首次渲染 Initial Render()。

(2) 调用 this.setState() (并不是调用一次 setState()会触发一次 render()函数，React 可能会合并操作，再一次性进行 render()函数的调用)。

(3) 父组件发生更新(一般就是 props 发生改变，但是就算 props 没有改变或者父子组件之间没有数据交换也会触发 render()函数)。

(4) 调用 this.forceUpdate()。

3. 卸载时

卸载过程中只有一个 componentWillUnmount()钩子函数,是组件生命周期的最后一个过程，一般在 componentDidMount()里注册的事件需要在这里删除。

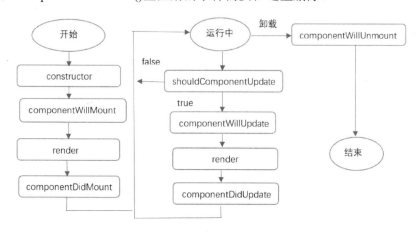

图 15-4　React 组件的生命周期

15.2.2　事件分类

React 提供了一种基于生命周期事件的方法来控制和自定义组件行为。这些事件可以归

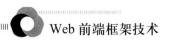

为以下几类。

(1) 挂载事件：发生在 React 元素(组件类的实例)被绑定到真实 DOM 节点上时。

(2) 更新事件：发生在 React 元素有新的属性或状态需要更新时。

(3) 卸载事件：发生在 React 元素从 DOM 中卸载之时。

每一个 React 组件都有生命周期事件,这些事件的触发时机取决于组件将要做或者已经做了什么。某些事件只会执行一次,某些可以执行多次。

生命周期事件允许通过实现自定义逻辑来增强组件的功能。还可以借助它们修改组件的行为,例如,决定何时重新渲染。这将提高性能,因为被消除了不需要的操作。另一种用法是从后端获取数据或与 DOM 事件、其他前端类库集成。

React 将所有组件生命周期事件定义成三类,每个分类可以触发不同次数的事件。

(1) 挂载：仅调用一次。

(2) 更新：调用多次。

(3) 卸载：仅调用一次。

下面介绍组件生命周期钩子函数的作用及执行顺序(更新可以发生多次)。

constructor()：发生在元素创建时,可以设置默认的属性和初始状。

挂载

componentWillMount()：发生在组件挂载到 DOM 之前。

componentDidMount()：发生在组件挂载和渲染之后。

更新

componentWillReceiveProps(nextProps)：发生在组件即将接收属性时。

-shouldComponentUpdate(nextProps,nextState)：通过判断确定组件是否需要更新,允许对组件的渲染进行优化。

componentWillUpdate(nextProps,nextState)：发生在组件将要更新之前。

componentDidUpdate(prevProps,prevState)：发生在组件更新完成之后。

卸载

componentWillUnmount()：允许在组件卸载之前解绑所有的事件监听器或者做其他清理操作。

通常,当事件触发时,事件的名称已经向开发者表明了一切。表 15-2 展示了生命周期事件的执行顺序(从上至下),以及某些事件如何依赖组件属性和状态的变化。

表 15-2　生命周期事件

类　　别	事　　件
挂载	constructor() componentWillMount() render() componentDidMount()
更新组件属性	componentWillReceiveProps() shouldComponentUpdate() componentWillUpdate() Render() componentDidUpdate()

续表

类　别	事　件
更新组件状态	shouldComponentUpdate() componentWillUpdate() render() componentDidUpdate()
使用 forceUpdate()更新	componentWillUpdate() render() componentDidUpdate() componentWillUnmount()

15.2.3　组件生命周期的三个阶段

1. 挂载阶段

组件的挂载是组件生命周期中经历的第一个阶段，在这个过程中主要会进行组件的初始化和首次渲染。可以把挂载行为理解为 React 元素要在 DOM 中看到自己，这通常发生在对组件使用 ReactDOM.render()时，或用在其他高阶组件的 render()方法中。组件将会被渲染到 DOM 中。

在 15.2.1 中我们讲解过挂载时钩子函数的执行顺序，如图 15-5 所示。

图 15-5　挂载时钩子函数的执行顺序

【例 15-8】以下代码展示了组件的挂载过程。

```
class App extends React.Component{
 componentWillMount() {
  console.log('componentwillMount')
 }
 constructor(props) {
  super(props)
  console.log('constructor')
 }
 componentDidMount() {
  console.log('componentDidMount')
 }
 render() {
  console.log('render');
  rcturn(
   <div>挂载</div>
  )
 }
}
```

对以上代码中出现的钩子函数进行说明，如表 15-3 所示。

表 15-3　钩子函数说明

钩子函数	触发时机	作　用
constructor()	创建组件时，最先执行	(1)初始化 state。 (2)为事件处理程序绑定 this
componentWillMount()	初始化渲染之前	把一个 React 元素绑定到真实的 DOM 节点上
render()	每次组件渲染都会触发	渲染 UI
componentDidMount()	组件挂载后	(1)发送网络请求。 (2)DOM 操作

2. 更新阶段

状态更新是指组件接收到的属性发生改变，以及自身执行 setState()方法或 forceUpdate()方法时发生的一系列更新动作。

【例 15-9】以下代码展示了使用 setState()方法更新组件状态的过程。

```
class App extends React.Component {  //父组件
  constructor(props) {
    super(props)
    this.state={   //初始化 state
      count:0
    }
  }
  handleClick=()=>{
    This.setState({
      Count:this.state.count+1
    })
  }
  render() {
    console.log('render');
    Return(
      <div>
        <subApp count={this.state.count} />
        <button onClick={this.handleClick}>点我加1</button>
      </div>
    )
  }
}
class subApp extends React.Component {    //子组件
  render() {
    return(
      <h1>统计个数：{this.props.count}</h1>
    )
  }
}
```

上述例题涉及到了父组件与子组件之间的通信，父组件将自己的状态传递给子组件，子组件当作属性来接收，当父组件更改自己的状态时，子组件接收到的属性就会发生改变。

上述例题中还可以使用 forceUpdate()方法来更新组件状态，如例 15-10 所示。

【例 15-10】使用 forceUpdate()方法来更新组件状态。具体代码如下：

```
class App extends React.Component {  //父组件
 constructor(props) {
   super(props)
   this.state={   //初始化 state
     count:0
   }
 }
 handleClick=()=>{
   // This.setState({
   // Count:this.state.count+1
   // } )
   this.forceUpdate()   //强制更新
 }
 render() {
   console.log('render');
     Return(
       <div>
         <subApp count={this.state.count} />
         <button onClick={this.handleClick}>点我加1</button>
       </div>
     )
 }
}
class subApp extends React.Component {     //子组件
 render() {
   return(
     <h1>统计个数: {this.props.count}</h1>
   )
 }
}
```

调用 this.forceUpdate()方法，组件可能会被重新渲染。从方法的名称可以猜出，它强制更新。可以在因为各种原因导致更新状态或属性不会触发期望的重新渲染时使用它。一般情况下(参照 React 官方团队的建议)，应该避免使用 this.forceUpdate()方法。

3. 卸载阶段

在 React 中，卸载意味着从 DOM 中解绑或移除元素。这个阶段中只有一个钩子函数，它也是组件生命周期的最后一个过程。

componentWillUnmount()方法会在组件从 DOM 中卸载之前被调用。可以在该方法中添加任何必要的清理逻辑。

任务实现

新闻发布页面的实现。

项目初始化完成后，要进行具体代码编写，./src/App.jsx 文件的代码如下：

```
import React, { Component } from "react";//引入 react 和 component
import './App.css'//引入样式
//创建组件
class NewsList extends React.Component {
  state = { newsArr: [] }//在 state 对象中添加 newsArr 属性
  componentDidMount() {
    setInterval(() => {//每过 1 秒添加一条新的新闻
      //获取原状态
      const { newsArr } = this.state
      //模拟一条新闻
      const news = '新闻' + (newsArr.length + 1)
      //更新状态
      this.setState({ newsArr: [news, ...newsArr] })
    }, 1000);
  }
  getSnapshotBeforeUpdate() {//在最近一次渲染输出(提交到 DOM 节点)之前调用。
    return this.refs.list.scrollHeight//获取 list 列表的高度
  }
  componentDidUpdate(preProps, preState, height) {//当 state 中属性改变完之后触发生命
周期函数
    this.refs.list.scrollTop += this.refs.list.scrollHeight - height
  }//让其跟随内容滚动
  render() {
    return (
      <div>
        <div className="list" ref="list">//可以通过 this.refs 获取实例
          <div className="title">自动发布新闻: </div>
          {
            this.state.newsArr.map((n, index) => {//在 jsx 中遍历数组
              return <div key={index} className="news">{n}</div>
            })
          }
        </div>
      </div>
    )
  }
}
export default class App extends Component {
  state = {};
  demo = (obj) => {
    this.setState({ addComponent: obj });
  };
  render() {
    return (
      <div>
        <NewsList />//引入 newList 组件
      </div>
    );
  }
}
```

设置页面中文字效果的 App.css 文件的代码如下:

```
.list {//元素页面居中
  position: absolute;
  top: 50%;
  left: 50%;
  transform: translate(-50%,-50%);
  width: 300px;
  height: 400px;
  background-color: rgb(48, 152, 255);
  overflow-y: scroll;
}
.title {
  color: #fff;
  font-size: 16px;
  margin-top: 10px;
}
.news {
  height: 40px;
  line-height: 40px;
  background-color: #fff;
  margin: 4px 10px;
  border-radius: 6px;//圆角边框
  padding: 0 12px;
}
```

任务 15.3　在 React 中使用表单

📖 任务描述

利用所学知识完成评论列表页面，完成页面的过程中涉及的知识点有列表渲染、条件渲染和受控组件。页面效果如图 15-6 所示。

图 15-6　评论列表页面效果

✏️ 任务分析

完成评论列表页面需要以下几个步骤。

(1) 使用<form>元素或表格布局完成静态页面设计。

(2) 创建 React 实例。

(3) 渲染评论列表，没有评论数据时渲染"暂无评论、快去评论吧~"。

(4) 获取评论信息，包括评论人和评论内容

(5) 发表评论，更新评论列表。

知识准备

15.3.1　受控组件

一般在 HTML 中，当我们使用<input>元素时，页面的 DOM 节点要包含<input>元素的值。可以通过 document.getElementById('email').value 方法或 jQuery 方法来获取元素的值。实际上，DOM 就是存储空间。

在 React 中，当使用表单或其他用户可输入的字段时，例如单个的文本域或按钮，有一个需要注意和解决的问题。React 文档提到："React 组件必须在任何时候都要保持视图与状态的一致，而不仅仅是在初始化时。"React 保持如下简单的逻辑：根据声明的样式来绘制 UI。

对于传统的 HTML 表单元素，表单元素的状态变化与用户输入同步。但是，React 使用声明式方法来描述 UI，用户输入需要动态反映到 state 属性中。因此，选择不维护组件的状态(在 JavaScript 中)并且不与视图进行同步会带来问题，例如，内部的状态与视图不一致。为了让 React 了解状态的变化，最好的方法是保持 React 的 render()方法尽量和真实的 DOM(那些包含数据的表单元素)紧密相关。

HTML 中的表单元素是可输入的，也就是它们有自己的可变状态。在 React 里，HTML 表单元素的工作方式和其他 DOM 元素有些不同，这是因为表单元素通常会保持一些内部的 state，并且只能通过 setState()方法来修改。通过 state 可以很方便地处理表单的提交，同时还可以访问用户填写的表单数据。实现这种效果的标准方法是使用"受控组件"，受控组件就是其值受到 React 控制的表单元素。

15.3.2　定义表单元素

我们从<form>元素开始学习。通常，我们不希望输入元素随意放在 DOM 中。如果有很多功能不同的输入元素集合，会导致情况变得更加糟糕。有效的方法是：将作用相同的输入元素包裹在<form></form>元素中。

使用<form>封装并不是必需的，在简单的 UI 中单独使用表单元素也很好。在更复杂的 UI 中，可能在单个页面上有多组元素，对于每一组元素使用<from>封装有利于使 UI 结构更清晰。React 的<form>与 HTML 的<form>在渲染上类似，所以针对 HTML 表的任何规范也适用于 React 的<form>元素。

<form>元素可以注册事件。除了标准的 React DOM 事件外，React 还支持以下三个表单事件。

(1) onChange：当表单中有任何输入变化时触发。

(2) onInput：当<textarea>或<input>元素的值有任何改变时触发。

(3) onSubmit：当表单被提交时触发，通常是按 Enter 键。

除了以上列出的三个事件外，<form>也可以使用标准的 React 事件，如 onKeyUP 和 onClick。

在 HTML 中，只需要四种元素就可实现 HTML 中所有的输入字段：<input>、<textarea>、<select>和<option>。在前面章节中我们介绍过 React 的属性是不可变的，但是，表单元素是特殊的，因为用户需要与表单元素交互并且改变这些属性。对于所有其他元素，则没有此特性。

React 通过给表单元素设置可变属性 value、checked 和 selected 来实现此特性。这些特殊的可变属性也称为交互式属性，可以通过交互式(可变)属性读取这些属性值并改变它们。下面通过例子来介绍如何定义元素。

1. <input>元素

<input>元素最常用的属性主要有 value 属性和 type 属性，其中 type 属性会根据它不同的值渲染出不同的<input>类型，常见 type 属性的值如下。

(1) text：只能输入一行文字的文本输入框。

(2) password：带有屏蔽显示功能的文本输入字段(用于保护隐私)。

(3) radio：单选按钮，使用相同的名称创建一组单选按钮。

(4) checkbox：复选框，使用相同的名称创建一组复选框。

(5) button：按钮。

除了 checkbox 类型和 radio 类型，其他<input>类型元素主要使用 value 作为元素的可变属性。受控组件主要在 state 中添加一个状态，作为表单元素的 value 值，然后给表单元素绑定 onChange 事件处理程序，将表单元素的值设置为 state 的值，这样做的目的是要控制表单元素值的变化。

【例 15-11】email 输入字段可以使用 email 元素的 state 和 onChange 事件处理程序。具体代码如下：

```
class App extends React.Component {
 state ={
  email:' '
 }
 handleEmailChange = e =>{
  this.seState (
   {
    email: e.target.value
   }
  )
 }
 render() {
  return(
   <div>
    <input type="text"
    value={this.state.email} onChange={this.handleEmailChange} />
   </div>
  )
 }
}
```

前文中提到 checkbox 类型和 radio 类型的<input>元素不使用 value 作为主要可变属性，它们使用 checked，因为对于这两种类型，每个<input>元素都有一个值，并且该值不会改变，但是元素的选中状态会改变。

如前所述，checkbox 类型的<input>元素的 value 值是固定的，因为不需要改变这个值。随用户行为变化的是元素的 checked 属性，如下代码是展示渲染复选框的简单案例。

【例 15-12】渲染复选框的案例。具体代码如下：

```
class App extends React.Component {
  state ={            //初始化状态
    isChecked:false
  }
  handleChecked = e =>{
    this.seState (
      {
        isChecked: e.target.checked
      }
    )
  }
  render() {
    return(
      <div>
        <input type="checkbox"
        value={this.state.isChecked}  onChange={this.handleChecked} />
      </div>
    )
  }
}
```

对于单选按钮，可以遵循类似于复选框的方法，使用 checked 属性和 state 中的布尔值。由于单选按钮只能选定一个值，因此不需要从状态中赋值，而复选框可以选多个值，所以需要合并对象。

2. <textarea>元素

<textarea>元素用于捕获和显示长文本输入，在常规的 HTML 中，<textarea>使用内部的文本内容作为值，相反，在 React 中使用 value 属性。

【例 15-13】<textarea>元素在 React 中的使用。具体代码如下：

```
class App extends React.Component {
  state ={
    description:' '
  }
  handleDescription = e =>{
    this.seState (
      {
        description: e.target.value
      }
    )
  }
  render() {
```

```
    return(
      <div>
        <textarea
        value={this.state.description}  onChange={this.handleDescription} >
        </textarea>
      </div>
    )
  }
}
```

以上代码中要监听变更，像<input>元素一样，要使用 onChange 事件处理程序。

3. <select>和<option>元素

<select>和<option>元素提供良好的用户体验，允许用户从预先填充的列表中选择单个值或多个值。元素列表紧紧隐藏在元素后面，直到用户展开。在 React 中，需要为<select>提供 value 属性，下例展示了如何渲染下拉列表框。

【例 15-14】使用<select>和<option>元素渲染下拉列表框。具体代码如下：

```
class App extends React.Component {
 state ={        //初始化状态
   city: 'bj'
 }
 handleCity = e =>{      //事件处理程序
   this.seState (
    {
     city: e.target.value
    }
   )
 }
 render() {
   return(
     <div>
       <select value={this.state.city}  onChange={this.handleCity}>
         <option value="sh">上海</option>
         <option value="bj">北京</option>
         <option value="sz">深圳</option>
         <option value="hhht">呼和浩特</option>
       </select>
     </div>
   )
 }
}
```

把上述渲染<input>元素、<textarea>元素、<select>元素和<option>元素列举的案例放到一起我们要编写多个事件处理程序，每个表单元素都有一个单独的事件处理程序，这样处理表单过于烦琐，那么有没有使用一个事件处理程序渲染多个表单元素的方法呢？

受控组件中渲染多个表单元素使用相同的事件处理程序的优化步骤如下。

(1) 给表单元素添加 name 属性，属性值与 state 属性相同。

```
<input type="text" name="email" value={this.state.email}
  onChange={this.handleChange}
/>
```

(2) 根据表单元素类型获取相应值。

```
const value=target.type==='checkbox'
? target.Checked
:target.value
```

(3) 在 onChange 事件处理程序中通过[name]来修改对应的 state。

```
this.state({
  [name]:value
})
```

根据上述步骤我们可以优化例题中的事件处理程序。

总的来说，在 React 中定义表单元素与定义常规 HTML 中的表单元素没有太大不同，但是定义只是工作的一部分，还需要捕获这些值。上例所示我们需要设置 onChange 事件监听器来捕获表单元素的变更，React 的 onChange 事件监听器会在所有新的输入上触发。具体哪些变化会触发 onChange 事件监听器，每种元素各有所异。

(1) <input>、<textarea>和<select>：当 value 值改变时触发 onChange。

(2) Checkbox 类型和 radio 类型的<input>：checked 属性改变时触发 onChange。

15.3.3　非受控组件

我们推荐使用受控表单方式。但是如前所述，这种方法需要做一些额外的工作，因为需要手动捕获变更和更新状态。实际上，如果使用字符串、属性或状态定义了属性 value、checked、selected 的值，那么组件将由 React 控制。

同时，若未设置属性 value 的值，表单元素可能不受控制。在 React 中，非受控组件意味着 value 属性不是由 React 库设置的。发生这种情况时，组件的内部值(或状态)可能与组件表示(或视图)中的值不同。基本上，内部状态和表现之间是不一致的。组件状态可以有一些逻辑，并且使用非受控组件模式，视图将接受表单元素中的任何用户输入，从而造成视图和状态之间的差异。当建立一个没有大量突变和用户行为的简单 UI 元素时，考虑使用非受控组件模式。

通常，要使用非受控组件，需要定义表单提交事件，一旦定义了事件处理程序，就可以有如下两个选择。

(1) 像受控元素一样捕获变更，并使用状态提交而不是用元素值提交(毕竟，这是一种非受控方法)。

(2) 不捕获变更。

第一种方法很简单。这一类基本上拥有相同的事件监听器并且会更新 state。如果仅在最后阶段使用状态(用于表单提交)，那么编码就太多了。

第二种方法是捕获变更。在捕获变更的方法中，可以拥有状态中的所有数据。当选择不捕获非受控元素的变更时，数据仍在 DOM 中。要想在 JavaScript 对象中获取数据，解决方案是使用引用。

通过引用，可以获取 React 组件的 DOM 元素(或节点)。当需要获取表单元素的值时，也很方便，但是不会捕获元素中的变更。

使用引用，需要注意以下两点。

(1) 确保 render()方法返回的元素要以驼峰式命名法命名 ref 属性(例如 email:<input ref="userEmail" />)。

(2) 在其他方法中访问 DOM 实例的已命名引用。例如，在事件处理程序中，this.refs.NAME 变为 this.refs.userEmail。

非受控组件需要的编码较少，但是它们会引发另一个问题：不能把值设置为状态或硬编码值，因为这样做会约束元素。

在常规的 HTML 中，可以定义一个带 value 属性的表单字段，用户可以修改页面上的元素。但是 React 使用 value、 checked 和 selected 来保持元素内部状态和视图间的一致。在 React 中，如果像下面这样强制赋值：

```
<input type="text" name="new-book-title" value="Node: The Best Parts"/>
```

得到的将是一个只读输入字段。大多数情况下，这不符合需求。因此，在 React 中，使用特殊属性 defaultValue 设置该值并允许用户修改表单元素。

这种情况下，需要为表单元素使用 defaultValue 属性。可以像下面这样设置输入字段的初始值：

```
<input type="text" name="new-booktitle" defaultValue="Node: The Best Parts"/>
```

如果使用 value 属性(value="JSX")代替 defaultValue 属性，这个元素会变为只读。不仅变为受控元素，而且当用户在<input>元素中输入时，值也不会改变。这是因为值是固定的，而 React 会维护该值。显然，在现实应用中，以编程方式获取值，在 React 中意味着使用属性(this.props.name)。

React 的 defaultValue 属性常用于非受控组件。但是，和引用一样，默认值可以与受控组件一起使用。在受控组件中不需要使用默认值，因为可以在 constructor()方法的 state 中定义这些值。

任务实现

评论列表页面的实现代码如下：

```
class App extends React.Component {
 // 在state中初始化评论列表数据
 state ={
  comments:[
   { id: 1, name: 'jack', content: '沙发!!!'},
   { id: 2, name: 'rose', content:'板凳~'},
   { id: 3, name:'tom',content:'楼主好人'}
  ]
 // 评论人
  userName:' ',
 // 评论内容:
  userContent: ''
 }
```

```
    // 渲染评论列表:
    renderList() {
    if(this.state.comments.length === 0) {//判断列表数据的长度是否为 0,如果为 0,则渲染
为"暂无评论,快去评论吧~"
        return <div className="no-comment">暂无评论,快去评论吧~</div>
    }
    return (
        <ul>
            {this.state.comments.map(item =>(   //使用数组的 map 方法遍历 state 中的列表数据
            <li key={item.id}>                    //给 li 添加 key 属性
                <h3>评论人:{item.name}</h3>
                <p>评论内容:{item.content}</p >
            </li>
        ))}
        </ul>
    )
}
//处理表单元素值
handleChange=(e)=>{
    const { name,value}=e.target
    this.setState({
        [name]:value
    })
}
//激活按钮,发表评论
addComment =() => {
    const { comments, userName, userContent } = this.state
    //非空判断
    If(userName.trim()===' '||userContent.trim()===' '){
        alert('请输入评论人和评论内容')
        return
    }
    //将评论信息添加到 state 中
    const newComments =[
    {
        id:Math.random(),
        name: userName,
        content:userContent
    },
    ...comments
    ]
    this.setState({
        comments:newComments ,
        userName:' ', //清空文本内容
        userContent:' '    //清空文本内容
    })
}
render() {
    const { userName,userContent}=this.state
    Return(
        <div className="app">
```

```
        <div>
          <input className="user"
            type="text"
            placeholder="请输入评论人"
            value={userName}
            name="userName"
            onChange="{this.handleChange}"/>
          <br />
          <textarea
            className="content"
            cols="30"
            rows="10"
            placeholder="请输入评论内容"
            value={userContent}
            name="userContent"
            onChange="{this.handleChange}"/>
          <br />
          <button onChange="{this.addComment}">发表评论</button>
        </div>
        {/* 通过条件渲染决定渲染什么内容: */}
        {this.renderList()}
      </div>
    )
  }
}
```

上述案例中渲染评论列表时可以使用三元运算符，本案例中使用了 if/else 结构，读者可以使用不同的方法进行练习。

本 章 小 结

本章介绍了组件是 React 中的重要组成部分，无状态组件是 React 创建组件的首选。状态(state)是可变的，属性(props)是不可变的。组件的生命周期会经历挂载、更新和卸载的过程。挂载事件通常被用来整合 React 和其他库，并从服务器或存储中获取数据。更新阶段会提供一个空间来存放依赖新属性或状态的逻辑，并且它们将在更新视图时，提供更多粒度的控制。卸载阶段通常用于清理。

自 测 题

一、单选题

1. 在组件方法中可以使用以下(　　)语法设置状态。

A. this.setState(a)　　B. this.state =a　　C. this.a=a　　D. this.state(a)

2. 当创建元素时，使用(　　)方法定义初始状态变量。

A. setState()　　B. initialState()　　C. this.state　　D. setIntialState()

3. 以下(　　)不是创建一个 React 组件所必需的。

A. 第一个字母必须大写

B. 只能包含一个顶层标签

C. 必须添加 ref 属性来标记元素

D. 不用添加 ref 属性来标记元素

4. 以下( )属性表示当前的 props 是必须传递的。

    A. isEnable　　　　B. required　　　　C. isRequired　　　　D. require

5. 组件中必不可少的函数是( )。

    A. componentWillMount()　　　　　　B. componentDidMount()

    C. componentWillUpdate()　　　　　　D. Render()

6. React 中，在一个组件中的任意输入被称为( )。

    A. keys　　　　　B. props　　　　　C. elements　　　　D. ref

7. 在组件生命周期中，( )事件将首先被触发。

    A. componentWillMount()　　　　　　B. componentDidMount()

    C. componentWillUpdate()　　　　　　D. componentWillUnMount()

8. 下面( )事件是放置 AJAX 请求以从服务器端为组件获取数据。

    A. component WillUnMount()　　　　　B. componentHasMounted()

    C. componentDidMount()　　　　　　D. componentWillMount()

9. 下列( )方法在组件的生命周期中只执行一次。

    A. componentWillMount()　　　　　　B. componentWillUpdate()

    C. shouldComponentUpdate()　　　　　D. componentWillReceiveProps()

10. 当 state 改变的时候最先调用的是( )方法。

    A. getInitialState()　　　　　　　　B. componentDidMount()

    C. shouldComponentUpdate()　　　　　D. componentWillUpdate()

11. 在组件的生命周期中，执行( )函数时向后台发送请求。

    A. getInitialState()　　　　　　　　B. componentDidMount()

    C. componentWillMount()　　　　　　D. componentWillUnmount()

12. React 中生命周期相关方法主要被用来( )。

    A. 追踪事件历史　B. 加强组件　　　C. 释放资源　　　D. 以上都不是

13. 在表单中，selected 属性适用于( )元素。

    A. <input>　　　B. <textarea>　　C. <option>　　　D. <select>

14. 下面( )是获取 DOM 节点引用的最佳方式。

    A. React.findDomNode(this.refs.email)　　B. this.refs.email

    C. this.refs.email.getDOMNode　　　　　D. ReactDOM.findDOMNode(reference)

15. 设置默认值的正确语法是( )。

    A. default-value　　B. defaultValue　　　C. defVal　　D. def-Val

二、判断题

1. 如果想要更新渲染过程，一般的做法是改变组件的属性。　　　　( )

2. 状态是可变的，属性是不可变的。　　　　( )

3. 定义无状态组件可以使用函数来实现。　　　　( )

4.　React 事件绑定属性的命名以驼峰式命名法命名。　　　　　　　　　(　　)

5.　componentWillMount()会在服务器端调用。　　　　　　　　　　　(　　)

6.　componentWillReceiveProps()方法意味着当前元素将会有一次重新渲染(来自父结构)，并且你明确知道新的属性值。　　　　　　　　　　　　　　　　　(　　)

7.　挂载事件会在每一次重新渲染时触发多次。　　　　　　　　　　　　(　　)

8.　非受控组件设置了 value 值，而受控组件没有设置 value 值。　　　　(　　)

9.　React 团队推荐使用 onChange 事件监听器而不是 onInput。　　　　(　　)

三、实训题

1. 设计评论页面

需求说明：

(1) 掌握 React 组件的使用。

(2) 渲染评论列表。

(3) 完成如图 15-7 所示页面效果。

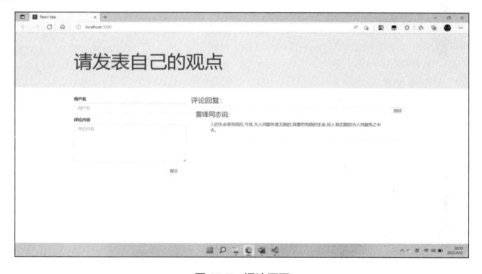

图 15-7　评论页面

实训要点：

(1) 添加表单元素。

(2) 获取评论信息。

(3) 更新评论列表。

2. 设计计时器页面

需求说明：

(1) 创建组件。

(2) 编写组件生命周期函数。

(3) 完成如图 15-8 所示页面效果。

实训要点：

(1) 定义挂载函数(钩子函数)。

(2) 定义 tick()函数：更新状态机中的 date。

(3) 定义事件响应函数: 用来更新状态机中的 show 和 text(决定显示在按钮上的文本)。

(4) 定义卸载函数(钩子函数): 清除定时器。

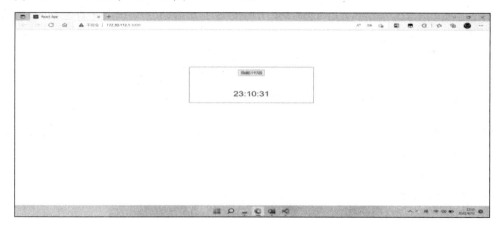

图 15-8　计时器页面效果

3. 设计个人注册页面

需求说明:

(1) 渲染表单页面。

(2) 获取表单信息。

(3) 完成如图 15-9 所示页面效果。

实训要点:

(1) 添加表单页面。

(2) 获取表单信息。

图 15-9　个人注册页面效果

第16章
虚拟社区网站项目实战

项目简介：实现一个虚拟社区网站项目，本项目采用组件化开发模式，将首页拆分为顶部导航栏组件、今日发帖组件、热门关注组件、留言组件以及底部信息组件。导航栏主要展示左边的标题和右边的搜索文本框；"今日发帖"模块主要展示帖子信息；"留言"模块主要包括输入留言内容、展示留言列表信息；"热门关注"模块主要展示热点信息；"底部信息"模块主要展示页脚信息。

【学习目标】

- 学习开发案例的思路
- 学会环境搭建
- 掌握安装依赖
- 掌握本项目的目录结构
- 利用所学知识完成案例

【素质教育目标】

- 培养学生认识美、感受美的能力
- 培养学生认真、细致的学习态度

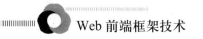
任务描述

在网页设计中技术能力和审美都极其重要，具有良好的审美能力是网页设计中最基本的需求。本章实现一个虚拟社区网站项目，将首页拆分为顶部导航栏组件、今日发帖组件、热门关注组件、留言组件以及底部信息组件。其中，导航栏主要展示左边的标题和右边的搜索文本框；"今日发帖"模块主要展示帖子信息，效果如图 16-1 所示；"留言"模块主要包括输入留言内容、展示留言列表信息，效果如图 16-2 所示。

图 16-1　首页页面的显示效果(1)

图 16-2　首页页面的显示效果(2)

任务分析

完成虚拟社区网站项目需要以下几个步骤。

(1) 项目搭建环境。

(2) 项目依赖安装与配置。

(3) 调整目录结构。

(4) 开发首页的各个组件。

任务实现

1. 项目环境搭建

任选一个文件夹，进入终端，输入如下命令：

```
npx create-react-app community
```

初始化成功之后，会出现如图 16-3 所示的效果。

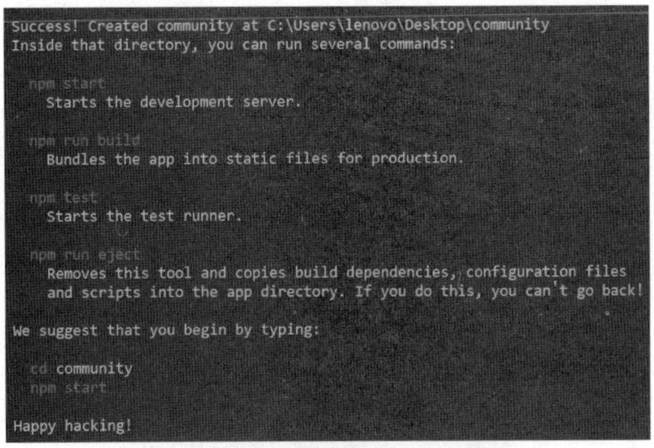

图 16-3　初始化成功界面

本项目用到了 Bootstrap 4 依赖，需要使用如下命令进行安装：

```
npm install bootstrap@4
```

安装成功之后，项目 package.json 文件里会显示如图 16-4 所示内容。

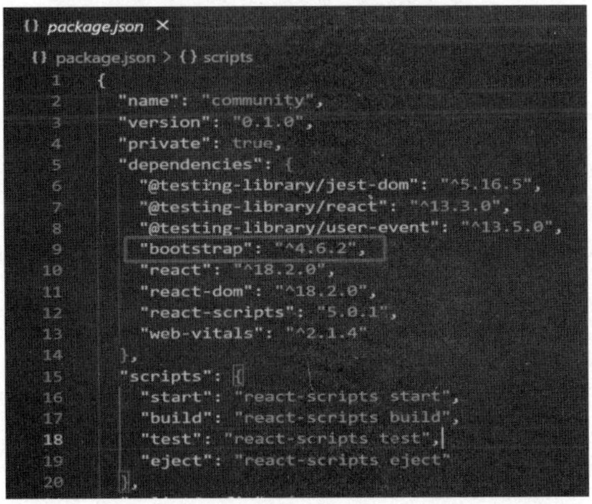

图 16-4　项目 package.json 文件里的内容

接下来需要修改 index.js 文件，在 React 项目中引入 Bootstrap，修改之后的 index.js 文件的内容如下：

```
import React from 'react';
import ReactDOM from 'react-dom/client';
import './index.css';
```

```
import 'bootstrap/dist/css/bootstrap.min.css'
import App from './App';
import reportWebVitals from './reportWebVitals';
const root = ReactDOM.createRoot(document.getElementById('root'));
root.render(
  <React.StrictMode>
    <App />
  </React.StrictMode>
);
reportWebVitals();
```

调整目录结构，新建 components 文件夹，用来存放组件；新建 assets 文件夹，用来存放使用的素材文件，最终目录结构如图 16-5 所示。

图 16-5　目录结构

2. 开发首页

首页包括顶部导航栏、今日发帖、热门关注、留言以及底部信息这几个模块，将这些模块抽离成组件，在 components 文件夹下，新建文件 Nav.js、Posts.js、Hot.js、Comments.js 以及 Footer.js。

打开 Nav.js 文件，构建 React 模板，主要展示左边的标题和右边的搜索框，关键代码如下：

```
import React, { Component } from 'react';
//引入 react 文件中的 React 对象和成员组件 Component
class Nav extends Component {
//声明 Nav 组件
    render() {
//用于渲染组件的结构
        return (
            <nav className="navbar navbar-expand-lg bg-light shadow fixed-top">
                <div className="container">
                    <a className="navbar-brand text-danger" href="#">
```

```
                           虚拟社区项目
                 </a>
                 <button className="navbar-toggler" type="button" data-toggle=
"collapse" data-target="#navbarTogglerDemo01" aria-controls="navbarTogglerDemo01"
aria-expanded="false" aria-label="Toggle navigation">
                     <span className="navbar-toggler-icon"></span>
                 </button>
                 <div className="collapse navbar-collapse" id="navbarTogglerDemo01">
                     <ul className="navbar-nav mr-auto mt-2 mt-lg-0">
                     </ul>
                     <form className="form-inline my-2 my-lg-0">
                         <input type="text" placeholder="请输入搜索关键字" className=
"form-control mr-2"/>
                         <button type="button" className="btn btn-danger btn-sm
mr-3">搜索</button>
                     </form>
                 </div>
             </div>
         </nav>
        )
    }
}
export default Nav;
```

打开 Posts.js 文件，构建 React 模板，主要用来展示帖子列表信息，关键代码如下：

```
import React, { Component } from 'react';
class Posts extends Component {
    //声明使用到的数据
    state = {
        posts: [
            { id: 1, title: '标题 1', content: "内容 1", publish: '2022-07-01', imgurl:
require('../assets/images/post-1.jpg') },
            { id: 2, title: '标题 2', content: "内容 2", publish: '2022-07-05', imgurl:
require('../assets/images/post-2.png') },
            { id: 3, title: '标题 3', content: "内容 3", publish: '2022-07-12', imgurl:
require('../assets/images/post-3.jpg') },
            { id: 4, title: '标题 4', content: "内容 4", publish: '2022-07-15', imgurl:
require('../assets/images/post-1.jpg') },
            { id: 5, title: '标题 5', content: "内容 5", publish: '2022-07-20', imgurl:
require('../assets/images/post-2.png') },
            { id: 6, title: '标题 6', content: "内容 6", publish: '2022-07-25', imgurl:
require('../assets/images/post-3.jpg') },
        ]
    }
    //用于渲染组件的结构
    render() {
        return (
            <ul className="list-group list-group-flush">
                <p>今日发帖</p>
                {this.state.posts.map(item => (
                    <li className="list-group-item" key={item.id}>
```

```
                    <div className="container">
                        <div className="row">
                            <div className="col-md-9">
                                <div className="row">
                                    <h5>
                                        <a className="text-danger" href="#">{item.title}</a>
                                    </h5>
                                </div>
                                <div className="row">
                                    <p className="card-text">{item.content}</p>
                                </div>
                                <div className="row">
                                    <div className="col-sm-3 pl-0">
                                        <small>浏览(2)</small>
                                        <small>留言(0)</small>
                                    </div>
                                    <div className="col-sm-8">
                                        <small>发布日期 {item.publish}</small>
                                    </div>
                                </div>
                            </div>
                            <div className="col-md-2 ml-5">
                            <img src={item.imgurl} className="w-100 rounded" alt="..."/>
                            </div>
                        </div>
                    </div>
                </li>
            )))}
        </ul>
    )
  }
}
export default Posts;
```

打开 Hot.js 文件，构建 React 模板，主要用来展示热点信息，关键代码如下：

```
import React, { Component } from 'react';
class Hot extends Component {
    state = {
        follows: [
            { id: 1, name: '张三', words: '32450', likes: 10000, avatar:
require('../assets/images/avatar.jpg') },
            { id: 2, name: '里斯', words: '5450', likes: 5000, avatar:
require('../assets/images/avatar.jpg') },
            { id: 3, name: '王武', words: '3450', likes: 3000, avatar:
require('../assets/images/avatar.jpg') },
            { id: 3, name: '赵六', words: '2450', likes: 800, avatar:
require('../assets/images/avatar.jpg') },
        ]
    }
    render() {
        return (
```

```
                <ul className="list-group list-group-flush">
                    <p>热门关注</p>
{/* 用于渲染 follows 的数据 */}
                {this.state.follows.map(item => (
                    <li className="list-group-item" key={item.id}>
                        <div className="row no-gutter">
                            <div className="col-md-3">
                                <img src={item.avatar} className="w-100 rounded"
alt="..." />
                            </div>
                            <div className="col-md-9">
                                <h5>{item.name}</h5>
                                <p><small className="text-muted">写了{item.words}k
字 · {item.likes / 1000}k 喜欢</small></p>
                            </div>
                        </div>
                    </li>
                ))}
            </ul>
        )
    }
}
export default Hot;
```

打开 Comments.js 文件，构建 React 模板，主要用来显示留言信息，包括输入留言内容和展示留言列表，关键代码如下：

```
import React, { Component } from 'react';
class Comments extends Component {
    state = {
        //留言信息
        comments: [
            { id: 1, author: '里斯', content: "一条好的评论", datetime: "2022-08-01",
avatar: require('../assets/images/avatar.jpg') },
            { id: 2, author: '张三', content: "一条好的评论", datetime: "2022-08-02",
avatar: require('../assets/images/avatar.jpg') },
            { id: 3, author: '王武', content: "一条好的评论", datetime: "2022-08-03",
avatar: require('../assets/images/avatar.jpg') }
        ],
        // 评论人
        userName: '',
        // 评论内容:
        userContent: ''
    }
    handleChange = (e) => {
        const { name, value } = e.target
        this.setState({
            [name]: value
        })
    }
    //实现添加功能
    addComment = () => {
```

```
        const { comments, userContent } = this.state
        //非空判断
        if (userContent.trim().length === 0) {
            alert('请输入留言内容')
            return
        }
        //将评论信息添加到 state 中
        const newComments = [
            {
                id: Math.random(),
                author: "默认",
                content: userContent,
                avatar: require('../assets/images/avatar.jpg'),
                datetime: new Date().getFullYear() + '-' + (Number(new
Date().getMonth()) + 1) + '-' + new Date().getDate()
            },
            ...comments
        ]
        this.setState({
            comments: newComments,
            userContent: ''//清空文本内容
        })
    }
    render() {
        return (
            <div className="card">
                <div className="card-header">
                    <b>留言</b>
                </div>
                <div className="card-body">
                    <div>
                        {this.state.comments.map(item => (
                            <div className="row message-item" key={item.id}>
                                <div className="col-md-2">
                                    <img src={item.avatar} className="img-thumbnail
w-50" alt="头像" />
                                </div>
                                <div className="col-md-10">
                                    <p>
                                        <span><a
className='text-danger'>{item.author}</a></span>
                                        <span
className="publish-date">{item.datetime}</span>
                                    </p>
                                    <p>{item.content}</p>
                                </div>
                            </div>
                        ))}
                        <div className="row">
                            <textarea className="form-control" cols="5" rows="5"
                                name='userContent'
```

```
                    value={this.state.userContent}
                    placeholder="输入留言内容..."
                    onChange={this.handleChange}>
                </textarea>
                <button className="btn btn-danger publish-message-button"
onClick={this.addComment}>留言</button>
                </div>
            </div>
        </div>
    </div>
    )
  }
}
export default Comments;
```

打开 Footer.js 文件，构建 React 模板，主要展示页脚信息，关键代码如下：

```
import React, { Component } from 'react';
class Footer extends Component {
    render() {
        return (
            <footer className="mt-5 p-1 text-center">
                <div className="container">
                    <p>Copyright &copy; 2022 虚拟社区项目</p>
                </div>
            </footer>
        )
    }
}
export default Footer;
```

修改 App.js 文件，关键代码如下：

```
import React, { Component, Fragment } from 'react';
//将组件都引入到 App 里面
import Nav from './components/Nav'
import Footer from './components/Footer'
import Hot from './components/Hot'
import Posts from './components/Posts'
import Comments from './components/Comments'
class App extends Component {
  render() {
    return (
      <Fragment>
        <Nav></Nav>
        <section className="p-3 bg-light mt-5">
          <div className="container">
            <div className="row">
              <div className="col-md-8">
                <img className="w-100 rounded mb-3"
                  src={require('./assets/images/home.png')}
                  alt="" />
                <Posts/>
```

```
            </div>
            <div className="col-md-4">
              <ul className="list-group list-group-flush mb-3">
                <p>社区公告</p>
                <li className="list-group-item">1、欢迎大家使用虚拟社区</li>
                <li className="list-group-item">2、请文明用语</li>
                <li className="list-group-item">3、请规范用语</li>
                <li className="list-group-item">4、请注意言辞</li>
                <li className="list-group-item">5、今日社区维护</li>
              </ul>
              <div className="alert alert-primary" role="alert">
                <a className='text-dark' href="#">发布帖子</a>
              </div>
              <div className="alert alert-secondary" role="alert">
                <a className='text-dark' to="#">帖子管理</a>
              </div>
              <div className="alert alert-success" role="alert">
                <a className='text-dark' to="#">收藏管理</a>
              </div>
              <Hot></Hot>
            </div>
          </div>
          <div className='row mt-2'>
            <div className="col-md-12">
              <Comments></Comments>
            </div>
          </div>
        </div>
      </section>
      <Footer />
    </Fragment>
  )
 }
}
export default App;
```

本 章 小 结

　　本章实现一个虚拟社区网站项目，采用组件化开发模式，将首页拆分为顶部导航栏组件、今日发帖组件、热门关注组件、留言组件以及底部信息组件。在 community 文件夹里包括 node_modules 文件夹，使用命令 npm run start 即可启动。如果不能启动，建议删掉 node_modules 文件夹，使用命令 npm install 重新安装依赖，然后使用命令 npm run start，即可启动。

自 测 题

一、单选题

1. 在 React 组件中，使用 class 属性时，需要把 class 改写为( )。
   A. class   B. Class   C. className   D. ClassName

2. 当 state 改变时最先调用的是下面( )方法。
   A. getInitialState()   B. componentDidMount()
   C. shouldComponentUpdate()   D. shouldComponentUpdate()

3. 有关组件以下写法正确的是( )。
   A. var helloMessage = React.createClass({render: function() { return <h1>Hello {this.props.name}</h1>; } });
   B. var HelloMessage = React.createClass({render: function() {return <h1>Hello {this.props.name}</h1>Hello React</h1>; } });
   C. var HelloMessage = React.createClass({ render: function() { return <h1>Hello {this.props.name}</h1>; }});
   D. var HelloMessage = React.createClass({ render: function() { return <div class={this.props.title}>Hello react</div>; } });

4. 组件生命周期中必不可少的一个函数是( )。
   A. componentWillMount()   B. componentDidMount()
   C. componentWillUpdate()   D. render()

5. 下列( )方法在组件的生命周期中只执行一次。
   A. componentWillMount()   B. componentWillUpdate()
   C. shouldComponentUpdate()   D. componentWillReceiveProps()

二、判断题

1. 在 React 中，能够直接更新 state。   ( )
2. 定义组件时，必须包括 render()方法。   ( )
3. 创建一个 React 组件，必须添加 ref 属性。   ( )
4. required 属性表示当前的 props 属性是必须传递的。   ( )
5. React 中的 DOM 操作，是新旧虚拟 DOM 对比，然后更新真实 DOM。 ( )

三、实训题

1. 实现登录页面

需求说明：

(1) 使用 React 相关知识实现如图 16-6 所示登录页面。

(2) 创建一个组件，设计登录页面效果。

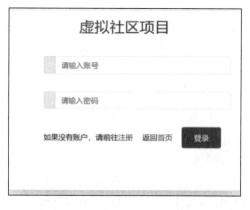

图 16-6　登录页面的显示效果

实训要点：

(1) React 项目的初始化。

(2) React 项目中组件的开发。

参 考 文 献

[1] 刘荣英. Bootstrap 前端开发(全案例微课版)[M]. 北京：清华大学出版社，2021.

[2] 黑马程序员. Bootstrap 响应式 Web 开发[M]. 北京：人民邮电出版社，2020.

[3] 罗帅，罗斌. Bootstrap+Vue.js 前端开发超实用代码集锦[M]. 北京：清华大学出版社，2021.

[4] 李小威. Vue.js 3.0 从入门到精通(视频教学版)[M]. 北京：清华大学出版社，2021.

[5] 孙鑫. Vue.js 3.0 从入门到实战(微课视频版)[M]. 北京：中国水利水电出版社，2021.

[6] 吕云翔，江一帆. Vue 3.0 从入门到实战(微课视频版)[M]. 北京：清华大学出版社，2021.

[7] 袁琳，尹皓，陈宁. React+Node.js 开发实战：从入门到项目上线[M]. 北京：机械工业出版社，2021.

[8] Azat Mardan. 快速上手 React 编程[M]. 北京：清华大学出版社，2018.